スバラシクよくわかると評判の

合格！数学I・A

馬場敬之

マセマ出版社

◆ はじめに ◆

みなさん，こんにちは。マセマの馬場敬之(ばばけいし)です。

これから，**数学 I・A** の講義を始めます。この数学 I・A は，必修科目の**数学 I** と選択科目の**数学 A** の総称で，ここで，これから扱う数学 I・A の主要テーマを，まず下に示しておくことにしよう。

- ・数学 I では：数と式，集合と論理，2 次関数，図形と計量(三角比)，データの分析
- ・数学 A では：場合の数と確率，整数の性質，図形の性質

どう？ 結構，勉強する内容が本当に多くて，大変だと思うかも知れないね。確かに初めて勉強する人にとって，このカリキュラムはかなりキツイと思う。でも，実を言うと，教科書レベルの数学 I・A がこなせるようになっても，それだけでは，大学受験レベルには程遠いんだよ。そして，数学がかなり出来るようになった後でも，受験問題で意外と苦戦するのが，この数学 I・A なんだ。この分野には，「整数問題」や「論証問題」，それに「図形問題」と，受験生が頭をひねるような問題が目白押しだからだ。

「教科書レベルでさえ苦労しているのに，一体どうすればいいんだ！」って思っている人も多いと思う。でも，大丈夫！ 心配は要らないよ。数学というのは，**体系立てて勉強**していけば，意外とス〜っと頭の中に入っていくものだからね。

マセマでは，星の数ほどある大量の受験問題の中から**良問のみを選択**し，それを**体系立てて配置**し，そして**スバラシク親切に解説**しているから，今，教科書レベルで立ち往生している人も，基礎から標準入試レベルまで無理なく，実力を伸ばしていくことが出来るんだね。

この「**合格！数学 I・A 改訂 5**」をマスターすれば，ほとんどの国公立大や有名私大に合格できるだけの実力を養うことが出来る。
どう？ やる気が湧いてきた？

本書は，（ⅰ）**解説講義**，（ⅱ）**例題**，（ⅲ）**演習問題**の**3**つから構成されており，解説講義は楽しく読みやすく，そして，例題と演習問題は図や引込み線を使って，一切疑問の余地がないように詳しく丁寧に解説している。また，単純な解法パターンから複雑な解法パターンへとストーリー性を持たせて配置しているので，非常に学習しやすいはずだ。

　今は，数学に自信のない人も，よく分からないところは飛ばしても構わないから，まず本書を**流し読み**してみることだね。**数学Ⅰ・Aの全体像**が見えてきて，「**これなら，やれる！**」と勇気が湧いてくるはずだ。この流し読みだけなら，**1**週間もあれば十分だと思う。

　次に，今度は，計算手法や考え方にも注意を払いながら，**じっくりと精読**することを勧める。これで，本当の数学の面白さが分かってくるはずだ。

　そして，自信がついたら，今度は，解答を見ずに自力で，例題や演習問題にチャレンジしてみるといい。**自力で解く**ことによって，数学の実力は本物になっていくからだ。そして一通り解けたら，演習問題のチェック欄に全て○がつけられるまで，そして自分が納得できるまで，何度でも**反復練習**することだ。これで，本書を本当にマスターしたと言えるんだね。

　ここまでくれば，標準入試問題だって自力で解けるようになっているはずだ。つまり，**ほとんどの大学に合格できるだけの実力**が身に付いたと言えるんだね。

　さァ，まずは流し読みから，最初の一歩を踏み出すといい。これまで知らなかった，**面白い数学ワールド**が限りなく広がっていくはずだ！ 読者の皆さんの成長を楽しみにしています。

$$\boxed{\text{マセマ代表　馬場 敬之}}$$

$$\boxed{\text{この改訂 5 では，円に内接する四角形の応用問題を新たにもう 1 題加えました。}}$$

◆ 目 次 ◆

① 数と式

▶ 整式の展開と因数分解

▶ 実数の分類

▶ 式の値の計算

▶ 1次方程式・1次不等式

◆講義◆1 数と式

　さァ，これから数学 I・A の講義を始めよう。最初のテーマは"**数と式**"だ。これは，すべての数学の基礎となる分野だから，当然まず一番はじめにマスターしておく必要があるんだね。

　では，この"**数と式**"で扱うメインテーマを下に挙げておこう。

・整式の展開と因数分解 （乗法公式，因数分解公式）
・実数の分類 （有理数，無理数）
・式の値の計算 （対称式と基本対称式，無理式の計算など）
・1 次方程式・1 次不等式

　整式の展開や因数分解については，中学でも習ったと思うけれど，さらにレベルアップして，大学受験レベルの問題も解けるようにしよう。エッ，難しそうだって？ 大丈夫，マセマの数学のモットーは，「**楽しみながら，強くなる！**」だからね。わかり易い講義で，キミたちをスムーズに受験合格レベルにまで導いていくつもりだ。では，早速講義を始めよう！

§1. 整式の展開と因数分解では，公式をウマク利用する！

● まず，指数法則から始めよう！

　具体的な整式の展開や因数分解に入る前に，まず，"**指数法則**"から解説しておこう。一般に，a^m （$\underline{m：自然数}$）は，m 個の a の積を表すんだ。

$$m = 1, 2, 3, \cdots$$

$\boxed{m \text{ 個の } a \text{ の積}}$

つまり，$a^m = \overbrace{a \times a \times \cdots\cdots \times a}$ なんだね。特に，$a^1 = a$ で表す。ここで，右上の添字 m を "**指数**" と呼ぶ。このとき，次のような "**指数法則**" が成り立つので，まず覚えてくれ。

指数法則

(1) $a^0 = 1$	(2) $a^m \times a^n = a^{m+n}$
(3) $(a^m)^n = a^{m \times n}$	(4) $(a \times b)^m = a^m \times b^m$
(5) $\dfrac{a^m}{a^n} = a^{m-n}$	(6) $\left(\dfrac{a}{b}\right)^m = \dfrac{a^m}{b^m}$

$m = 3$, $n = 2$ のとき，(2)，(3) の区別はつくね。

$$
\underbrace{(a \times a \times a)}\ \underbrace{(a \times a)}
$$
$$
(2)\ \underbrace{a^3} \times \underbrace{a^2} = a^{3+2} = \underbrace{a^5}
$$
$\underbrace{\qquad}_{5\ 個の\ a\ の積}$

$$
(a \times a \times a)^2 = (a \times a \times a) \times (a \times a \times a)
$$
$$
(3)\ \underbrace{(a^3)^2} = a^{3 \times 2} = \underbrace{a^6}
$$
$\underbrace{\qquad}_{6\ 個の\ a\ の積}$

また，$m = n$ のとき，(5) は，$\dfrac{\overset{1}{\cancel{a^m}}}{\cancel{a^m}} = a^{m-m} = a^0$ となるので，(1) の公式 $a^0 = 1$

が導ける。つまり，2^0 も，100^0 も，$(\sqrt{2})^0$ もみんな 1 となるんだ。
それじゃ，この指数法則の例題を 1 つやってみよう。

◆例題1◆

$\dfrac{(-2y)^4}{6xy} \times \left(\dfrac{3x^2}{y}\right)^2$ をまとめて，簡単にせよ。

解答

$\boxed{(-2)^4 y^4 = 16 y^4}$ $\qquad$ $\boxed{\dfrac{3^2(x^2)^2}{y^2} = \dfrac{9x^{2 \times 2}}{y^2} = \dfrac{9x^4}{y^2}}$

$$
\dfrac{\boxed{(-2y)^4}}{6xy} \times \boxed{\left(\dfrac{3x^2}{y}\right)^2} = \dfrac{16y^4}{6x\boxed{y}} \times \dfrac{9x^4}{\boxed{y^2}} = \dfrac{\overset{8}{\cancel{16}} \times \overset{3}{\cancel{9}}x^4 y^4}{\cancel{6}xy^3}
$$
$\underbrace{\qquad}_{y^{1+2} = y^3}$

$$
= 8 \times 3 x^{4-1} y^{4-3} = 24 x^3 y \quad \cdots\cdots（答）
$$

$\boxed{単項式}$

$\boxed{係数\ 24,\ x\ と\ y\ の\ 4\ 次式}$

$\boxed{x\ の\ 3\ 次式，または，y\ の\ 1\ 次式}$

この $24x^3y$ のように，いくつかの数や文字をかけ合わせたものを "単項式" といい，単項式の数の部分 (24) を "係数"，またかけ合わせた文字の個数を "次数" という。今回の $x^3 \times y$ (x 3 個と y 1 個の積) は，x と y の 4 次式だね。また，これは，x に着目すると x の 3 次式 (係数は $24y$)，また y に着目すると y の 1 次式 (係数 $24x^3$) とも言えるんだ。

● 乗法公式と因数分解公式を使いこなそう！

"整式" とは，複数の単項式の和 (差) として表された式のことで，"多項式" と呼んだりもする。ここで，$(x^2+1)(2x-1)$ という式が与えられたとしよう。これを展開すると，次のように，x の 3 次の整式になる。

$$(x^2+1)(2x-1) = 2x^{\boxed{3}} - x^2 + 2x - 1 \quad \cdots\cdots ①$$

最高次

複数の整式の積 → 展開 → 因数分解 → 展開された形の整式　x の 3 次式 (最高次のものをとる)

①は，左辺から右辺に展開したんだけれど，これを逆に見ると，右辺を因数分解して，左辺になったとも言える。ちなみに，"因数分解" というのは，展開された形の整式を複数の整式の積の形にまとめることなんだ。

だから，乗法公式 (展開公式) は，左右両辺を入れ替えると，因数分解公式にもなる。ではまず，因数分解公式を下に示す。

■ 因数分解公式 (乗法公式) (Ⅰ)

(1) $ma + mb = m(a+b)$ ← 共通因数 m をくくり出す！

(2) $a^2 + 2ab + b^2 = (a+b)^2$，　$a^2 - 2ab + b^2 = (a-b)^2$

(3) $a^2 - b^2 = (a+b)(a-b)$

(4) $x^2 + (a+b)x + ab = (x+a)(x+b)$

$acx^2 + (ad+bc)x + bd = (ax+b)(cx+d)$ ← "たすきがけ" による因数分解！

(5) $a^2 + b^2 + c^2 + 2ab + 2bc + 2ca = (a+b+c)^2$

それでは，因数分解公式の使い方を，次の例題で練習しよう。

◆例題2◆

次の整式を因数分解せよ。

(1) $3x^3y^2 + 12x^2y^3 + 12xy^4$ 　　　　　[←公式 (1) (2)]

(2) $(ax - 3y)^2 - (ay - 3x)^2$ 　　　　　[←公式 (3) (1)]

(3) $(x-1)(x-3)(x-5)(x-7) - 9$ 　　　　　[←公式 (4) (2)]

(4) $2ax^2 + (a^2 + 2)x + a$ 　　　　　[←公式 (4) 　　]

解答

(1) $3x^3y^2 + 12x^2y^3 + 12xy^4$ 　　　まず，共通因数をさがす！

共通因数　　　　　　　　　　共通因数をくくり出した！

$= 3xy^2 \cdot x^2 + 3xy^2 \cdot 4xy + 3xy^2 \cdot 4y^2 = 3xy^2(x^2 + 4xy + 4y^2)$

a^2　　a　　b　　b^2　　$(a+b)^2$

$= 3xy^2\{x^2 + 2 \cdot x \cdot 2y + (2y)^2\} = 3xy^2(x + 2y)^2$ ‥‥‥‥‥(答)

A　　　　B

(2) $(ax - 3y)^2 - (ay - 3x)^2$ 　　　公式 (3)：$A^2 - B^2 = (A+B)(A-B)$ を使った！

$A+B$　　　$A-B$

$= ((ax - 3y + ay - 3x))((ax - 3y - ay + 3x))$

共通因数　　　　　　共通因数

$= \{a(x+y) - 3(x+y)\}\{a(x-y) + 3(x-y)\}$

共通因数　　　共通因数

$= ((x+y))(a - 3)((x-y))(a+3)$

$= (a+3)(a-3)(x+y)(x-y)$ ‥‥‥‥‥‥‥‥‥‥‥(答)

(3) これは，まず，$(x-1)(x-7)$ と $(x-3)(x-5)$ を計算して，それぞれに出てくる $x^2 - 8x$ を新たに $A = x^2 - 8x$ とおくと，話が見えてくるだろう。

11

$$\underline{(x-1)}\cancel{(x-3)}\underline{(x-5)}\cancel{(x-7)} - 9$$

$$\boxed{x^2 - 8x + 7} \qquad \boxed{x^2 - 8x + 15}$$

$$= \underline{(x-1)(x-7)} \cdot \underline{(x-3)(x-5)} - 9$$

$$\boxed{A} \qquad\qquad \boxed{A}$$

$$= (\underline{(x^2 - 8x)} + 7)(\underline{(x^2 - 8x)} + 15) - 9$$

ここで，$x^2 - 8x = A$ とおくと，

与式 $= (A+7)(A+15) - 9 = A^2 + 22A + 105 - 9$

$$\boxed{\text{たして } (6+16)} \qquad \boxed{\text{かけて } (6 \times 16)}$$

$$= A^2 + \boxed{22}A + \boxed{96}$$

$$= (\underline{\underline{A+6}})(\underline{\underline{A+16}})$$

> たして　かけて
> $$A^2 + \underline{(a+b)}A + \underline{ab} = (A+a)(A+b)$$
> これは公式 **(4)** の **1** 番目のものだ！

> A を $x^2 - 8x$ に戻す。

$$\therefore \text{与式} = \underline{\underline{(x^2 - 8x + 6)}}\,\underline{\underline{(x^2 - 8x + 16)}}$$

$$\boxed{(x-4)^2}$$

$$= (x-4)^2(x^2 - 8x + 6) \quad \cdots\cdots\cdots\cdots\cdots\cdots\text{(答)}$$

(4) これは，x^2 の係数が **1** ではなく $2a$ なので，公式 **(4)** の **2** 番目のものを使うんだね。一般に，"**たすきがけによる因数分解**" と呼ばれているものだ。

$$\underline{2a}x^2 + (a^2 + 2)x + \underline{a}$$

$$\begin{array}{ccc} a & & 1 \to 2 \\ 2 & \times & a \to \underline{a^2}(+ \\ & & \underline{a^2 + 2} \end{array}$$

> $$\underline{ac}x^2 + \underline{(ad+bc)}x + \underline{bd}$$
> $$\begin{array}{ccc} a & & b \to bc \\ c & \times & d \to \underline{ad}(+ \\ \boxed{\text{たすきがけ}} & & ad+bc \end{array}$$
> $$= (ax+b)(cx+d)$$
> と因数分解する！

$$= (ax+1)(2x+a) \quad \cdots\cdots\cdots\cdots\cdots\cdots\cdots\text{(答)}$$

このたすきがけの因数分解について，もう **1** 題，オマケでやっておこう。

$6x^2 + 5xy - 21y^2$ を，x の **2** 次式とみて因数分解すると，

$6x^2 + 5y \cdot x - 21y^2 = (3x + 7y)(2x - 3y)$ となる。大丈夫？

$$\begin{array}{ccc} 3 & & 7y \to 14y \\ 2 & \times & -3y \to \underline{-9y}(+ \\ & & 5y \end{array}$$

　因数分解の公式の使い方にも，ずい分慣れてきただろうね。ウマク公式を使える形にもち込んでいくことが，ポイントなんだね。それでは，3次式の因数分解公式も書いておくから，頭に入れてくれ。

因数分解公式（乗法公式）（Ⅱ）

$$(6)\ a^3 + 3a^2b + 3ab^2 + b^3 = (a+b)^3$$
$$a^3 - 3a^2b + 3ab^2 - b^3 = (a-b)^3$$
$$(7)\ a^3 + b^3 = (a+b)(a^2 - ab + b^2)$$
$$a^3 - b^3 = (a-b)(a^2 + ab + b^2)$$
$$(8)\ a^3 + b^3 + c^3 - 3abc = (a+b+c)(a^2 + b^2 + c^2 - ab - bc - ca)$$

⊕,⊖の符号に注意してくれ！

　(6), (7)では，⊕,⊖の符号に注意して覚えることだ。また，(8)は，長〜い公式で，覚えるのが大変だと思うかも知れないけれど，受験では意外とよく顔を出す公式なんだ。頑張って，覚えよう！

　それでは，公式(6)の練習として，$8x^3 + 12x^2y + 6xy^2 + y^3$ を因数分解してみるよ。

$$8x^3 + 12x^2y + 6xy^2 + y^3 = \underbrace{(2x)^3}_{a^3} + 3\underbrace{(2x)^2y}_{a^2b} + 3 \cdot \underbrace{2x \cdot y^2}_{ab^2} + \underbrace{y^3}_{b^3}$$
$$= \underbrace{(2x+y)^3}_{(a+b)^3} \ となるんだね。$$

　次，公式(7)の練習として，$(x-2y)(x^2 + 4y^2 + 2xy)$ を展開してみよう。2番目のカッコ内のたす順番をかえると，公式の形が見えてくるだろ。

$$(x-2y)(x^2 + 4y^2 + 2xy) = (\underbrace{x}_{a} - \underbrace{2y}_{b})\{\underbrace{x^2}_{a^2} + \underbrace{x \cdot 2y}_{ab} + \underbrace{(2y)^2}_{b^2}\}$$
$$= \underbrace{x^3}_{a^3} - \underbrace{(2y)^3}_{b^3} = x^3 - 8y^3 \ となる。$$

　それでは，さらに演習問題で腕をみがいてくれ。展開や因数分解も，公式を使いこなすことがとても大事なんだね。

整数の展開と因数分解

(1) $(a+b+c)(a^2+b^2+c^2-ab-bc-ca)$ を展開せよ。

(2) $8x^3-18xy+27y^3+1$ を因数分解せよ。　　　　　（関西学院大＊）

ヒント！ (1) は，展開式よりも因数分解したものの方が長い因数分解(展開)公式なんだね。これを利用すれば，(2) の因数分解はスグにできるはずだ。

解答＆解説

ココがポイント

(1) 与式を展開すると，

$$(a+b+c)(a^2+b^2+c^2-ab-bc-ca)$$

$$=(a+b+c)\{(a^2+b^2+c^2)-(ab+bc+ca)\}$$

$$=\underline{(a+b+c)(a^2+b^2+c^2)}$$

$$\qquad\underline{-(a+b+c)(ab+bc+ca)}$$

$$=a^3+ab^2+c^2a+a^2b+b^3+bc^2+ca^2+b^2c+c^3$$

$$\qquad-(a^2b+abc+ca^2+ab^2+b^2c+abc+abc+bc^2+c^2a)$$

$$=a^3+b^3+c^3-3abc \ \cdots\cdots(*) \ となる。\cdots\cdots(答)$$

⇦ これは因数分解(展開)
公式として覚えよう！

(2) 与式を変形すると，

$$8x^3-18xy+27y^3+1$$

$$=(2x)^3+(3y)^3+1^3-3\cdot 2x\cdot 3y\cdot 1 \ より，$$

$$[\ a^3 \ + \ b^3 \ + c^3-3\cdot a\cdot b\cdot c \ ]$$

$(*)$ を因数分解公式として利用すると，

$$8x^3-18xy+27y^3+1$$

$$=(2x+3y+1)\{(2x)^2+(3y)^2+1^2-2x\cdot 3y-3y\cdot 1-1\cdot 2x\}$$

$$[(a+b+c)(\ a^2 \ + \ b^2 \ +c^2-a\cdot b-b\cdot c-c\cdot a)]$$

$$=(2x+3y+1)(4x^2+9y^2-6xy-2x-3y+1)$$

$$\cdots\cdots(答)$$

⇦ 与式を，$a^3+b^3+c^3-3abc$
の形にまとめると，これ
は $(a+b+c)(a^2+b^2+c^2$
$-ab-bc-ca)$
に因数分解できる。

因数分解（Ⅰ）

演習問題 2	難易度 ★	CHECK 1	CHECK 2	CHECK 3

次の式を因数分解せよ。

(1) $x^2 + 6x - 91$

(2) $x^2 - x - y^2 + 5y - 6$

(3) $(x+1)(x-5)(x^2-4x+6)+18$

(4) $a^2(b-c) + b^2(c-a) + c^2(a-b)$

ヒント！ すべて，公式 (4) の 1 番目のパターンの問題だ。
つまり，$x^2 + (\boxed{a+b})x + \boxed{ab} = (x+a)(x+b)$ の形で解けるよ。
$\boxed{たして}$ $\boxed{かけて}$

解答＆解説

ココがポイント

(1) $\boxed{たして：13+(-7)}$ $\boxed{かけて：13×(-7)}$

$x^2 + \boxed{6}x \boxed{-91} = (x+13)(x-7)$ ……………(答)

⇦ 公式 (4)：たして かけて
$x^2 + (\boxed{a+b})x + \boxed{ab}$
$= (x+a)(x+b)$
を使った！

(2) これは，x の 2 次式と考え，y を定数扱いにするのがコツだ。$\boxed{たして：-2+(-3)}$ $\boxed{かけて：-2×(-3)}$

$x^2 - x - y^2 + 5y - 6 = x^2 - x - (y^2 \boxed{-5}y + \boxed{6})$

$\boxed{たして：-(y-2)+(y-3)}$ $\boxed{かけて：-(y-2)×(y-3)}$

$= x^2 \boxed{-1} \cdot x \boxed{-(y-2)(y-3)}$

$= (x-y+2)(x+y-3)$ ………………………(答)

⇦ まず，y の 2 次式を因数分解する。

⇦ $-(y-2)(y-3)$ を定数のように扱うのがコツだ！

(3) $\underline{(x+1)(x-5)}(x^2-4x+6)+18$

$\boxed{A}$ $\boxed{A}$ とおくといいよ！

$= (\boxed{(x^2-4x)} -5)(\boxed{(x^2-4x)} +6)+18$

$= (x^2-4x)^2 +1 \cdot (x^2-4x) -12$

$= (x^2-4x+4)(x^2-4x-3)$

$= (x-2)^2(x^2-4x-3)$ ………………………(答)

⇦ $x^2-4x = A$ とおくと
与式
$= (A-5)(A+6)+18$
$= A^2 + A - 12$
$= (A+4)(A-3)$

(4) a の 2 次式とみてまとめると，

$(b-c)\underline{\underline{a^2}} - (b^2-c^2)\underline{a} + b^2c - bc^2$

$\boxed{共通因数はくくり出す！}$

$= (\boxed{(b-c)})a^2 - (\boxed{(b-c)})(b+c)a + bc(\boxed{(b-c)})$

$\boxed{たして：-b+(-c)}$ $\boxed{かけて：-b×(-c)}$

$= (\boxed{(b-c)})\{a^2 \boxed{-(b+c)}a + \boxed{bc}\}$

$= -(a-b)(b-c)(c-a)$ ………………(答)

⇦ まず a の 2 次式とみて，b，c は定数と考えるといい。

⇦ $(b-c)(a-b)\underline{(a-c)}$
$= -(a-b)(b-c)\underline{(c-a)}$

15

因数分解 (Ⅱ)

演習問題 3	難易度 ★★	CHECK 1	CHECK 2	CHECK 3

次の式を因数分解せよ。

(1) $2x^2 - 9x - 5$

(2) $x^2y^2 + x^2y + xy^2 - x - y - 1$

(3) $x(x+1)(x+2) - y(y+1)(y+2) + xy(x-y)$ （山梨学院大, 秋田大）

ヒント！ すべて，たすきがけパターンの因数分解の問題だ。

公式： $acx^2 + (ad+bc)x + bd = (ax+b)(cx+d)$ を使う。

解答＆解説

ココがポイント

(1) $2x^2 - 9x - 5 = (2x+1)(x-5)$ ……………(答)

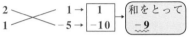

$$\begin{array}{l} 2 \quad\quad 1 \to \boxed{1} \\ 1 \quad\quad -5 \to \boxed{-10} \end{array}$$ 和をとって $\boxed{-9}$

⇦たすきがけパターンの因数分解は，次の通りだ。
$$acx^2 + (ad+bc)x + bd$$
$$\begin{array}{l} a \quad\quad b \to bc \\ c \quad\quad d \to ad \end{array}$$
$$= (ax+b)(cx+d)$$

定数扱い！ x の 2 次式

(2) $(y^2+y)\underline{x^2} + (y^2-1)\underline{x} - (y+1)$

⇦x の 2 次式としてまとめる。y は，定数として考えるといいよ。

共通因数はくくり出す！

$= y(\boxed{y+1})x^2 + (\boxed{y+1})(y-1)x - (\boxed{y+1})$

$= (\boxed{y+1})\{yx^2 + (y-1)x - 1\}$

⇦たすきがけパターン

$$\begin{array}{l} y \quad\quad -1 \to \boxed{-1} \\ 1 \quad\quad 1 \to \boxed{y} \end{array}$$ 和をとって $\boxed{y-1}$

$= (y+1)(yx-1)(x+1)$

$= (x+1)(y+1)(xy-1)$ ……………(答)

(3) $x\underline{(x+1)(x+2)} - y\underline{(y+1)(y+2)} + xy(x-y)$

$\boxed{(x^2+3x+2)}$ $\boxed{(y^2+3y+2)}$

$= x^3 + 3x^2 + 2x - (y^3 + 3y^2 + 2y) + xy(x-y)$

$= \underline{(x^3-y^3)} + 3\underline{(x^2-y^2)} + 2(x-y) + xy(x-y)$

⇦共通因数 $(x-y)$ をくくり出せる。

$\boxed{(x-y)(x^2+xy+y^2)}$ $\boxed{(x-y)(x+y)}$

$= (x-y)\{\underline{x^2+xy+y^2} + 3\underline{(x+y)} + 2 + \underline{xy}\}$

$= (x-y)\{\underline{(x+y)^2} + 3\underline{(x+y)} + \underline{2}\}$

たして かけて

⇦$x+y=X$ とおくと { } 内は $X^2+3X+2=(X+1)(X+2)$ と因数分解できるんだね。

$= (x-y)(x+y+1)(x+y+2)$ ……………(答)

16

因数分解 (Ⅲ)

次の式を因数分解せよ。

(1) $a^3 + 2a^2b + ab^2 - a - b$　　(2) $8x^3 + 12x^2y + 4xy^2 + 6x^2 + 9xy + 3y^2$ (法政大)

(3) $x^4 + 4x^2y^2 - 5y^4$

ヒント！ (1) は，a の 3 次式とみずに，b の 2 次式とみるとウマくいく。次数の低い文字でまとめるのがコツだ。(2) も次数の低い y でまとめる。(3) は，$A^2 - B^2 = (A + B)(A - B)$ の形にもち込めばいいんだね。

解答＆解説

ココがポイント

(1) b の 2 次式として，まとめる

定数扱い！

$\boxed{a}b^2 + (\boxed{2a^2 - 1})b + \boxed{a^3 - a}$

$= ab^2 + (2a^2 - 1)b + a(a^2 - 1)$

$\begin{array}{ll} 1 & a \\ a & a^2 - 1 \end{array}$ → $\boxed{a^2}$　和をとって
→ $\boxed{a^2 - 1}$　$2a^2 - 1$

$= (a + b)(ab + a^2 - 1)$ ………………(答)

⇦次数の高い a でなく，次数の低い b でまとめる。

⇦たすきがけにより，
$(b + a)(ab + a^2 - 1)$
$= (a + b)(ab + a^2 - 1)$
となる。

(2) $(4x + 3)y^2 + 3x(4x + 3)y + 2x^2(4x + 3)$

たして：$x + 2x$　　かけて：$x \times 2x$

$= (4x + 3)(y^2 + 3xy + 2x^2)$

$= (4x + 3)(y + x)(y + 2x)$

$= (4x + 3)(x + y)(2x + y)$ ………………(答)

⇦y の 2 次式としてまとめると，共通因数 $(4x + 3)$ が出てくるので，これをくくり出す。

(3) これも，$A^2 - B^2$ の形にする。

$x^4 + 4x^2y^2 - 5y^4 = (x^4 + 4x^2y^2 + 4y^4) - 9y^4$

$A^2 - B^2$ の形だ！

$= (x^2 + 2y^2)^2 - (3y^2)^2$

$(A + B)(A - B)$

$= (x^2 + 2y^2 + 3y^2)(x^2 + 2y^2 - 3y^2)$

$= (x^2 - y^2)(x^2 + 5y^2)$

$= (x + y)(x - y)(x^2 + 5y^2)$ ………………(答)

⇦公式：
$A^2 - B^2 = (A + B)(A - B)$
が使える形にもち込む。

⇦$x^2 - y^2 = (x + y)(x - y)$

どうだった？ この位できると，因数分解も受験レベルといえる。

§2. 式の値の計算にも慣れよう！

● 実数は，有理数と無理数に分類できる！

これから扱う**実数**という数は，次のように分類できる。

$$\cdots, -3, -2, -1, 0, 1, 2, 3, \cdots \qquad 1, 2, 3, \cdots$$

実数 $\begin{cases} \text{有理数} \begin{cases} \boxed{整数}\,(\,特に正の整数を\,\boxed{自然数}\,という\,) \\ \boxed{分数}\,(\,\underline{有限小数}や\underline{循環小数}を含む\,) \end{cases} \\ \end{cases}$

$\dfrac{2}{3}, \dfrac{4}{5}, \dfrac{1}{7}$ など　 $0.4\left(=\dfrac{2}{5}\right)$ など　 $0.333\cdots\left(=\dfrac{1}{3}\right)$ など

$\boxed{無理数}\,(\,循環しない無限小数でしか表せない数\,)$

たとえば，$\sqrt{2} = 1.4142\cdots$, $\sqrt{3} = 1.732\cdots$ など

この無理数 $\sqrt{a}$, $\sqrt{b}$ については，次の公式がある。

無理数の公式

$(1)\ \sqrt{a} \times \sqrt{b} = \sqrt{a \times b}$ 　　　 $(2)\ \dfrac{\sqrt{a}}{\sqrt{b}} = \sqrt{\dfrac{a}{b}}$ 　　 $(a > 0,\ b > 0)$

(例) $\sqrt{4} \times \sqrt{12} = \sqrt{4 \times 12} = 4\sqrt{3}$ 　　 (例) $\dfrac{\sqrt{60}}{\sqrt{5}} = \sqrt{\dfrac{60}{5}} = \sqrt{12} = \sqrt{2^2 \times 3} = 2\sqrt{3}$

それで，この無理数が分母にあるとき，これを変形して，分母を有理数にすることを **"有理化"** と呼ぶ。有理化の例を下に示すよ。

分子・分母に $\sqrt{2}$ をかけた！ 　　　 分子・分母に $2 + \sqrt{3}$ をかけた！

$$\underset{\text{無理数}}{\dfrac{1}{\sqrt{2}}} = \dfrac{\sqrt{2}}{\sqrt{2} \times \sqrt{2}} = \underset{\text{有理数}}{\dfrac{\sqrt{2}}{2}}, \quad \underset{\text{無理数}}{\dfrac{1}{2 - \sqrt{3}}} = \dfrac{2 + \sqrt{3}}{(2 - \sqrt{3})(2 + \sqrt{3})} = \underset{\text{有理数}}{\dfrac{2 + \sqrt{3}}{4 - 3}} = 2 + \sqrt{3}$$

次，**繁分数**についても解説しておこう。分子・分母がさらに分数であるような数を **"繁分数"** といい，次のように計算できる。

$$\dfrac{\dfrac{d}{c}}{\dfrac{b}{a}} = \dfrac{ad}{bc}$$

分子の分母は下へ

分母の分母は上へ

繁分数の計算の例を示す！

$$\dfrac{\dfrac{1}{4}}{\dfrac{3}{2}} = \dfrac{2 \times 1}{3 \times 4} = \dfrac{1}{6}, \quad \dfrac{\dfrac{1}{4}}{\dfrac{3}{3}} = \dfrac{3}{4}$$

● 2重根号は, このようにはずす！

"2重根号" のはずし方の公式を下に示す。これも, 覚えておこう。

2重根号のはずし方

$a > b > 0$ のとき,

(I) $\sqrt{(a+b) + 2\sqrt{ab}} = \sqrt{a} + \sqrt{b}$

たして　　かけて

(II) $\sqrt{(a+b) - 2\sqrt{ab}} = \sqrt{a} - \sqrt{b}$ 　　 $(\sqrt{a} > \sqrt{b})$

たして　　かけて　[大 − 小]

(I), (II) の公式は, 両辺をそれぞれ 2 乗したら等しい式になることからわかるはずだ。でも公式は, 証明よりも使いこなすことが大事なんだ。例題として, $\sqrt{3 + \sqrt{8}}$ と $\sqrt{2 - \sqrt{3}}$ と $\sqrt{10 - \sqrt{84}}$ の 2 重根号をはずしてみよう。最初のは簡単だね。

この 2 を出す

$$\sqrt{3 + \sqrt{8}} = \sqrt{③ + ②\sqrt{②}}$$ 　　たして 3, かけて 2 となる 2 つの数 a, b は,

たして $(2+1)$ 　かけて (2×1)

$a = \underset{\sim}{2}, b = \underline{1}$ より $\sqrt{3 + \sqrt{8}} = \sqrt{3 + 2\sqrt{2}} = \sqrt{\underset{\sim}{2}} + \sqrt{\underline{1}} = \sqrt{2} + 1$ だ！

次のは大丈夫？ $\sqrt{3}$ の前に 2 がないので, 次のように力押しで解こう。

この 2 を出す　たして $(3+1)$　かけて (3×1)　大 − 小　分子・分母に $\sqrt{2}$ をかけた！

$$\sqrt{2 - \sqrt{3}} = \sqrt{\dfrac{4 - ②\sqrt{3}}{2}} = \dfrac{\sqrt{④ - 2\sqrt{③}}}{\sqrt{2}} = \dfrac{\sqrt{3} - \sqrt{1}}{\sqrt{2}} = \dfrac{\sqrt{6} - \sqrt{2}}{2}$$ 　となる！

最後のは, $\sqrt{84} = \sqrt{4 \cdot 21}$ として解けばいいね。

$$\sqrt{10 - \sqrt{84}} = \sqrt{⑩ - 2\sqrt{㉑}} = \sqrt{7} - \sqrt{3}$$ となる。大丈夫？

$7 + 3$ 　7×3

● 対称式はすべて，基本対称式で表せる！

$a^2 + b^2$ や $a^3b + ab^3$ のように，**2** つの文字 a と b を入れ替えても変化しない式を "**対称式**" という。この対称式の中でも最も簡単な形の <u>$a + b$</u> と <u>ab</u> を，特に "**基本対称式**" というんだ。そして，面白いことに，次の定理が成り立つ。

> **対称式と基本対称式**
>
> 対称式 ($a^2 + b^2$, $a^3 + b^3$ など) はすべて，基本対称式 ($a + b$ と ab) の式のみで表せる。

次の **2** つの例は，常識として覚えておくといいよ。頻出パターンだからね。

(1) $a^2 + b^2 = (a + b)^2 - 2ab$　　　(2) $a^3 + b^3 = \underbrace{(a + b)^3}_{a^3 + 3a^2b + 3ab^2 + b^3} - 3ab(a + b)$

● $\sqrt{A^2} = |A|$ に注意しよう！

ある実数 a の "**絶対値**" は $|a|$ と表し，次式で定義される。

$$|a| = \begin{cases} a & (a \geqq 0 \text{ のとき}) \\ -a & (a < 0 \text{ のとき}) \end{cases}$$

> a は ⊖ より，$-a$ は ⊕ の数だ！

a が正のとき，$|a|$ はそのままだけど，a が負のときは，$|a|$ 符号を入れ替えた正の数を表す。つまり，$|3| = 3$ だし，$|-3| = 3$ なんだ。

ここで，$y = |x - 1|$ のグラフを描いてみよう。

$$y = |x - 1| = \begin{cases} x - 1 & (x \geqq 1 \text{ のとき}) \\ \boxed{-x + 1} & (x < 1 \text{ のとき}) \end{cases}$$

> $x - 1 \geqq 0$
>
> $\underbrace{-(x - 1)}$　$x - 1 < 0$

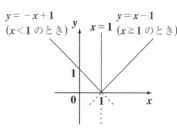

$y = -x + 1$ $(x < 1 \text{ のとき})$　　$y = x - 1$ $(x \geqq 1 \text{ のとき})$　$x = 1$

よって，$y = |x - 1|$ は，$x = 1$ を境にして，カキンと折れた折れ線状のグラフになるんだ。

次に，絶対値の重要公式を右に示す。

$\begin{cases} \cdot\ a = 3\ \text{のとき，}\ \sqrt{3^2} = \sqrt{9} = 3\ \text{だけど，} \\ \cdot\ a = -3\ \text{のときも，}\ \sqrt{(-3)^2} = \sqrt{9} = 3 \end{cases}$

となって，$a = \pm 3$ のとき，$\sqrt{a^2} = 3$ となる。
つまり，$\sqrt{a^2}$ は $|a|$ と同じ働きをする。
よって，(3) の公式 $\sqrt{a^2} = |a|$ は成り立つ。

(4) も同様に，$a = \pm 3$ のとき $|a|^2 = |\pm 3|^2 = 3^2 = 9$，$a^2 = (\pm 3)^2 = 9$ と同じ結果になるだろう。$\therefore |a|^2 = a^2$ となるんだね。

それでは，ここで，頻出の分数式の計算練習をしておこう。

◆例題3◆

$x^2 + \dfrac{1}{x^2} = 3$ のとき，$x^3 + \dfrac{1}{x^3}$ の値を求めよ。 （岐阜女子大＊）

解答

ここで，$P = x + \dfrac{1}{x}$ ……① とおく。 $\longrightarrow$

①の両辺を 2 乗して，

$P^2 = \left(x + \dfrac{1}{x}\right)^2 = x^2 + 2 \cdot \not{x} \cdot \dfrac{1}{\not{x}} + \dfrac{1}{x^2}$

$= \boxed{x^2 + \dfrac{1}{x^2}} + 2 = 5 \quad \left(\because x^2 + \dfrac{1}{x^2} = 3\right)$

$\underbrace{\phantom{x^2 + \dfrac{1}{x^2}}}_{3}$

$\therefore P = \pm\sqrt{5}$

ここで， 公式：$(a+b)^3 = a^3 + 3a^2 b + 3ab^2 + b^3$

$\left(\overset{P}{\boxed{x + \dfrac{1}{x}}}\right)^3 = x^3 + 3x + 3 \cdot \dfrac{1}{x} + \dfrac{1}{x^3} = x^3 + \dfrac{1}{x^3} + 3\left(\overset{P}{\boxed{x + \dfrac{1}{x}}}\right)$ より，

$x^3 + \dfrac{1}{x^3} = P^3 - 3P = (\pm\sqrt{5})^3 - 3 \cdot (\pm\sqrt{5}) = \underline{\pm 5\sqrt{5} \mp 3\sqrt{5}} = \pm 2\sqrt{5}$ ……(答)

$5\sqrt{5} - 3\sqrt{5}$ または $-5\sqrt{5} + 3\sqrt{5}$ のことだ。

$x^2 + \dfrac{1}{x^2} = 3$ から，直接 $x^3 + \dfrac{1}{x^3}$ の値を求めるのではなく，$x + \dfrac{1}{x} = P$ とおいて，まず P の値を求める。すると，$x^3 + \dfrac{1}{x^3}$ も P の式で表せるので，$x^3 + \dfrac{1}{x^3}$ の値も求まるんだね。

2 重根号と公式 : $\sqrt{A^2} = |A|$

演習問題 5	難易度 ★	CHECK 1	CHECK2	CHECK3

(1) $x = \sqrt{7 + 2\sqrt{12}}$, $y = \sqrt{7 - 2\sqrt{12}}$ のとき，$\dfrac{y^2}{x} + \dfrac{x^2}{y}$ の値を求めよ。

(2) $-1 \leq x \leq 2$ のとき，$\sqrt{(x+1)^2} + \sqrt{(x-2)^2}$ の値を求めよ。(東京海洋大)

ヒント！ **(1)** 2 重根号をはずして，x, y の値を求めたならば，次に $x + y$ と xy の値を計算して，与式の値を求めればいい。**(2)** は，公式：$\sqrt{A^2} = |A|$ を使って解く問題だ。頑張ろう！

解答 & 解説

ココがポイント

(1) $x = \sqrt{\boxed{7} + 2\sqrt{\boxed{12}}} = \sqrt{4} + \sqrt{3} = 2 + \sqrt{3}$

たして $(4 + 3)$ かけて (4×3)

$y = \sqrt{\boxed{7} - 2\sqrt{\boxed{12}}} = \sqrt{4} - \sqrt{3} = 2 - \sqrt{3}$

たして $(4 + 3)$ かけて (4×3)

⇦ **2 重根号のはずし方：**
$\sqrt{(a+b) \pm 2\sqrt{ab}}$
$= \sqrt{a} \pm \sqrt{b}$
$\quad (a > b > 0)$

よって，$\begin{cases} x + y = 2 + \sqrt{3} + 2 - \sqrt{3} = \underline{4} \\ x \cdot y = (2 + \sqrt{3})(2 - \sqrt{3}) = 4 - 3 = \underline{1} \end{cases}$

∴ 求める式の値は， 基本対称式

⇦ $\dfrac{y^2}{x} + \dfrac{x^2}{y}$ は対称式なので，基本対称式で表せる。だから，$x + y$ と xy の値を先に求めるんだ。

対称式

$\dfrac{y^2}{x} + \dfrac{x^2}{y} = \dfrac{x^3 + y^3}{xy} = \dfrac{(x+y)^3 - 3\underline{xy} \cdot (x+y)}{\underline{xy}}$

⇦ $x^3 + y^3$
$\quad = (x+y)^3 - 3\underline{xy}(x+y)$

$= \dfrac{4^3 - 3 \cdot 1 \cdot 4}{1} = 52$ ⋯⋯⋯⋯⋯⋯(答)

(2) $\sqrt{(x+1)^2} = |x+1| = \begin{cases} x + 1 & (-1 \leq x \text{ のとき}) \\ -(x+1) & (x \leq -1 \text{ のとき}) \end{cases}$

⇦ **公式：$\sqrt{A^2} = |A|$ を使った！**
・$x + 1 \geq 0$ のとき
$\quad |x+1| = x+1$
・$x + 1 \leq 0$ のとき
$\quad |x+1| = -(x+1)$

$\sqrt{(x-2)^2} = |x-2| = \begin{cases} x - 2 & (2 \leq x \text{ のとき}) \\ -(x-2) & (x \leq 2 \text{ のとき}) \end{cases}$

この等号は，つけてもつけなくても，どちらでもいい。

ここで，$-1 \leq x \leq 2$ より，$\overset{x+1}{} \quad \overset{-(x-2)}{}$

$\sqrt{(x+1)^2} + \sqrt{(x-2)^2} = |x + 1| + |x - 2|$

$= x + 1 - (x - 2) = 3$ ⋯⋯⋯⋯⋯⋯(答)

$\mathbf{A = B = C}$ の形の式の計算

| 演習問題 6 | 難易度 ★★ | CHECK 1 | CHECK 2 | CHECK 3 |

$\dfrac{x+y}{6} = \dfrac{y+z}{7} = \dfrac{z+x}{8}$ $(\neq 0)$ のとき，$\dfrac{x^2-y^2}{x^2+xz+yz-y^2}$ の値を求めよ。

(福岡大)

ヒント！ $\mathbf{A = B = C}$ の形の式がきたら，$\mathbf{A = B = C} = k$ とおいて，$\mathbf{A} = k$，$\mathbf{B} = k$，$\mathbf{C} = k$ の 3 つの式に分解して考えるといい。これも基本的な解法パターンの 1 つだ。

解答＆解説

$\dfrac{x+y}{6} = \dfrac{y+z}{7} = \dfrac{z+x}{8} = k$ $(k \neq 0)$ とおくと，

$$\begin{cases} x+y = 6k & \cdots\cdots① \\ y+z = 7k & \cdots\cdots② \\ z+x = 8k & \cdots\cdots③ \end{cases} \quad (k \neq 0)$$

①＋②＋③より，$2(x+y+z) = 21k$

$$\therefore x+y+z = \dfrac{21}{2}k \quad \cdots\cdots④$$

④－②より，$x = \dfrac{7}{2}k$，④－③より，$y = \dfrac{5}{2}k$

④－①より，$z = \dfrac{9}{2}k$

以上を，$\dfrac{x^2-y^2}{x^2+xz+yz-y^2}$ に代入して，

$$\dfrac{\left(\dfrac{7}{2}k\right)^2 - \left(\dfrac{5}{2}k\right)^2}{\left(\dfrac{7}{2}k\right)^2 + \dfrac{7}{2}k \cdot \dfrac{9}{2}k + \dfrac{5}{2}k \cdot \dfrac{9}{2}k - \left(\dfrac{5}{2}k\right)^2}$$

> 分子・分母に $2^2 = 4$ をかける！

$$= \dfrac{(49-25)k^2}{(49+63+45-25)k^2} = \dfrac{\overset{2}{24}}{\underset{11}{132}}$$

> 分子・分母は 12 で割れる！

$$= \dfrac{2}{11} \quad \cdots\cdots\cdots\cdots\cdots\cdots\cdots(答)$$

ココがポイント

⇦ $\mathbf{A = B = C} = k$ とおいて，$\mathbf{A} = k$，$\mathbf{B} = k$，$\mathbf{C} = k$ の 3 つの式に分解する！

⇦ ④から，それぞれ②，③，①を引くことにより，x, y, z が k の式で表される。

⇦ これは，繁分数になっているので，分子・分母に 4 をかける。

⇦ $k^2 \neq 0$ より，分子・分母を k^2 で割る。
$\begin{cases} 24 = 2 \times 12 \\ 132 = 11 \times 12 \end{cases}$ より，既約分数で答える。

§3. 1次方程式・1次不等式を解こう！

　数学では，さまざまな問題を解いていく上で，必ずといっていい程，
"**方程式**"と"**不等式**"が現れる。ここでは，"**1次方程式**"と"**1次不等式**"
にしぼって詳しく解説しよう。

　1次方程式は，中学でも既に習っていると思うけれど，絶対値まで入っ
た受験レベルの問題も教えるつもりだ。もちろん，分かりやすく解説する
から，**1次方程式**にも**1次不等式**にも自信がもてるようになって，面白く
なるはずだよ。頑張ろう！

● 等式には，方程式と恒等式がある！

　"**等式**"とは，$A = B$ の形の式のことだ。そして，この等式には，（ⅰ）
"**方程式**"と（ⅱ）"**恒等式**"の 2 つがあるんだよ。次に例で示しておく。

（ⅰ）**方程式**

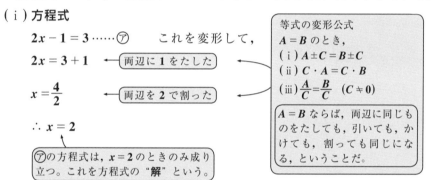

$2x - 1 = 3$ ……⑦　　これを変形して，

$2x = 3 + 1$　← 両辺に 1 をたした

$x = \dfrac{4}{2}$　← 両辺を 2 で割った

$\therefore x = 2$

⑦の方程式は，$x = 2$ のときのみ成り
立つ。これを方程式の"**解**"という。

等式の変形公式
$A = B$ のとき，
（ⅰ）$A \pm C = B \pm C$
（ⅱ）$C \cdot A = C \cdot B$
（ⅲ）$\dfrac{A}{C} = \dfrac{B}{C}$ 　$(C \neq 0)$

$A = B$ ならば，両辺に同じも
のをたしても，引いても，か
けても，割っても同じにな
る，ということだ。

（ⅱ）**恒等式**

　$(a + b)^2 = a^2 + 2ab + b^2$　　これは左右両辺がまったく同じ式なので，

　a, b にどのような実数を代入しても成り立つ。

どう？違いはわかった？"**方程式**"では文字がある値のときにしか成り立
たないけれど，"**恒等式**"は文字がどんな値のときでも恒等的に成り立つ。

"常に"という意味

$2x-1=3$ のような，x の1次式の方程式を"**1次方程式**"と呼び，先程の例のように変形して，$x=2$ の解を導けばいい。これだけだと非常に単純なんだけれど，実際の受験では，これに絶対値などをつけてくるので，場合分けをしながら，解いていく必要があるんだね。

◆例題4◆

方程式 $2|x|+|x-3|=x+7$ ……① を解け。

解答

(i) $x<0$ のとき，①は，

$$\underbrace{-2x}_{2|x|}\underbrace{-(x-3)}_{|x-3|}=x+7$$

$-3x+3=x+7$，$4x=-4$

∴ $\underline{x=-1}$ （これは，$x<0$ をみたす）

(ii) $0\leqq x<3$ のとき，①は，

$2x-(x-3)=x+7$，$x+3=x+7$ ∴ $3=7$ となって不適。

(iii) $3\leqq x$ のとき，①は，

$2x+(x-3)=x+7$，$2x=10$ ∴ $\underline{\underline{x=5}}$ （これは，$3\leqq x$ をみたす）

以上 (i)(ii)(iii) より，①の解は，$x=-1$ または 5 ……………(答)

> ・$|x|=\begin{cases}-x & (x<0)\\ x & (0\leqq x)\end{cases}$
>
> ・$|x-3|=\begin{cases}-(x-3) & (x<3)\\ x-3 & (3\leqq x)\end{cases}$
>
> 以上より，
> (i) $x<0$，(ii) $0\leqq x<3$，(iii) $3\leqq x$
> の3通りの場合分けが必要だ！

(例題4の別解)

これをグラフを使ってヴィジュアルに解くこともできる。①を分解して，

$$\begin{cases}y=2|x|+|x-3| & ……②\\ y=x+7 & …………③\end{cases} \quad とおく。$$

ここで，さらに，②は，次のようになる。

$$y=\begin{cases}-2x-(x-3)=-3x+3 & (x<0) & \text{(i)}\\ 2x-(x-3)=x+3 & (0\leqq x<3) & \text{(ii)}\\ 2x+(x-3)=3x-3 & (3\leqq x) & \text{(iii)}\end{cases}$$

②，③の xy 座標平面上のグラフの交点の x 座標が，方程式①の解となる。

よって右図より，$x=-1$，5 ………(答) となる。

このように，グラフにもち込むと，非常にわかりやすくなるだろう。

● 連立1次方程式も，ヴィジュアルに考えよう！

"連立1次方程式" についても，次の重要事項がある。これも，2つの直線と考えれば，2直線の共有点の (x, y) 座標が，この連立1次方程式の解となる。

連立1次方程式

連立1次方程式

$$\begin{cases} a_1x + b_1y + c_1 = 0 & \cdots\cdots ⑦ \\ a_2x + b_2y + c_2 = 0 & \cdots\cdots ④ \end{cases} \quad \text{について,}$$

$b_1 \neq 0$, $b_2 \neq 0$ のとき，⑦，④は，$y = -\dfrac{a_1}{b_1}x - \dfrac{c_1}{b_1}$，$y = -\dfrac{a_2}{b_2}x - \dfrac{c_2}{b_2}$ という2つの直線の方程式になることがわかるね。

〔傾き〕〔y切片〕　〔傾き〕〔y切片〕

(i) $a_1 : a_2 \neq b_1 : b_2$　　(ii) $a_1 : a_2 = b_1 : b_2 = c_1 : c_2$　(iii) $a_1 : a_2 = b_1 : b_2 \neq c_1 : c_2$
　　のとき　　　　　　　　　のとき　　　　　　　　　　　　のとき

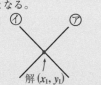

⑦，④は，傾きの異なる2直線となるので，ただ1つの交点 (x_1, y_1) が解となる。

解 (x_1, y_1)

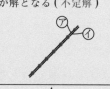

⑦と④は，一致するので，$a_1x + b_1y + c_1 = 0$ をみたすすべての点 (x, y) が解となる（不定解）

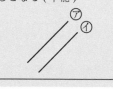

⑦と④は，平行な2直線となるので，共有点をもたない。よって，解なしとなる（不能）

たとえば，$\underset{\sim}{2}x + \underset{\sim}{3}y \underset{\sim}{-1} = 0\cdots$ ⑨，$\underset{\sim}{10}x + \underset{\sim}{15}y \underset{\sim}{-5} = 0\cdots$ ⑩ のとき，⑩ の両辺を5で割れば $2x + 3y - 1 = 0$ となって，⑨と一致する。つまり，対応する各係数の比が $\underset{\sim}{2} : \underset{\sim}{10} = \underset{\sim}{3} : \underset{\sim}{15} = \underset{\sim}{-1} : \underset{\sim}{-5}$ のとき，⑨と⑩は一致する。覚えておいてくれ！

◆例題5◆

連立方程式 $\begin{cases} x + (a-1)y + 1 = 0 & \cdots\cdots① \\ ax + (a+3)y - 1 = 0 & \cdots\cdots② \end{cases}$　について，

(i) $a = \boxed{\ \text{ア}\ }$ のとき，解が無数に存在する。

(ii) $a = \boxed{\ \text{イ}\ }$ のとき，解は存在しない。

（関西大）

解答

$\underset{a_1}{①}x + \underset{b_1}{(\boxed{a-1})}y + \underset{c_1}{①} = 0$ ……① , $\underset{a_2}{ⓐ}x + \underset{b_2}{(\boxed{a+3})}y \underset{c_2}{\boxed{-1}} = 0$ ……②について,

(i)①と②の共通解が無数に存在するとき, ← 不定解

$\boxed{1:a = (a-1):(a+3)} = 1:-1$ ……③ ← $a_1:a_2 = b_1:b_2 = c_1:c_2$

ここで, まず, $1:a = (a-1):(a+3)$ より, $a(a-1) = 1 \cdot (a+3)$

$a^2 - 2a - 3 = 0$ $(a+1)(a-3) = 0$ $\therefore a = -1, \ 3$

ここで, $a = -1$ のとき, ③は, $1:-1 = -2:2 = 1:-1$ となってみたすが, $a = 3$ のときは③をみたさない。$\therefore a = -1$ ……………(答)

(ii)①と②の解が存在しないとき, ← 不能

$\underline{1:a = (a-1):(a+3)} \neq 1:(-1)$ ……④ ← $a_1:a_2 = b_1:b_2 \neq c_1:c_2$

これをみたすのは, $a = -1, \ 3$

④をみたす a は(i)より, $a = 3$ ……………………………(答)

このとき④は, $1:3 = 2:6 \neq 1:(-1)$ となって OK だね。

どう？これで, 連立 1 次方程式も大丈夫だね。

● 1 次不等式の解法にも慣れよう！

　"不等式" とは, $A > B$ や $A \leqq B$ など, 不等号の入った式のことで, 1 次不等式の解は一般には未知数 x の値の範囲として求められる。まず, 例題で練習しておこう。

　$x - 1 \leqq 3x + 5$ を解いてみよう。

$x - 3x \leqq 5 + 1$ ← 両辺から, $3x$ を引き, 両辺に 1 をたした。

$-2x \leqq 6$

$x \geqq \dfrac{6}{-2}$ ← 両辺を -2 で割ったので, 不等号の向きが変わった！

$\therefore x \geqq -3$ と, 答えが出てくる。

> 不等式の変形
> $A > B$ のとき,
> (i) $A \pm C > B \pm C$
> (ii) $C > 0$ のとき,
> 　$\cdot CA > CB$ 　$\cdot \dfrac{A}{C} > \dfrac{B}{C}$
> (iii) $C < 0$ のとき,
> 　$\cdot CA < CB$ 　$\cdot \dfrac{A}{C} < \dfrac{B}{C}$
>
> 両辺に負の数をかけたり, それで割ったりすると, 不等号の向きが変わる。

それでは, もう少し本格的な例題を解いてみよう。

◆例題6◆

不等式 $2|x| + |x-3| < x+7$ ……① を解け。

解答

(i) $x < 0$ のとき，①は，

> 例題4と同様に，
> $|x|, |x-3|$ があるので，
> (i) $x<0$, (ⅱ) $0 \leqq x < 3$, (ⅲ) $3 \leqq x$
> の3つに場合分けして解く。

$$-3x + 3 < x + 7$$

$$-4x < 4 \qquad \therefore x > -1$$

これと $x < 0$ より， <u>$-1 < x < 0$</u>

(ⅱ) $0 \leqq x < 3$ のとき，①は，

$2x - (x-3) < x+7$ より，$x+3 < x+7$ となって，この範囲のすべて
の x について成り立つ。 $\therefore$ <u>$0 \leqq x < 3$</u>

(ⅲ) $3 \leqq x$ のとき，①は，

$$2x + (x-3) < x+7 \qquad 3x - 3 < x+7$$

$$2x < 10 \quad \therefore x < 5$$

これと $3 \leqq x$ より， <u>$3 \leqq x < 5$</u>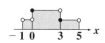

以上 (i)(ⅱ)(ⅲ) の解を合わせて，求める不等式①の解は，

$$-1 < x < 5 \quad \cdots\cdots\cdots\cdots\cdots\text{(答)}$$

(例題6の別解)

これも，例題4と同様に，グラフィカルに考えることが出来る。
①を分解して，

$$\begin{cases} y = f(x) = 2|x| + |x-3| \\ y = g(x) = x+7 \end{cases} \quad \text{とおいて，}$$

これらのグラフを右のように描き，

$f(x) < g(x)$ となる x の値の範囲を求めると，

$-1 < x < 5$ となる。

このようにグラフを使うと不等式もヴィジュ
アルに解くことが出来るんだね。

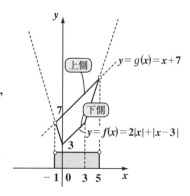

28

さらに，絶対値の付いた 1 次不等式の基本公式を下に示そう。

絶対値の付いた 1 次不等式の解法

(Ⅰ) $|x| \leqq r \iff -r \leqq x \leqq r$

(Ⅱ) $|x| \geqq r \iff x \leqq -r$ または $r \leqq x$

(ただし，r は正の数)

(Ⅰ)，(Ⅱ) の両矢印 "$\iff$" については，次の "集合と論理"(P33) で詳しく解説するけれど，"同値^{どうち}" な関係を表す。つまり，"$p \iff q$" は，「p ならば q であり」かつ「q ならば p である」ことを表しているんだね。

そして，この 2 つの公式 (Ⅰ)，(Ⅱ) はグラフを考えると一目瞭然だ。

まず，2 つの関数 $y=|x|$ と $y=r$ (r：正の定数) に分解して，グラフで考えてみよう。

$$y=|x|=\begin{cases} x & (x \geqq 0) \\ -x & (x < 0) \end{cases}$$ より

(Ⅰ)$|x| \leqq r$ のとき，

図 1(ⅰ) に示すように，$y=|x|$ の y 座標が $y=r$ の y 座標以下となる x の範囲が，グラフから $-r \leqq x \leqq r$ となることが分かるね。また，

(Ⅱ)$|x| \geqq r$ のとき，

図 1(ⅱ) に示すように，$y=|x|$ の y 座標が $y=r$ の y 座標以上となる x の範囲が，グラフから $x \leqq -r$ または $r \leqq x$ となることも同様に分かるはずだ。

図1(ⅰ) $|x| \leqq r \iff -r \leqq x \leqq r$

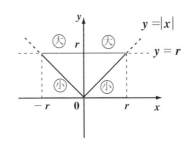

(ⅱ)$|x| \geqq r \iff x \leqq -r,\ r \leqq x$

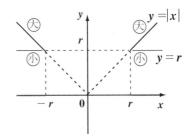

これらの公式もよく使うので，覚えておこう。

絶対値の入った1次方程式とグラフ

演習問題 7	難易度 ★★	CHECK 1	CHECK 2	CHECK 3

x の方程式 $2|x-5|-|x-a|+3=0$ ……① がただ1つの解をもつとき，定数 a の値を求めよ。

(神戸学院大)

ヒント! ①を $2|x-5|+3=|x-a|$ と変形し，さらに $y=f(x)=2|x-5|+3$ と $y=g(x)=|x-a|$ に分解してグラフで考えると，話が見えてくるはずだ。

解答&解説

①より，$2|x-5|+3=|x-a|$

これを分解して，

$$\begin{cases} y=f(x)=2|x-5|+3 \\ y=g(x)=|x-a| \end{cases}$$ とおくと，

$$y=f(x)=\begin{cases} 2(x-5)+3=2x-7 & (5\leqq x) \\ -2(x-5)+3=-2x+13 & (x<5) \end{cases}$$

$$y=g(x)=\begin{cases} x-a & (a\leqq x) \\ -(x-a) & (x<a) \end{cases}$$ となる。

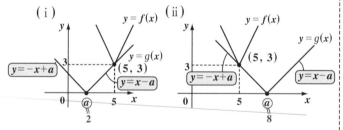

ここで，$y=f(x)$ と $y=g(x)$ がただ1つの共有点をもつとき，①の方程式は，ただ1つの解をもつ。

上の(i)(ii)の図より，明らかに $y=g(x)$ が，$y=f(x)$ の尖点 $(5, 3)$ を通るとき，$y=f(x)$ と $y=g(x)$ はただ1つの共有点をもつ。

以上より，①の方程式がただ1つの実数解をもつときの a の値は，

$$a=2, \text{または，} 8 \quad\text{……………(答)}$$

ココがポイント

⇦ $y=f(x)$ は 点 $(5, 3)$ を尖点とする V 字型のグラフ

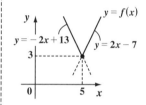

⇦ $y=g(x)$ は，点 $(a, 0)$ を尖点とする V 字型のグラフ

> とがった点のこと

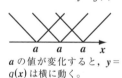

a の値が変化すると，$y=g(x)$ は横に動く。

> カニ歩きする！

⇦ それ以外では，$y=f(x)$ と $y=g(x)$ の共有点は 0 個か または 2 個になる！

絶対値の入った1次不等式と整数解

a を整数とする。不等式 $2|x-a| < x+1$ ……① をみたす整数 x が，ちょうど3個あるとき，a の値を求めよ。　　　　　　　　（大阪経大＊）

ヒント！ 公式 $|x| < r$ のとき $-r < x < r$ より，①から $-(x+1) < 2(x-a) < x+1$ と変形できる。これから x の取り得る値の範囲が求められるね。

解答＆解説

①を変形して，$-x-1 < 2(x-a) < x+1$

$\underset{(\text{i})}{-x-1 < 2x-2a} \underset{(\text{ii})}{< x+1}$　　　$(x > -1)$

（ⅰ）$-x-1 < 2x-2a$ より，$\dfrac{2a-1}{3} < x$　……②

（ⅱ）$2x-2a < x+1$ より，$x < 2a+1$　…………③

以上②，③より，$\dfrac{2a-1}{3} < x < \underset{\boxed{整数}}{2a+1}$ ……④

ここで，a は整数より，$2a+1$ は整数となる。
よって，④をみたす3つの整数 x は右図より，
$2a-2$，$2a-1$，$2a$ となる。そのためには，

$\underset{(\text{i})}{2a-3 \leqq \dfrac{2a-1}{3}} \underset{(\text{ii})}{< 2a-2}$　　（等号の有無に気をつけよう。）

（ⅰ）$3(2a-3) \leqq 2a-1$ より，
$\quad 4a \leqq 8$　　　　$\therefore a \leqq 2$　……⑤

（ⅱ）$2a-1 < 3(2a-2)$ より，
$\quad 5 < 4a$　　　　$\therefore \dfrac{5}{4} < a$ ……⑥

⑤，⑥より，$\dfrac{5}{4} < a \leqq 2$ となり，これをみたす

整数 a は，$a = 2$ である。　………………（答）

ココがポイント

⇦ $|t| < r$ のとき
$\boxed{x-a}$　$\boxed{\dfrac{x+1}{2}}$

$-\dfrac{x+1}{2} < x-a < \dfrac{x+1}{2}$
だからね。

$\left(\begin{array}{l} ただし，\ r>0 より，\\ x > -1 となる。 \end{array} \right)$

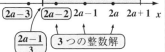

$\boxed{2a-3}$ $\boxed{2a-2}$ $2a-1$ $2a$ $2a+1$ x

$\boxed{\dfrac{2a-1}{3}}$ $\boxed{3 \text{つの整数解}}$

⇦ ・$\dfrac{2a-1}{3} = 2a-3$ のとき，

④の整数解は $2a-2$，$2a-1,2a$ の3つになるので OK だ！でも
・$\dfrac{2a-1}{3} = 2a-2$ のとき，

④の整数解は $2a-1$，$2a$ の2つになるのでダメだね。よって
$\dfrac{2a-1}{3} < 2a-2$ でなければならない。

⇦ $a=2$ のとき，④より
$1 < x < 5$ となって，
$-1 < x$ をみたす。

1．指数法則　（m, n：自然数，$m \geq n$）

(1) $a^0 = 1$　　　　(2) $a^m \times a^n = a^{m+n}$　　　(3) $(a^m)^n = a^{m \times n}$

(4) $(a \times b)^m = a^m \times b^m$　など

2．因数分解公式（乗法公式）

(1) $ma + mb = m(a+b)$ ← 共通因数のくくり出し

(2) $a^2 + 2ab + b^2 = (a+b)^2$,　$a^2 - 2ab + b^2 = (a-b)^2$

(3) $a^2 - b^2 = (a+b)(a-b)$

(4) $x^2 + (a+b)x + ab = (x+a)(x+b)$

$\quad acx^2 + (ad+bc)x + bd = (ax+b)(cx+d)$ ← たすきがけ

(5) $a^2 + b^2 + c^2 + 2ab + 2bc + 2ca = (a+b+c)^2$

(6) $a^3 \pm 3a^2b + 3ab^2 \pm b^3 = (a \pm b)^3$（複号同順）　など

3．無理数の計算

(1) $\sqrt{a} \times \sqrt{b} = \sqrt{a \times b}$　　　(2) $\dfrac{\sqrt{a}}{\sqrt{b}} = \sqrt{\dfrac{a}{b}}$　（$a > 0$, $b > 0$）

4．2重根号のはずし方（$a > b > 0$）

(1) $\sqrt{(a+b) + 2\sqrt{ab}} = \sqrt{a} + \sqrt{b}$　　(2) $\sqrt{(a+b) - 2\sqrt{ab}} = \sqrt{a} - \sqrt{b}$

　　たして　かけて　　　　　　　　　たして　かけて

5．対称式（$a^2 + b^2$, $a^3 + b^3$ など）は，基本対称式（$a+b$ と ab）のみで表せる。

6．絶対値の公式

(1) $\sqrt{a^2} = |a|$　　　　(2) $|a|^2 = a^2$　　　(3) $|ab| = |a||b|$　など

7．絶対値の付いた不等式の変形（r：正の数）

(1) $|x| \leqq r \iff -r \leqq x \leqq r$

(2) $|x| \geqq r \iff x \leqq -r$ または $r \leqq x$

②集合と論理

テーマ

▶ 集合の演算と，ド・モルガンの法則

▶ 命題の証明と，必要条件・十分条件

▶ 合同式を使った証明

講義 2 集合と論理

　それでは，これから，"集合と論理"の授業に入ろう。ここでは，まず初めに，"集合の演算"と"集合の要素の個数"について解説する。さらに，"命題の証明"，"合同式"へと話を進めていくつもりだ。

　難しそうだって？そうだね。今回は，単なる数式だけでなく，"文章"もその対象になるわけだからね。でも，心配はいらない。今回もわかりやすく教えていくからね。合同式は教科書では**"整数の性質"**の章で扱っているけれど，論証問題を解くのに合同式の考え方はとても役に立つのでここで教えることにする。

　それでは，今回扱うテーマを下に示しておこう。

・集合の演算（共通部分，和集合，ド・モルガンの法則）
・命題の証明（必要条件・十分条件，対偶による証明）
・合同式　　　$(a \equiv b \pmod{n})$

§1. 集合の演算には，張り紙のテクニックが有効だ！
● 集合では，共通部分と和集合を押さえよう！

　これから話す**"集合"**は文字通り，条件が明確なものの集まりだと考えてくれ。一般に集合は，A, B, X, Y など大文字のアルファベットで表す。たとえば，3で割り切れる20以下の自然数の集合を A とおくと，

$\overbrace{A = \{x \mid x \text{ のみたす条件}\} \text{ の形での表現法}}$

(i) $A = \{x \mid x \text{ は 3 で割り切れる 20 以下の自然数}\}$

(ii) $A = \{3, 6, 9, 12, 15, 18\}$ ← 集合 A の構成要素をすべて列挙する表現法

の2通りの表し方があるんだね。ここで，6は A の要素だから，$6 \in A$ と表し，また，7は A の要素ではないので，$7 \notin A$ と表す。次に，集合 D が，

$D = \{3, 9, 15\}$ のとき，図**1**に示すように，D の
要素はすべて集合 A に属しているね。このとき，
"**A は D を含む**" または，"**D は A に含まれる**"
といい，$D \subseteqq A$ で表す。この記号の使い方にも慣
れてくれ。

また，集合 $A = \{3, 6, 9, 12, 15, 18\}$ のように，
要素の個数が有限な集合を "**有限集合**" といい，こ
れに対して，たとえば $X = \{x \,|\, x$ は $0 < x < 1$ をみ
たす実数$\}$ のように，要素である実数 x が無限に存在するような集合を
"**無限集合**" と呼ぶ。さらに，要素を**1**つももたない集合を "**空集合**" と
呼び，これは ϕ (ギリシャ文字の "ファイ") で表すことも覚えてくれ。

一般に有限集合 Y について，その要素の個数を $n(Y)$ で表す。たとえば，
集合 A の要素の個数は**6**個だから，$n(A) = 6$ だね。また，空集合 ϕ は，**1**
つも要素をもっていないので，当然，$n(\phi) = 0$ だね。

さァ，それでは，**2**つの集合 A, B の "**共通部分**" と "**和集合**" について，
その定義を下に示す。

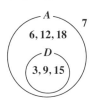

図**1** 集合の記号法
(i) $6 \in A$, $7 \not\in A$
(ii) $D \subseteqq A$

共通部分と和集合

2つの集合 A, B について，

(i) A と B の共通部分 $A \cap B$：A と B に共通な要素

$\quad$ 全体の集合

("**A キャップ B**" と読む。)

(ii) A と B の和集合 $A \cup B$：A または B のいずれか

$\quad$ に属する要素全体の集合

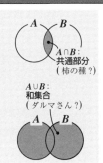

$A \cap B$：
共通部分
(柿の種?)

$A \cup B$：
和集合
(ダルマさん?)

この共通部分 $A \cap B$ は、"A かつ B" のことで、A と B の重なった狭い部分 (柿の種？) を表し、和集合 $A \cup B$ は、"A または B" のことで、A か B の広い部分 (横に寝かせたダルマさん？) を表す。

ここで、$A \cup B$、$A \cap B$ の要素の個数 $n(A \cup B)$、$n(A \cap B)$ について、次の等式が成り立つ。

(i) $A \cap B \neq \phi$ のとき、$n(A \cup B) = n(A) + n(B) - n(A \cap B)$

(ii) $A \cap B = \phi$ のとき、$n(A \cup B) = n(A) + n(B)$

(i) $A \cap B \neq \phi$ のとき、2 つの集合 A と B の重なる部分があるので、$n(A)$ と $n(B)$ を表す 2 枚の丸い紙を台紙に一部重なるようにペタン、ペタンと張り、その重なった部分 ($n(A \cap B)$) を 1 枚分ピロッとはがせば、$n(A \cup B)$ が出来上がるんだね。つまり、

$A \cap B \neq \phi$ のとき、$n(A \cup B) = n(A) + n(B) - n(A \cap B)$

$$\left[\ \bigcirc\!\!\bigcirc = \bigcirc + \bigcirc - \ \lozenge \ \right]$$

(ii) $A \cap B = \phi$ のとき、すなわち重なっている部分がない場合、$n(A \cup B)$ は、$n(A)$ と $n(B)$ の 2 枚を張ってオシマイだね。よって、

$A \cap B = \phi$ のとき、$n(A \cup B) = n(A) + n(B)$

$$\left[\ \bigcirc\ \bigcirc = \bigcirc + \bigcirc\ \right]$$

例題で示しておこう。

$A = \{3, 6, 9, 12, 15, 18\}$, $B = \{2, 3, 4, 5, 6\}$ のとき、

$A \cap B = \{3, 6\}$ だね。よって、$n(A) = 6$, $n(B) = 5$, $n(A \cap B) = 2$ より、$n(A \cup B) = n(A) + n(B) - n(A \cap B) = 6 + 5 - 2 = 9$ となって、$A \cup B = \{2, 3, 4, 5, 6, 9, 12, 15, 18\}$ の要素の個数 9 と一致する。

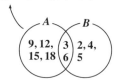

● 全体集合と補集合も，集合計算の鍵だ！

考えてる対象の全てを要素とする集合を"**全体集合**" U と表す。この全体集合 U とその"**部分集合**" A が与えられたとき，"**補集合**" $\overline{A}$ を次のように定義する。

図2 補集合 $\overline{A}$

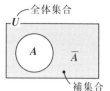

> 補集合 $\overline{A}$：全体集合 U に属するが，A には
> 　　　　　属さない要素全体の集合

図2を参考にすれば，U と A と $\overline{A}$ について，次の公式が成り立つのも大丈夫だね。 これから，$n(\overline{A}) = n(U) - n(A)$ とも表せる！

$$n(A) + n(\overline{A}) = n(U) \quad \therefore \ n(A) = n(U) - n(\overline{A})$$

これから，$n(A)$ を直接計算するのがメンドウなとき，$n(\overline{A})$ が楽に求まるのであれば，$n(A)$ を，$n(U) - n(\overline{A})$ と計算できるんだね。

この全体集合や補集合を，前にやった共通部分 $(A \cap B)$ や和集合 $(A \cup B)$ と組み合わせると，さまざまな部分集合を表現できる。例を2つ挙げておくから，集合の図（"ベン図"）と対比してみるといい。

（例）

(1) $\overline{A} \cap B$ ← $\left[\begin{array}{c} \text{} \end{array} \ \text{と} \ \begin{array}{c} \text{} \end{array} \ \text{の共通部分} \right]$

(2) $\overline{A} \cup B$ ← $\left[\ \text{ と ◯ B の和集合} \ \right]$

さらに，次の"**ド・モルガンの法則**"が成り立つのもわかるね。

ド・モルガンの法則

(1) $\overline{A \cup B} = \overline{A} \cap \overline{B}$ $\left(\text{両辺とも} \ \text{} \ \text{を表してるね。} \right)$

(2) $\overline{A \cap B} = \overline{A} \cup \overline{B}$ $\left(\text{両辺とも} \ \text{} \ \text{を表してる。} \right)$

37

それじゃ，少し骨のある例題をやっておこう。A, B, C 3 つの集合について の問題だけど，これまでの公式や知識がそのまま使えるよ。また，受験では頻出典型の問題だから，是非，解法をマスターしよう。

◆例題7◆

100 以下の自然数のうち，3 でも，4 でも，5 でも割り切れない数の個数を求めよ。

解答

　ここでは，3 でも，4 でも，5 でも割り切れない，つまり否定的な表現が出てきているので，補集合の考え方が有効になるね。

　まず，100 以下の自然数のうち，3 で割り切れる数，4 で割り切れる数，5 で割り切れる数の集合をそれぞれ A, B, C とおく。

・全体集合 $U = \{x \mid x$ は 100 以下の自然数$\}$
・集合 $A = \{x \mid x$ は 3 の倍数 (3 で割り切れる数)$\}$
・集合 $B = \{x \mid x$ は 4 の倍数 (4 で割り切れる数)$\}$
・集合 $C = \{x \mid x$ は 5 の倍数 (5 で割り切れる数)$\}$

> すべて "100 以下の自然数のうち" の条件がついている。

> 3 でも，4 でも，5 でも割り切れない数の集合のこと

　ここで，問題は，全体集合 U のうち，$\overline{A} \cap \overline{B} \cap \overline{C}$ に属する要素 (数) の個数を求めるんだね。ド・モルガンの法則より，

$$\overline{A} \cap \overline{B} \cap \overline{C} = \overline{A \cup B \cup C}$$

よって，この要素の個数 $n(\overline{A} \cap \overline{B} \cap \overline{C})$ は，

> ド・モルガン

> 公式 $n(\overline{X}) = n(U) - n(X)$

$$n(\overline{A} \cap \overline{B} \cap \overline{C}) = n(\overline{A \cup B \cup C})$$
$$= n(U) - n(A \cup B \cup C) \quad \cdots\cdots ①$$

よって，$n(U)$ と $n(A \cup B \cup C)$ を求めればいいことがわかったね。

$\overline{A} \cap \overline{B} \cap \overline{C} = \overline{A \cup B \cup C}$

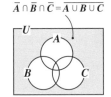

(i) $n(U) = 100$　　　これは当たり前だね。

(ⅱ) $n(A \cup B \cup C)$ について，

これは，張り紙のテクニックを使おう。

$$n(A \cup B \cup C) = n(A) + n(B) + n(C) - n(A \cap B) - n(B \cap C) - n(C \cap A) + n(A \cap B \cap C)$$

重なった部分をはがす。

はがしすぎて，なくなったまん中の部分をたす。

・$100 \div 3 = 33.33\cdots$　∴$n(A) = \boxed{33}$

・$100 \div 4 = 25$　∴$n(B) = \boxed{25}$

・$100 \div 5 = 20$　∴$n(C) = \boxed{20}$

・$A \cap B$ は 12 の倍数より，　$100 \div 12 = 8.33\cdots$　∴$n(A \cap B) = \boxed{8}$

・$B \cap C$ は 20 の倍数より，　$100 \div 20 = 5$　∴$n(B \cap C) = \boxed{5}$

・$C \cap A$ は 15 の倍数より，　$100 \div 15 = 6.66\cdots$　∴$n(C \cap A) = \boxed{6}$

・$A \cap B \cap C$ は 60 の倍数より，$100 \div 60 = 1.6\cdots$　∴$n(A \cap B \cap C) = \boxed{1}$

以上より，

$$n(A \cup B \cup C) = \underset{\underset{33}{}}{n(A)} + \underset{\underset{25}{}}{n(B)} + \underset{\underset{20}{}}{n(C)}$$
$$- \underset{\underset{8}{}}{n(A \cap B)} - \underset{\underset{5}{}}{n(B \cap C)} - \underset{\underset{6}{}}{n(C \cap A)} + \underset{\underset{1}{}}{n(A \cap B \cap C)}$$
$$= 33 + 25 + 20 - 8 - 5 - 6 + 1$$
$$= \underline{60}$$

以上（ⅰ），（ⅱ）の結果を①に代入して，

$$n(\overline{A} \cap \overline{B} \cap \overline{C}) = n(U) - n(A \cup B \cup C) = 100 - 60 = 40$$

よって，100 以下の自然数のうち，3 でも，4 でも，5 でも割り切れない数の個数は，40 個だとわかったんだ！　……………………………………(答)

メンドウだったけど，考え方がわかって面白かっただろう。

39

空集合でない有限な全体集合 U の 2 つの部分集合 A，B に対して，$n(A) = 5 \cdot n(A \cap \overline{B})$ が成り立つ。$n(A) = a$，$n(B) = b$ とおくとき，$n(A \cap B)$，$n(A \cup B)$ を a, b で表せ。

さらに，$n(U) = 13$，$n(A \cap B) < b < a$ が成り立つとき，a, b の値を求め，$n(\overline{A} \cap \overline{B})$ の値を求めよ。

(新潟薬科大)

ヒント! 張り紙のテクを使えば $n(A \cap B) = n(A) - n(A \cap \overline{B})$，$n(A \cup B) = n(A) + n(B) - n(A \cap B)$ だ。最後は，ド・モルガンと補集合で決まる！

解答 & 解説

$\underline{n(A)} = 5 \cdot n(A \cap \overline{B})$ ………①

ここで，$n(A) = \underset{\sim}{a}$，$n(B) = b$ より，

①は，$\overset{n(A)}{\boxed{a}} = 5 \cdot n(A \cap \overline{B})$ ∴ $n(A \cap \overline{B}) = \dfrac{1}{5}a$

(ⅰ) $n(A \cap B) = \underline{n(A)} - \underline{n(A \cap \overline{B})}$

$\qquad = \underset{\sim}{a} - \dfrac{1}{5}a = \dfrac{4}{5}a$ ……………(答)

(ⅱ) $n(A \cup B) = \underline{n(A)} + \underline{n(B)} - \underline{n(A \cap B)}$

$\qquad = a + b - \dfrac{4}{5}a = \dfrac{1}{5}a + b$ …………(答)

さらに，$n(U) = 13$，$n(A \cap B) = \dfrac{4}{5}a < b < a$ …②

$n(A \cup B)$ は整数より，a は 5 の倍数。また，当然，$a \leq 13 = n(U)$ より，$a = 5$ または 10

(ア) $a = 5$ のとき，②より，$4 < b < 5$ ∴不適

(イ) $a = 10$ のとき，②より，$8 < b < 10$ ∴ $b = 9$

以上 (ア)(イ) より，$a = 10$，$b = 9$ ………………(答)

最後に，$\boxed{\text{ド・モルガン}}$

$n(\overline{A} \cap \overline{B}) = n(\overline{A \cup B}) = \overset{13}{\boxed{n(U)}} - \overset{\frac{1}{5} \cdot 10 + 9 = 11}{\boxed{n(A \cup B)}}$

$\qquad\qquad = 13 - 11 = 2$ …………………(答)

ココがポイント

$\Leftarrow$ $\overset{A \cap B}{◖}\ \overset{A}{=}\ \overset{A \cap \overline{B}}{◗}$ だ。

$\Leftarrow n(A \cup B) = \boxed{\overset{整数}{\dfrac{1}{5}a}} + \boxed{\overset{整数}{b}}$
∴ a は，5 の倍数だね。

$\Leftarrow \dfrac{4}{5} \times \overset{a}{\boxed{5}} < b < \overset{a}{\boxed{5}}$ これをみたす整数 b は存在しない。

$\Leftarrow$ 補集合の考え方
$n(\overline{X}) = n(U) - n(X)$

$\Leftarrow n(A \cup B) = \dfrac{1}{5}a + b$
$\qquad = \dfrac{1}{5} \cdot 10 + 9 = 11$

集合の要素

演習問題 10　難易度 ★★　CHECK1　CHECK2　CHECK3

$U = \{x \mid x \text{ は実数}\}$ を全体集合とする。

(1) U の部分集合 $A = \{x \mid |x| > 4\}$，$B = \{x \mid |x-3| > 5\}$ について，
$A \cup B$ と $A \cap \overline{B}$ を求めよ。

(2) U の部分集合 $C = \{2, 4, a^2 + 1\}$，$D = \{4, a+7, a^2 - 4a + 5\}$
について，$C \cap \overline{D} = \{2, 5\}$ のとき定数 a の値を求めよ。

(富山県立大＊)

ヒント！　(1)「$|A| > k$ (k : 正の定数) のとき，$A < -k$，$k < A$」を使うんだね。
(2) $C \cap \overline{D} = \{2, 5\}$ だから，$2, 5 \in C$ だね。これと $C = \{2, 4, a^2 + 1\}$ を比較する。

解答＆解説

(1) $A = \{x \mid |x| > 4\}$ より，

$A = \{x \mid x < -4, 4 < x\}$ ◀

$\boxed{\begin{array}{l}|A| > k \\ \Longleftrightarrow A < -k, k < A \\ (k : \text{正の定数})\end{array}}$

$B = \{x \mid |x-3| > 5\}$ より，

$\boxed{x-3 < -5, 5 < x-3}$

$B = \{x \mid x < -2, 8 < x\}$　よって，

$A \cup B = \{x \mid x < -2, 4 < x\}$ …………(答)

$A \cap \overline{B} = \{x \mid 4 < x \leq 8\}$ …………(答)

(2) $C \cap \overline{D} = \{2, 5\}$ より，$2, 5 \in C$

　∴ $C = \{2, 4, \underset{5}{\underline{a^2 + 1}}\}$ より，$a^2 + 1 = 5$

　∴ $a^2 = 4$ より，$a = \pm 2$ ◀ $\boxed{C = \{2, 4, 5\} \text{ だね。}}$

　(i) $a = 2$ のとき，$a+7 = 9$，$a^2 - 4a + 5 = 1$ より，

　　　$D = \{4, a+7, a^2 - 4a + 5\} = \{4, 9, 1\}$

　　　∴ $C \cap \overline{D} = \{2, 5\}$ となって，適する。

　(ii) $a = -2$ のとき，$a+7 = 5$，$a^2 - 4a + 5 = 17$ より

　　　$D = \{4, a+7, a^2 - 4a + 5\} = \{4, 5, 17\}$

　　　∴ $C \cap \overline{D} = \{2\}$ となり，不適である。

以上 (i)(ii) より，求める a の値は，$a = 2$ ……(答)

ココがポイント

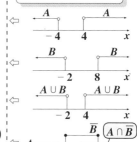

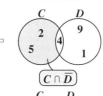

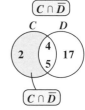

41

§2. 命題の証明では，合同式も利用しよう！

● 命題とは，真・偽を決めることのできるもの！

これから，命題について話そう。まず，"**命題**"とは，"**真**または**偽**がハッキリと定まる文章または式"のことなんだ。

$\boxed{正しい}$ $\boxed{間違っている}$

たとえば，"タカシ君はカッコいい"というのは，命題にはなり得ないんだね。ある人から見たらタカシ君はカッコよくても，別の人が見たらそうじゃないかも知れないからだ。

> 翔子さんがウソツキだと翔子さんは正直になるし，翔子さんが正直だと翔子さんはウソツキになる？？？

また，"「翔子はウソツキだ」と翔子が言った"こんなのも，これから話す命題からははずすよ。頭が混乱して，翔子さんがウソツキか正直かわからなくなるからね。

それでは，まじめに(?)命題の解説に入ろう。"$\sqrt{5}$ は無理数である"や，"人間であるならば動物である"は，命題だね。誰の目から見ても明らかに正しい(真)からね。

また，"実数 x, y について，$xy > 0$ ならば，$x > 0$ かつ $y > 0$ である"も命題で，これは間違った(偽の)命題なんだね。それは，これが成り立たない"**反例**"として，$x = -1$，$y = -1$ が挙げられるからだ。これ以外にも，いくらでも反例を挙げることができるんだけれど，命題が偽であることを示したかったら，反例を **1** つだけ挙げれば十分なんだ。覚えておいてくれ。

● 必要条件は，方角の北で覚えよう！

一般に，出題される命題は，"p であるならば q である"の形式のものが多いんだね。これを，矢印を使って，"$p \Rightarrow q$"と表したりもする。

そして，この"$p \Rightarrow q$"の命題が真であるとき，q を p であるための"**必要条件**"，p を q であるための"**十分条件**"という。でも，簡単に，q は必要条件，p は十分条件と覚えておいてもいい。さらに，これについては簡単な覚え方を次に示す。

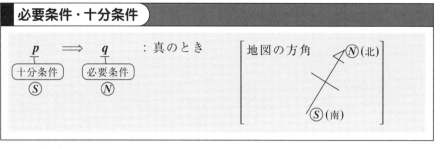

必要条件・十分条件

必要条件は英語で **_Necessary Condition_** といい、一方、十分条件は **_Sufficient Condition_** というんだ。これって、地図の方向を表す北の **N** (**_North_**) と、南の **S** (**_South_**) と一緒だね。つまり、$p \Rightarrow q$ が真のとき、矢印が来ている **q** の方が北の **N** から必要条件、矢印を出している **p** の方を南の **S** から十分条件と連想すれば、絶対に間違えないだろう。いい覚え方だろう？

● 命題の真偽は、集合で押さえよう！

前に、正しい命題の一例として、"人間であるならば動物である"を挙げたね。これが、なぜ真であるかというと、図3に示すように、人間という集合が動物という集合に完全に含まれるからなんだ。この逆の"動物であるならば人間である"は当然成り立たないね。動物であるからといって、人間とは限らない。犬や猫かも知れないからだ。
反例

図3

図4
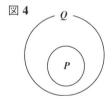

P, Q をそれぞれ p, q の"**真理集合**"と呼ぶ。

このように、命題"$p \Rightarrow q$"が真となるとき、p の条件をみたすものの集合を P, q の条件をみたすものの集合を Q とおくと、必ず、$P \subseteqq Q$ の関係が成り立つんだ。逆に $P \subseteqq Q$ のとき、

集合 P は集合 Q に含まれるという意味

命題 $p \Rightarrow q$ は真となるんだね。それでは，例題で練習しておこう。次の命題の真偽を確かめてごらん。

$$\text{“}|x|<1\text{ ならば，}-2\leqq x\leqq 2\text{ である”}\quad\cdots\cdots(*1)$$

これは，真だね。$|x|<1$ は $\boxed{-1<x<1}$（P）

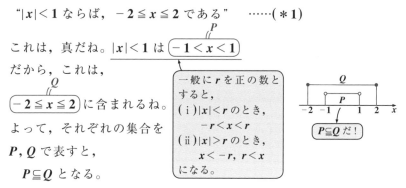

だから，これは，

$\boxed{-2\leqq x\leqq 2}$（Q）に含まれるね。

よって，それぞれの集合を $P,\ Q$ で表すと，

$P\subseteqq Q$ となる。

一般に r を正の数とすると，
(i) $|x|<r$ のとき，
$\quad -r<x<r$
(ii) $|x|>r$ のとき，
$\quad x<-r,\ r<x$
になる。

$P\subseteqq Q$ だ！

$\therefore(*1)$ の命題は成り立つ。

もう 1 つ，この例を言っておこう。"$X>0$ ならば $X\geqq 0$" も真だね。理由は，前にやったのと同じ，集合の考え方から出てくるんだ。ボクがかつてよく生徒から質問を受けたことなんだけど，たとえば，不等式 $A\geqq 0$ を示せという問題が出されたときに，一生懸命計算しても，$A>0$ としか出てこないことがよくあるんだね。で，生徒が青くなって，ボクのところに来たんだけど，答えは簡単だ。$A>0$ ならば，$A\geqq 0$ と言ってもいいんだね。つまり，これで証明はできてたんだ。大丈夫？

● **元の命題と対偶命題は，真偽の運命共同体だ！**

$p\Rightarrow q$ の命題を元の命題と考えると，その"逆"，"裏"，"対偶"は，次のように定義されるんだ。まず，頭に入れてくれ。

元の命題と逆，裏，対偶

元の命題	：$p\Rightarrow q$	「p ならば，q である。」
逆	：$q\Rightarrow p$	「q ならば，p である。」

$\boxed{\bar{p}:p\text{ の否定のこと}}$　$\boxed{\bar{q}:q\text{ の否定のこと}}$

裏	：$\bar{p}\Rightarrow\bar{q}$	「p でないならば，q でない。」
対偶	：$\bar{q}\Rightarrow\bar{p}$	「q でないならば，p でない。」

この元の命題と，逆，裏，対偶の関係は，あくまでも相対的なもので，たとえば，$\overline{p} \Rightarrow \overline{q}$ を元の命題と考えると，（ⅰ）逆：$\overline{q} \Rightarrow \overline{p}$

（ⅱ）裏：$\boxed{p} \Rightarrow \boxed{q}$　　　　（ⅲ）対偶：$\boxed{q} \Rightarrow \boxed{p}$ ← 否定の否定で元に戻る！

となるんだ。

ここで，元の命題 "$p \Rightarrow q$" と，その対偶 "$\overline{q} \Rightarrow \overline{p}$" は，必ず，真・偽が一致することを覚えておいてくれ。すなわち，元の命題が真ならば対偶も真であり，また，対偶が真ならば元の命題も真となるんだ。逆に，元の命題が偽ならば，対偶も偽であり，また，対偶が偽ならば，元の命題も偽となる。

一例として，"人間ならば動物である" は真だけれど，この対偶 "動物でないならば人間でない" も，ナルホド真になっていることがわかるね。つまり，元の命題とその対偶は，真偽に関する運命共同体だから，もし，元の命題が真であることを示すのが難しい場合，その対偶が真であることを示せば，元の命題が成り立つと言ったのと同じなんだ。便利だね。

これと関連して，"背理法" についても話しておこう。これは，これまでの "$p \Rightarrow q$" の形の命題だけでなく，"q である" の形の命題の証明にも利用できる。背理法では，まず，結論である q を否定するんだ。その結果，何か矛盾が起こることを示せば，これで元の命題が真といえるんだ。簡単だろう。

以上 2 つの証明法をまとめて下に書いておく。

■ 命題の証明

（Ⅰ）対偶による証明：元の命題 "$p \Rightarrow q$" の対偶 "$\overline{q} \Rightarrow \overline{p}$" が真であることを示して，元の命題が真であることを示す。

（Ⅱ）背理法による証明：元の命題 "$p \Rightarrow q$" や "q である" の結論 q を否定して（q が成り立たないと仮定して），矛盾を導くことにより，元の命題が真であることを示す。

実は，対偶による証明は，背理法の一種だと言えるんだよ。うまく使いこなしてくれ。

ここで，否定についても言っておこう。

(i) p が "A または B である" とすると，その否定 $\overline{p}$ は "A でなく かつ B でない" となるんだ。

(ii) q が "A かつ B である" とすると，その否定 $\overline{q}$ は "A でないか または B でない" となる。

このように，否定では，"かつ" と "または" が入れ替わることに注意してくれ。さらに，否定においては，"少なくとも 1 つの" と "すべての" も入れ替わる。要注意だね。

● 合同式を使えば，証明が楽になる？

2 つの整数 a, b を，ある整数 n で割ったときの余りが等しいとき，

> 本当は "n を法として" というんだよ。

$a \equiv b \pmod{n}$ と書き，n に対して，"a と b は合同" という。$n = 5$ のときの例を，下に示すね。

$0 \equiv 5 \equiv 10 \equiv 15 \equiv \cdots \pmod{5}$ ← 5 で割って，割り切れる数はみんな合同！

$1 \equiv 6 \equiv 11 \equiv 16 \equiv \cdots \pmod{5}$ ← 5 で割って，1 余る数はみんな合同！

$2 \equiv 7 \equiv 12 \equiv 17 \equiv \cdots \pmod{5}$ ← 5 で割って，2 余る数はみんな合同！

$3 \equiv 8 \equiv 13 \equiv 18 \equiv \cdots \pmod{5}$ ← 5 で割って，3 余る数はみんな合同！

$4 \equiv 9 \equiv 14 \equiv 19 \equiv \cdots \pmod{5}$ ← 5 で割って，4 余る数はみんな合同！

そして，合同式には，次の大事な公式があるので，覚えておこう。

■ 合同式の公式

$a \equiv b, \ c \equiv d \pmod{n}$ のとき，

(I) $a + c \equiv b + d$　　(II) $a - c \equiv b - d$　　(III) $a \times c \equiv b \times d$

この公式の利用例として，73×47 を 5 で割った余りを求めてみよう。
$73 \equiv 3$，$47 \equiv 2 \pmod 5$ だから，

$73 \times 47 \equiv 3 \times 2 \equiv 6 \equiv 1 \pmod 5$ と，一発で余り 1 がわかるね。
また，73^2 を 5 で割った余りも，$73 \equiv 3 \pmod 5$ だから，

$73^2 \equiv 73 \times 73 \equiv 3 \times 3 \equiv 9 \equiv 4 \pmod 5$ と，余り 4 が，超簡単に求まってしまうんだね。
それじゃ，これまでの腕だめしに，例題を 1 つ解いておこう。

◆例題 8 ◆

整数 a に対して，命題 "a^2 が 5 の倍数ならば，a は 5 の倍数である" …(∗)
が成り立つことを示せ。

解答

元の命題 (∗) を直接証明するのが難しいときは，その対偶命題
"a が 5 の倍数でないならば，a^2 は 5 の倍数でない" ……(∗∗)
を示せばいいんだね。

| 5 で割って 1 余る数 | 2 余る数 | 3 余る数 | 4 余る数 |

a が 5 の倍数でないとき，$a = 5k+1$，$5k+2$，$5k+3$，$5k+4$ (k：整数)
の 4 通りを調べればいい。

a^2 は 1 余る数

(i) $a = 5k+1$ のとき，$a \equiv 1 \pmod 5$ より，$a^2 \equiv 1^2 \equiv 1 \pmod 5$

(ii) $a = 5k+2$ のとき，$a \equiv 2 \pmod 5$ より，$a^2 \equiv 2^2 \equiv 4 \pmod 5$

a^2 は 4 余る数

(iii) $a = 5k+3$ のとき，$a \equiv 3 \pmod 5$ より，$a^2 \equiv 3^2 \equiv 9 \equiv 4 \pmod 5$

a^2 は 1 余る数

(iv) $a = 5k+4$ のとき，$a \equiv 4 \pmod 5$ より，$a^2 \equiv 4^2 \equiv 16 \equiv 1 \pmod 5$

以上より，a が 5 の倍数でないとき，a^2 は 5 で割って，1 または 4 余る数
となって，5 の倍数ではない。つまり，対偶 (∗∗) が証明できたので，元
の命題 (∗) は，当然成り立つ。……………………………………………(終)

対偶・背理法による証明

演習問題 11	難易度 ★★	CHECK 1	CHECK 2	CHECK 3

次の命題を証明せよ。ただし，m は整数とする。

(1)「m^3 が 3 の倍数ならば，m は 3 の倍数である。」……($*1$)

(2)「$\sqrt[3]{3}$ は無理数である。」 ……($*2$) （西南学院大 $*$）

> ヒント！ (1) は対偶により証明し，(2) は背理法で，その矛盾を導き出せばいい。

解答＆解説

(1) ($*1$) の対偶命題：

「m が 3 の倍数でないならば，m^3 は 3 の倍数でない。」

を示せばいい。ここで，k を整数として，

(i) $m = 3k + 1$ のとき，$m \equiv 1 \pmod 3$ より，

$m^3 \equiv 1^3 \equiv 1 \pmod 3$

(ii) $m = 3k + 2$ のとき，$m \equiv 2 \pmod 3$ より，

$m^3 \equiv 2^3 \equiv 8 \equiv 2 \pmod 3$

以上 (i)(ii) より，($*1$) の対偶命題が成り立つこ

とがわかったので，($*1$)の命題も成り立つ。 …(終)

(2) ($*2$) が成り立つことを背理法により示す。まず，

「$\sqrt[3]{3}$ は有理数である。」と仮定すると，

$\sqrt[3]{3}$ は必ず次のような既約分数で表せる。

$\sqrt[3]{3} = \dfrac{b}{a}$ ……① （a, b は互いに素な整数）

①の両辺を 3 乗してまとめると， $a と b の公約数が 1 のみ$

$b^3 = 3a^3$ ……② （a^3：整数）

(i) ②と ($*1$) から b は 3 の倍数となる。

∴ $b = 3k$ ……③ （k：整数）

(ii) ③を②に代入すると，

$(3k)^3 = 3a^3$ となり，これをまとめて，

$a^3 = 3 \cdot 3k^3$ ……④ （$3k^3$：整数）

④と ($*1$) から a は 3 の倍数となる。

以上 (i)(ii) より，a, b は共に 3 の倍数となって，

a と b が互いに素の条件に反する。よって，矛盾。

∴ ($*2$) の命題は成り立つ。………………………(終)

ココがポイント

⇐ m が 3 の倍数でないとき，(i) $m = 3k + 1$ と (ii) $m = 3k + 2$ を調べればいい。

⇐ $m = 3k + 1, 3k + 2$ のとき，m^3 を 3 で割った余りはそれぞれ 1, 2 となって，m^3 が 3 の倍数でないことがわかった！

⇐ 有理数とは，整数または分数のことだ。

⇐ $\dfrac{b}{a}$ は，$\dfrac{4}{10}$ や $\dfrac{12}{18}$ ではなく $\dfrac{2}{5}$ や $\dfrac{2}{3}$ のような既約分数で表されるはずだって言っているんだね。

⇐ ②より，b^3 は 3 の倍数だね。よって，($*1$) から b も 3 の倍数と言える。

⇐ ④より，a^3 は 3 の倍数だね。よって，($*1$) から a も 3 の倍数と言える。

⇐ ($*2$) の否定命題から矛盾を導くことが，背理法による証明法だ！

合同式による証明

正の整数 a, b, c, d が等式 $a^2 + b^2 + c^2 = d^2$ をみたすとする。d が 3 の倍数でないならば，a, b, c の中に 3 の倍数がちょうど 2 つあることを示せ。

（一橋大 ＊）

ヒント！ 一般に整数 n に対して，(ⅰ) n が 3 の倍数のとき，n^2 は 3 で割り切れ，(ⅱ) n が 3 の倍数でないとき，n^2 を 3 で割った余りは 1 となる。

解答＆解説

整数 n に対して，$n = 3k, 3k+1, 3k+2$

$(k = 0, 1, 2, \cdots)$ と分類して，n^2 を 3 で割った余りについて調べる。

(ⅰ) $n = 3k$ のとき，$n \equiv 0 \pmod 3$ より，

　　$n^2 \equiv 0^2 \equiv 0 \pmod 3$

(ⅱ) $n = 3k+1$ のとき，$n \equiv 1 \pmod 3$ より，

　　$n^2 \equiv 1^2 \equiv 1 \pmod 3$

(ⅲ) $n = 3k+2$ のとき，$n \equiv 2 \pmod 3$ より，

　　$n^2 \equiv 2^2 \equiv 1 \pmod 3$

$\therefore n^2 \equiv \begin{cases} 0 & (n \text{ が } 3 \text{ の倍数のとき}) \\ 1 & (n \text{ が } 3 \text{ の倍数でないとき}) \end{cases} \pmod 3$

よって，正の整数 a, b, c, d が $a^2 + b^2 + c^2 = d^2$ …①

をみたし，d が 3 の倍数でないならば，

　$d^2 \equiv 1 \pmod 3$ より，

①から $a^2 + b^2 + c^2 \equiv 1 \pmod 3$ ……② となる。

ここで，$a^2 \equiv 0$ または 1，$b^2 \equiv 0$ または 1，$c^2 \equiv 0$

または $1 \pmod 3$ より，②から a^2, b^2, c^2 のうちいずれか 2 つは 0 と合同で，他の 1 つのみが，1 と合同でなければならない。

$\therefore a, b, c$ の中に 3 の倍数は，ちょうど 2 つある。

　　　　　　　　　　　　　　　……(終)

ココがポイント

⇦合同式を利用しよう！

$a \equiv b \pmod m$
ならば，
$a^2 \equiv b^2 \pmod m$
となる。

⇦これから，n^2 を 3 で割って 2 余るような整数 n がないことがわかるね。これはスゴク重要だから覚えてくれ。

⇦たとえば，
$\begin{cases} a \equiv b \equiv 0 \pmod 3 \\ c \not\equiv 0 \pmod 3 \end{cases}$
のとき，
$\begin{cases} a^2 \equiv b^2 \equiv 0 \pmod 3 \\ c^2 \equiv 1 \pmod 3 \end{cases}$
となって，②式
$a^2 + b^2 + c^2 \equiv 1 \pmod 3$
をみたすね！

合同式による証明

(1) x が整数のとき，x^4 を 5 で割ったときの余りは 0 または 1 のいずれ
　　かであることを証明せよ。

(2) 方程式 $x^4 - 5y^4 = 2$ ……① をみたすような整数 x, y は存在しないこ
　　とを証明せよ。
　　　　　　　　　　　　　　　　　　　　　　　　　　　　（岩手大）

> **ヒント!** **(1)** では，mod 5 の合同式で考えればいいね。$x \equiv 2 \pmod 5$ のとき，
> $x^4 \equiv 2^4 \equiv 16 \equiv 1 \pmod 5$ の要領でやっていけばいい。**(2)** は，**(1)** を使って考え
> ていけばいいんだ。頑張ろう！

解答 & 解説

ココがポイント

(1) $x = 5k,\ 5k+1,\ 5k+2,\ 5k+3,\ 5k+4$

　（k：整数）の 5 通りすべてを調べる。

　（ⅰ）$x = 5k$ のとき，$x \equiv 0 \pmod 5$

　　　　$x^4 \equiv 0^4 \equiv 0 \pmod 5$

　　　　$\therefore\ x^4$ を 5 で割った余りは $\underline{0}$

⇦ x が 5 で割り切れるとき。

　（ⅱ）$x = 5k+1$ のとき，$x \equiv 1 \pmod 5$

　　　　$x^4 \equiv 1^4 \equiv 1 \pmod 5$

　　　　$\therefore\ x^4$ を 5 で割った余りは $\underset{\sim}{1}$

⇦ x が 5 で割って 1 余る数の
　とき。

　（ⅲ）$x = 5k+2$ のとき，$x \equiv 2 \pmod 5$

　　　　$x^4 \equiv 2^4 \equiv 16 \equiv 1 \pmod 5$

　　　　$\therefore\ x^4$ を 5 で割った余りは $\underset{\sim}{1}$

⇦ x が 5 で割って 2 余る数の
　とき。

　（ⅳ）$x = 5k+3$ のとき，$x \equiv 3 \pmod 5$

　　　　$x^4 \equiv 3^4 \equiv 81 \equiv 1 \pmod 5$

　　　　$\therefore\ x^4$ を 5 で割った余りは $\underset{\sim}{1}$

⇦ x が 5 で割って 3 余る数の
　とき。

　（ⅴ）$x = 5k+4$ のとき，$x \equiv 4 \pmod 5$

　　　　$x^4 \equiv 4^4 \equiv 16^2 \equiv 1^2 \equiv 1 \pmod 5$

　　　　$\therefore\ x^4$ を 5 で割った余りは $\underset{\sim}{1}$

⇦ x が 5 で割って 4 余る数の
　とき。
⇦ $4^4 \equiv (4^2)^2 \equiv 16^2$
　　$\equiv 16 \times 16$
　　$\equiv 1 \times 1 \equiv 1$ だ！

以上（ⅰ）〜（ⅴ）より，整数 x に対して，x^4 を 5
で割った余りは $\underline{0}$ または $\underset{\sim}{1}$ のいずれかである。

　　　　　　　　　　　　　　　　　　　……（終）

(2) ①より，$x^4 = 5y^4 + 2$ ……①´

（x, y：整数）　$\boxed{5 \times 整数}$

①´の右辺の $5 \cdot y^4$ は **5** の倍数より，　　　$\Leftarrow 5y^4 \equiv 0 \pmod 5$

右辺 $= 5y^4 + 2 \equiv 0 + 2 \equiv 2 \pmod 5$　　$\Leftarrow 5y^4+2$ は 5 で割って 2 余る数だ！

これに対して，①´の左辺は，**(1)** の結果より，

左辺 $= x^4 \equiv 0$ または $1 \pmod 5$　　$\Leftarrow$ **(1)** より，x^4 は **5** で割って 0 または 1 余る数だ！

よって，左辺 $\not\equiv$ 右辺より，①´，すなわち①は成

$\boxed{5 で割って 0 または 1 余る数}$　$\boxed{5 で割って 2 余る数}$

り立たない。

∴①をみたすような整数 x, y は存在しない。

…………(終)

　どう？ 合同式が証明問題に非常に役に立つことが分かったと思う。受験問題でも，この合同式は頻出なので，その記述の仕方と共にシッカリ練習しておくことだ。間違いなく得点力が大きくアップするはずだよ。頑張れ～！

1. 和集合の要素の個数

（ i ）$A \cap B \neq \phi$ のとき，$n(A \cup B) = n(A) + n(B) - n(A \cap B)$

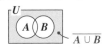

（ ii ）$A \cap B = \phi$ のとき，$n(A \cup B) = n(A) + n(B)$

2. ド・モルガンの法則

（ i ）$\overline{A \cup B} = \overline{A} \cap \overline{B}$　　　　　　（ ii ）$\overline{A \cap B} = \overline{A} \cup \overline{B}$

3. 必要条件・十分条件

命題 $p \Rightarrow q$ が真のとき，

$\begin{cases} \cdot p \text{ は } q \text{ であるための十分条件} \\ \cdot q \text{ は } p \text{ であるための必要条件} \end{cases}$

P：p の真理集合
Q：q の真理集合

4. 元の命題 "$p \Rightarrow q$" とその対偶 "$\overline{q} \Rightarrow \overline{p}$" の真・偽は一致する。

5. 命題の証明

（ I ）対偶による証明：元の命題 "$p \Rightarrow q$" の対偶 "$\overline{q} \Rightarrow \overline{p}$" が真であること
　　　を示して，元の命題が真であることを示す。

（ II ）背理法による証明：元の命題 "$p \Rightarrow q$" や "q である" の結論 q を否
　　　定して，矛盾を導くことによって，元の命題が真であることを示す。

6. 否定

（ i ）"または" の否定は "かつ"　　　　　（ ii ）"かつ" の否定は "または"

（iii）"少なくとも 1つ" の否定は "すべての"

（iv）"すべての" の否定は "少なくとも 1つ"

7. 合同式の公式

$a \equiv b$，$c \equiv d$　$(\bmod n)$ のとき，

（ I ）$a + c \equiv b + d$　　（ II ）$a - c \equiv b - d$　　（III）$a \times c \equiv b \times d$

▶ 2次方程式の解法

▶ 一般の不等式の証明

▶ 2次関数の標準形と最大・最小

▶ 2次方程式・2次不等式

▶ 解と係数の関係，解の範囲の問題

講義❸ 2次関数

さァ，これから，数学Ⅰのメインテーマの1つ "2次関数" の講義に入ろう。2次関数や2次方程式の解法の基本については中学校で既に習っていると思うけれど，ここでは大学受験レベルの問題も解けるように教えるつもりだ。

それでは，これから学習するテーマを下に列挙して示そう。

- ・2次方程式の解法 (因数分解型，解の公式)
- ・一般の不等式の証明 (相加・相乗平均など)
- ・2次関数とグラフ (最大・最小問題)
- ・2次方程式・2次不等式
- ・2次方程式の応用 (解と係数の関係，解の範囲の問題)

§1. 2次方程式の解法をマスターしよう!

まず，初めに，"2次方程式" の解法から教えよう。そして，教科書ではあまり扱われないけれど，受験では頻出の "相加・相乗平均" も含めた一般の不等式の証明法についても解説するつもりだ。

さらに，2次関数の最大・最小問題など，2次関数の基本を教えた後，これらの知識を基にして，少し範囲を越えるけれど，"解と係数の関係" まで含めて，2次方程式や "2次不等式" の応用に再チャレンジしようと思う。2次方程式や2次不等式も2次関数のグラフと密接に関連しているので，グラフを使えばヴィジュアルに理解を深めることができ，より本格的な2次方程式や不等式の問題も解けるようになるんだね。

エッ，内容が多すぎて，引きそうって⁉ 確かにレベルはかなり上がるけれど，グラフと例題を沢山使って，すべて理解できるように分かりやすく解説するから，心配は不要だよ。

ではまず，2次方程式の3つの解法パターンから講義を始めることにしよう。

54

● 2次方程式には3つの解法がある！

2次方程式：$ax^2 + bx + c = 0$ $(a \neq 0)$ の解法には、次の3つのパターンがある。

2次方程式の解法

(1) 因数分解型：$ax^2 + bx + c$ が因数分解できるとき、
$a(x - \alpha)(x - \beta) = 0$ より、解 $x = \alpha, \beta$ が求まる。

(2) 解の公式型（Ⅰ）

$ax^2 + bx + c = 0$ の解は、次の公式で求まる。

解 $x = \dfrac{-b \pm \sqrt{b^2 - 4ac}}{2a}$

> これを "**判別式**" $D = b^2 - 4ac$ という。さまざまな問題を解く鍵の1つとして大事だ。

(3) 解の公式型（Ⅱ）

特に、x の係数 b が偶数で、$b = 2b'$ とおけるとき、
$ax^2 + 2b'x + c = 0$ の解は、少し簡単に求められる。

解 $x = \dfrac{-b' \pm \sqrt{b'^2 - ac}}{a}$

> これは、$\dfrac{D}{4}$ のことで、D と同様に、2次方程式の解の判別に利用する！

(1) $A \cdot B = 0$ のとき、$A = 0$ または $B = 0$ となる。よって、2次方程式が、因数分解できて、$a\underset{\substack{\| \\ 0}}{(x - \alpha)}\underset{\boxed{A}}{(x - \alpha)}\underset{\boxed{B}}{(x - \beta)} = 0$ となれば、$x - \alpha = 0$ または

$x - \beta = 0$ となるので、解 $x = \alpha, \beta$ が求まる。

それでは、2次方程式：$ax^2 + bx + c = 0$ $(a \neq 0)$ が因数分解できないときは、どうするか？この場合、(2)、(3) のように "**解の公式**" を利用する。

(2) の解の公式を実際に導いてみよう。

(2) $ax^2 + bx + c = 0$ $(a \neq 0)$　　　両辺を a で割って変形すると、

$$x^2 + \frac{b}{a}x + \frac{c}{a} = 0, \quad x^2 + \frac{b}{a}x = -\frac{c}{a}$$

$$x^2 + \frac{b}{a}x + \left(\frac{b}{2a}\right)^2 = -\frac{c}{a} + \frac{b^2}{4a^2}$$

> 左辺に $\left(\dfrac{b}{2a}\right)^2$ をたした分、右辺にもたす。

x の係数を2で割って2乗する！

$$\underbrace{\left(x+\frac{b}{2a}\right)^2}_{\text{平方完成}}=\frac{b^2-4ac}{4a^2}$$

ここで，$b^2-4ac \geqq 0$ のとき，両辺の平方根をとって，

$$x+\frac{b}{2a}=\pm\sqrt{\frac{b^2-4ac}{4a^2}}$$

$$x+\frac{b}{2a}=\pm\frac{\sqrt{b^2-4ac}}{2a}$$

ここで $\sqrt{4a^2}=2|a|$
$\qquad = \pm 2a$
となるが，右辺は既に $\pm$
がついているので，$\pm 2a$
の $\pm$ は不要となる！

$$\therefore x=\frac{-b\pm\sqrt{b^2-4ac}}{2a} \quad (b^2-4ac \geqq 0)$$

となって，(2) の解の公式が導けたね。

(3) $ax^2+\underset{b}{2b'}x+c=0$ のときは，(2) の結果より，その解は b に $2b'$ を代入して，

$$x=\frac{-2b'\pm\sqrt{(2b')^2-4ac}}{2a}=\frac{-\cancel{2}b'\pm\cancel{2}\sqrt{b'^2-ac}}{\cancel{2}a}$$

$$\therefore x=\frac{-b'\pm\sqrt{b'^2-ac}}{a} \quad も導ける。$$

(2), (3) の解の公式の $\sqrt{}$ 内の式を "判別式" $D=b^2-4ac$ $\left(\text{または，}\dfrac{D}{4}=b'^2-ac\right)$ と表し，2 次方程式の解を次のように判別することができる。

（ⅰ）$\underline{D>0}$ のとき，$\left(\text{または，}\dfrac{D}{4}>0 \text{ のとき}\right)$

　　2 次方程式は，$x=\dfrac{-b+\sqrt{D}}{2a}, \dfrac{-b-\sqrt{D}}{2a}$ の相異なる 2 実数解をもつ。

（ⅱ）$\underline{D=0}$ のとき，$\left(\text{または，}\dfrac{D}{4}=0 \text{ のとき}\right)$

　　2 次方程式は，$x=-\dfrac{b}{2a}$ の重解をもつ。

（ⅲ）$\underline{D<0}$ のとき，$\left(\text{または，}\dfrac{D}{4}<0 \text{ のとき}\right)$

　　$\sqrt{}$ 内が負の実数は存在しないので，2 次方程式は実数解をもたない。

それでは，実際に 2 次方程式を解いてみよう。

◆例題9◆

次の 2 次方程式を解け。

(1) $2x^2 - (2a + 1)x + a = 0$　　(2) $2x^2 + 3x - 1 = 0$

(3) $x^2 + 6x + 1 = 0$　　(4) $3x^2 - 3x + 2 = 0$

解答＆解説

(1) これは，たすきがけによる因数分解で解ける。

$$(2x - 1)(x - a) = 0 \qquad \therefore x = \frac{1}{2},\ a \ \cdots\cdots\cdots\cdots\cdots\text{(答)}$$

(2) この左辺は簡単に因数分解できないので，解の公式を使う。

$2x^2 + 3x - 1 = 0$ より，

$$x = \frac{-b \pm \sqrt{b^2 - 4ac}}{2a}$$

$$x = \frac{-3 \pm \sqrt{3^2 - 4 \cdot 2 \cdot (-1)}}{2 \times 2} = \frac{-3 \pm \sqrt{17}}{4} \ \cdots\cdots\cdots\text{(答)}$$

(3) $ax^2 + 2b'x + c = 0$ の形の解の公式を使えばいいね。

$\underset{a}{①}x^2 + \underset{2b'}{⑥}x + \underset{c}{①} = 0$ より，

$$x = \frac{-b' \pm \sqrt{b'^2 - ac}}{a}$$

$$x = \frac{-3 \pm \sqrt{3^2 - 1 \cdot 1}}{1} = -3 \pm \sqrt{8} = -3 \pm 2\sqrt{2} \ \cdots\cdots\cdots\text{(答)}$$

(4) $\underset{a}{③}x^2 \underset{b}{\boxed{-3}}x + \underset{c}{②} = 0$ の判別式を D とおくと，

$$D = (-3)^2 - 4 \cdot 3 \cdot 2 = 9 - 24 = -15 < 0$$

$\therefore$ この 2 次方程式は，実数解をもたない。$\cdots\cdots\cdots\cdots\cdots\cdots$(答)

演習問題 14　　　難易度 ★★　　　CHECK1　　CHECK2　　CHECK3

k を正の定数とする。x, y の連立方程式

$$\begin{cases} x^2 + xy + y^2 = 9 & \cdots\cdots① \\ x - y = k & \cdots\cdots\cdots\cdots② \end{cases}$$

が，ただ 1 組の解しかもたないとき，k の値と連立方程式の解を求めよ。

(佛教大)

ヒント！　②より，$y = x - k$ として，これを ①に代入し x の 2 次方程式をまず作る。題意より，これは重解をもつので，判別式 $D = 0$ にもち込めばいいね。

解答&解説

②より，$y = x - k$ ……②′

②′を①に代入してまとめると，

$$x^2 + \overbrace{x(x - k)} + \underbrace{(x - k)^2}_{x^2 - 2kx + k^2} = 9$$

$$3x^2 - 3kx + k^2 - 9 = 0 \quad \cdots\cdots③$$

ここで，①，②はただ 1 組の解しかもたないので，③の x の 2 次方程式は，重解をもつことになる。

よって，③の判別式を D とおくと，

$$D = \underbrace{(-3k)^2 - 4 \cdot 3 \cdot (k^2 - 9)}_{9k^2 - 12k^2 + 108} = 0 \quad となるので，$$

$$3k^2 = 108 \qquad k^2 = 36$$

$$\therefore k = 6 \quad \cdots\cdots④ \quad (\because k > 0)$$

④を③に代入して，

$$3x^2 - 18x + 27 = 0$$

$$(x - 3)^2 = 0 \qquad \therefore x = 3 \,(重解) \quad \cdots\cdots⑤$$

④，⑤を②′に代入して，$y = 3 - 6 = -3$

以上より，$k = 6$，そして，①，②のただ 1 組の解は $(x, y) = (3, -3)$ である。……………………(答)

ココがポイント

⇦ x の 2 次方程式：
$ax^2 + bx + c = 0$ の形にまとめた。
これが重解をもつとき，
$D = b^2 - 4ac = 0$
となるんだね。

⇦ $k = \pm 6$ だけど，
題意より，$k > 0$
よって，$k = 6$ だね。

⇦ 両辺を 3 で割って，
$x^2 - 6x + 9 = 0$
$(x - 3)^2 = 0$

共通解をもつ連立方程式

次の **2** つの方程式

$$\begin{cases} ax^2 + (a^2 + 4)x + 4a = 0 & \cdots\cdots ① \\ x^3 + ax^2 - ax - 4 = 0 & \cdots\cdots ② \end{cases}$$ が，少なくとも **1** つの共通解をもつよ

うな定数 a の値を求めよ。　　　　　　　　　　　　　　　　　（群馬大）

ヒント！　共通解を $x = \alpha$ とおくと，①から $a\alpha = -4$ または $\alpha = -a$ が導ける
ので，それぞれの場合について調べればいいんだね。

解答＆解説

> α は①，②の共通解より，①，②の x に α を代入できる。

①と②の共通解を α とおくと，

$$\begin{cases} a\alpha^2 + (a^2 + 4)\alpha + 4a = 0 & \cdots\cdots\cdots① ' \\ \qquad a \diagdown 4 \\ \qquad 1 \diagup a \\ \alpha^3 + a\alpha^2 - a\alpha - 4 = 0 & \cdots\cdots\cdots② ' \end{cases}$$ となる。

①'より，$(a\alpha + 4)(\alpha + a) = 0$　　よって，

（ i ）$a\alpha = -4\cdots③$ または（ ii ）$\alpha = -a\cdots④$ となる。

（ i ）$a\alpha = -4\cdots③$ のとき，②'より，

$$\alpha^3 + \underbrace{a\alpha}_{-4} \cdot \alpha - \underbrace{a\alpha}_{4} - 4 = 0 \qquad \alpha^3 - 4\alpha = 0$$

$\alpha \neq 0$ より，この両辺を α で割って，

$$\alpha^2 - 4 = 0 \qquad (\alpha + 2)(\alpha - 2) = 0$$

$$\therefore \alpha = \pm 2$$

これから，$\underline{a = \pm 2}$ となる。

（ ii ）$\alpha = -a\cdots④$ のとき，②'より，

$$\underbrace{(-a)^3}_{-a^3} + \underbrace{a(-a)^2}_{a^3} - a \cdot (-a) - 4 = 0 \qquad a^2 - 4 = 0$$

$$(a + 2)(a - 2) = 0$$

これから，$\underline{\underline{a = \pm 2}}$ となる。

以上（ i ）（ ii ）より，①，②が少なくとも **1** つの共通
解をもつような a の値は，$a = \pm 2$ である。……（答）

ココがポイント

⇦ ①'は因数分解で解ける **2** 次方程式だね。

⇦ ②'は α の **3** 次方程式だけれど，この後の解法の中で **2** 次方程式に帰着する。

⇦ $\alpha = 0$ のとき，③は $0 = -4$ となって，矛盾だ。

⇦ $\alpha = \pm 2$ のとき，③より，$\pm 2 \cdot a = -4$　$\therefore a = \pm 2$ となる。

ダブルDの問題

2 次式 $x^2 + kxy - 2y^2 + 3y - 1$ が x と y の 1 次式の積として表されるように，定数 k の値を定め，この 2 次式を因数分解せよ。　　（東北学院大）

▌レクチャー

$x^2 + kxy - 2y^2 + 3y - 1 = (x と y の 1 次式) \times (x と y の 1 次式)$ と因数分解できるように，k の値を定める問題は，俗に"ダブルDの問題"と呼ばれる。2 種類の判別式を使って解くことになるからだ。

まず，与式を x の 2 次式とみてまとめ，与式 $= 0$ とおくと，これは x の 2 次方程式となるね。つまり，

$$\underset{a}{①} x^2 + \underset{b}{(ky)} x \underset{c}{(-(2y^2 - 3y + 1))} = 0 \quad \cdots\cdots ⑦ \quad とみる。$$

この解 x を公式より求めると，

$$x = \frac{-ky \pm \sqrt{(ky)^2 + 4(2y^2 - 3y + 1)}}{2 \cdot 1} = \frac{-ky \pm \sqrt{D_x}}{2}$$

（ここで，判別式 $D_x = (k^2 + 8)y^2 - 12y + 4$ とおいた。）←（1つ目の D）

この解を $\alpha = \dfrac{-ky - \sqrt{D_x}}{2}$，$\beta = \dfrac{-ky + \sqrt{D_x}}{2}$ とおくと，⑦は，

$$(x - \alpha)(x - \beta) = 0 \quad すなわち，$$

$$\left(x - \frac{-ky - \sqrt{D_x}}{2}\right)\left(x - \frac{-ky + \sqrt{D_x}}{2}\right) = 0 \quad となるね。よって，$$

⑦の左辺（与式）$= \underset{x と y の 1 次式}{\left(x + \frac{k}{2}y + \frac{1}{2}\sqrt{D_x}\right)} \underset{x と y の 1 次式}{\left(x + \frac{k}{2}y - \frac{1}{2}\sqrt{D_x}\right)}$

となるので，$\dfrac{1}{2}\sqrt{D_x} = \dfrac{1}{2}\sqrt{(k^2 + 8)y^2 - 12y + 4}$ が $\sqrt{}$ の付いた無理式ではなく，y の 1 次式に変形できればいいんだね。

そのためには，$\sqrt{}$ 内の $D_x = (k^2 + 8)y^2 - 12y + 4$ が $D_x = (py - q)^2$ の形になればいい。

なぜなら，$\sqrt{(py-q)^2}=|py-q|=\pm(py-q)$ と，y の 1 次式になるからだ。そのためには，$D_x = \underbrace{(k^2+8)}_{a}y^2 \underbrace{-12}_{2b'}y + \underbrace{4}_{c} = 0$ とおいた

y の 2 次方程式が重解をもてばいいんだね。よって，この判別式を D_y とおくと，←2つ目の D

$\dfrac{D_y}{4} = (-6)^2 - (k^2+8)\times 4 = 0$　とすればいい。納得いった？

解答＆解説

与式 $= 0$ とおいて，まず x の 2 次方程式とみると，

$\underbrace{1}_{a}x^2 + \underbrace{(ky)}_{b}x \underbrace{-(2y^2-3y+1)}_{c} = 0$ ……①

この判別式を D_x とおくと，

$$D_x = (ky)^2 + 4\cdot 1\cdot(2y^2-3y+1)$$
$$= (k^2+8)y^2 - 12y + 4$$

ここで，$D_x = 0$ とおいた y の 2 次方程式が重解をもてばいいので，この判別式を D_y とすると，

$$\dfrac{D_y}{4} = \boxed{(-6)^2 - 4(k^2+8) = 0}$$

$36 - 4k^2 - 32 = 0$　　　$k^2 = 1$　　$\therefore k = \pm 1$　…(答)

(i) $k = 1$ のとき，

与式 $= x^2 + yx - (2y^2-3y+1)$

$$\begin{array}{cc} 2 & -1 \\ 1 & -1 \end{array}$$

$= 1\cdot x^2 + y\cdot x - (2y-1)(y-1)$

$$\begin{array}{ll} 1 & (2y-1) \to 2y-1 \\ 1 & -(y-1) \to -y+1 \end{array}$$

$= (x+2y-1)(x-y+1)$………………(答)

(ii) $k = -1$ のとき，

与式 $= 1\cdot x^2 - y\cdot x - (2y-1)(y-1)$

$$\begin{array}{ll} 1 & -(2y-1) \to -2y+1 \\ 1 & (y-1) \to y-1 \end{array}$$

$= (x-2y+1)(x+y-1)$………………(答)

ココがポイント

⇦ $a = 1$, $b = ky$, $c = -(2y^2-3y+1)$ より，$D_x = b^2 - 4ac$

⇦ y の 2 次方程式：$D_x = 0$ の判別式を D_y とおくと，$a = k^2+8$, $2b' = -12$, $c = 4$ より，$\dfrac{D_x}{4} = b'^2 - ac$

⇦ (i) $k = 1$, (ii) $k = -1$ の 2 通りについて，与式は因数分解できる。

§2. 不等式の4つの公式を使いこなそう！

● 不等式には，頻出の4つの公式がある！

不等式では，よく使われる4つの公式があるので，それをまず下に示す。これは，数学 **I・A** の範囲を少し越えるけれど，受験対策として当然知っておいてほしい内容なんだ。

> ### 不等式の4つの重要公式
>
> （ I ）$A^2 \geqq 0$，$A^2 + B^2 \geqq 0$ など。
>
> （ II ）相加・相乗平均の式
>
> $\quad a > 0$，$b > 0$ のとき，
>
> $\quad a + b \geqq 2\sqrt{ab}$ （等号成立条件：$a = b$）
>
> （ III ）$|a| \geqq a$
>
> （ IV ）$a > b \geqq 0$ のとき，$a^2 > b^2$

（ I ）A や B が実数の式のとき，2乗すれば当然 **0** 以上になる。

　　例題として，$a^2 + b^2 + c^2 \geqq ab + bc + ca$ …（＊）$(a, b, c：実数)$ が成り立つことを示そう。これは，$a^2 + b^2 + c^2 - ab - bc - ca \geqq 0$，さらに，この両辺を2倍した $\boxed{2a^2} + \boxed{2b^2} + \boxed{2c^2} - \underline{2ab} - \underline{2bc} - \underline{2ca} \geqq 0$ …（＊＊）を示せばいいんだね。

　　（＊＊）の左辺 $= (a^2 - \underline{2ab} + b^2) + (b^2 - \underline{2bc} + c^2) + (c^2 - \underline{2ca} + a^2)$

　　　　　　　　　$= \underline{(a-b)^2} + \underline{(b-c)^2} + \underline{(c-a)^2} \geqq 0$ と示せたね！

　　　　　　　　　　$\boxed{\text{0 以上}}$　$\boxed{\text{0 以上}}$　$\boxed{\text{0 以上}}$

（ II ）相加・相乗平均の式も，$A^2 \geqq 0$ から導かれるんだよ。この場合，

　　$A = \sqrt{a} - \sqrt{b}$ とおけばいい。

　　$(\sqrt{a} - \sqrt{b})^2 \geqq 0$ より，$a - 2\sqrt{ab} + b \geqq 0$　∴ $a + b \geqq 2\sqrt{ab}$

　　と簡単に，公式が導けるだろう。　$\boxed{\text{本当は } a \geqq 0, b \geqq 0 \text{ でもいい。}}$

　　$\sqrt{a}$ と $\sqrt{b}$ が出てくるから，当然 $\underline{a > 0, b > 0}$ だ。

　　また，等号が成り立つとき $(\sqrt{a} - \sqrt{b})^2 = 0$ より，$\sqrt{a} = \sqrt{b}$，すなわち $a = b$ となるんだね。単純な公式なんだけど，その応用範囲はとても広いんだ。

例題で少し練習しておこう。

$x > 0$ のとき，$P = \dfrac{x}{x^2 + 4}$ の最大値を求めてみよう。P の分子・分母を

x で割って，$P = \dfrac{1}{x + \dfrac{4}{x}}$ ……① ①の分母について，$x > 0$ より，

> 分母が最小のとき，
> P は最大になる！

相加・相乗平均の式を使って，

> 分母の最小値

$\boxed{分母} = \underset{\sim}{x} + \dfrac{4}{x} \geqq 2\sqrt{\underset{=}{x} \cdot \dfrac{4}{\underset{=}{x}}} = 2\sqrt{4} = \boxed{4}$

$[\underset{\sim}{a} + \underset{=}{b} \geqq 2\sqrt{a\underset{\sim}{b}}]$

等号成立条件：$x = \dfrac{4}{x}$ より，$x^2 = 4$ ∴ $x = \sqrt{4} = 2$ （∵ $x > 0$）

$[a = b]$

以上より，$x = 2$ のとき，P は最大値 $\dfrac{1}{4}$ をとる。

（Ⅲ）$\begin{cases} (\text{i}) \ a \geqq 0 \ \text{のとき，} |a| = a \\ (\text{ii}) \ a < 0 \ \text{のとき，} |a| > 0, \ a < 0 \ \text{だから，} |a| > a \end{cases}$

（i）（ii）より，$|a| = a$ または $|a| > a$ より，公式 $|a| \geqq a$ が導けた！

（Ⅳ）2 次関数：$y = x^2$ のグラフを右
に示す。グラフより明らかに，
a も b も 0 以上の数で，
$a > b$ ならば，この両辺を 2 乗
しても，$a^2 > b^2$ は必ず成り立
つんだね。このとき，この逆
も言える。

> $a \geqq 0$,
> $b \geqq 0$
> のとき，
> $a^2 > b^2$
> ならば
> $a > b$ も
> 成り立つ
> んだね。

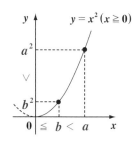

だから，不等式 $\sqrt{x + 1} \geqq 2$ が与

> このチェックがいる！

えられたら，この両辺は共に正だから，両辺を 2 乗して $x + 1 \geqq 4$
∴ $x \geqq 3$ と答えが導けるんだ。納得いった？

| 演習問題 17 | 難易度 ★★ | CHECK 1 | CHECK 2 | CHECK 3 |

$x > 0$, $y > 0$, $x + y = 1$ のとき，次の問いに答えよ。

(1) xy の最大値を求めよ。　　(2) $\dfrac{y}{x} + \dfrac{x}{y}$ の最小値を求めよ。

(3) $\dfrac{1}{x} + \dfrac{4}{y}$ の最小値を求めよ。

ヒント！ すべて，相加・相乗平均の問題だ。(3)は，与式に1，すなわち$x+y$をかけるとうまくいく。自分で試してごらん。

解答&解説

ココがポイント

(1) $x > 0$, $y > 0$ より，相加・相乗平均の式を用いて

$$\overset{1}{\underbrace{(x + y)}} \geqq 2\sqrt{xy}, \quad 1 \geqq 2\sqrt{xy} \quad (\because x + y = 1)$$

この両辺は正より，両辺を2乗して，$1 \geqq 4xy$

よって，$xy \leqq \dfrac{1}{4}$　$\therefore xy$ の最大値は $\dfrac{1}{4}$　……(答)

⇦等号成立条件：$x = y$
よって，$x + y = 1$ より，
$x = y = \dfrac{1}{2}$のとき，xy
は最大になる。

(2) $x > 0$, $y > 0$ より，相加・相乗平均の式を用いて

$$\dfrac{y}{x} + \dfrac{x}{y} \geqq 2\overset{1}{\underbrace{\sqrt{\dfrac{y}{x} \cdot \dfrac{x}{y}}}} = 2 \; [a + b \geqq 2\sqrt{ab}]$$

$$\therefore \dfrac{y}{x} + \dfrac{x}{y} \text{ の最小値は } 2 \quad \cdots\cdots\text{(答)}$$

⇦$\dfrac{y}{x} = a$, $\dfrac{x}{y} = b$ とおけば
公式通りだ！

⇦等号成立条件：
$\dfrac{y}{x} = \dfrac{x}{y}$, $y^2 = x^2$
$y > 0$, $x > 0$ より，
$y = x = \dfrac{1}{2}$ のとき最小に
なる。

(3) $x + y = 1$ より，これを与式にかけて，

$$\dfrac{1}{x} + \dfrac{4}{y} = \left(\dfrac{1}{x} + \dfrac{4}{y}\right) \cdot \overset{1}{\underbrace{(x + y)}}$$

> **1をかけても，元の式に影響しないね！**

$$= 1 + \dfrac{y}{x} + \dfrac{4x}{y} + 4 = \dfrac{y}{x} + \dfrac{4x}{y} + 5$$

相加・相乗平均の式より，
$$\dfrac{y}{x} + \dfrac{4x}{y} \geqq 2\sqrt{\dfrac{y}{x} \cdot \dfrac{4x}{y}}$$
$[a + b \geqq 2\sqrt{ab}]$
この両辺に同じ5をたしても，この不等式は成り立つ。

$x > 0$, $y > 0$ より，相加・相乗平均の式を用いて

$$\dfrac{1}{x} + \dfrac{4}{y} = \dfrac{y}{x} + \dfrac{4x}{y} + 5 \geqq 2\overset{\sqrt{4} = 2}{\underbrace{\sqrt{\dfrac{y}{x} \cdot \dfrac{4x}{y}}}} + 5 = 9$$

$$\therefore \dfrac{1}{x} + \dfrac{4}{y} \text{ の最小値は } 9 \quad \cdots\cdots\text{(答)}$$

⇦等号成立条件：
$\dfrac{y}{x} = \dfrac{4x}{y}$, $y^2 = 4x^2$
$x > 0$, $y > 0$ より
$y = 2x$　$\therefore x + y = 1$
より $x = \dfrac{1}{3}$, $y = \dfrac{2}{3}$
のとき最小となる。

不等式の証明

次の不等式の証明をせよ。また，等号成立条件も示せ。

(1) x, y が実数のとき, $x^2 - 4x + y^2 + 2y + 5 \geqq 0$ …… ($*1$)

(2) $x > 0$ かつ $y > 0$ のとき, $\sqrt{2(x+y)} \geqq \sqrt{x} + \sqrt{y}$ …… ($*2$)　（龍谷大）

ヒント! (1) は, 左辺を $A^2 + B^2$ の形に変形して, 0 以上であることを示せばいい。(2) の両辺は共に正より, 両辺を 2 乗したものの差を計算して, これが 0 以上であることを示せばいいんだね。頑張ろう!

解答 & 解説

(1) ($*1$) の左辺 $= (x^2 - 4x + 4) + (y^2 + 2y + 1)$

$\qquad\qquad = (x-2)^2 + (y+1)^2 \geqq 0$

よって, ($*1$) は成り立つ。ここで, 等号成立条件は,

$x - 2 = 0$ かつ $y + 1 = 0$ より,

$x = 2$, $y = -1$ である。 ………………(終)

(2) ($*2$) の両辺は共に正より, この両辺を 2 乗しても大小関係は変化しない。よって, ($*2$) が成り立つことを示すには,

(左辺)^2 − (右辺)$^2 \geqq 0$ を示せばよい。

(左辺)^2 − (右辺)$^2 = 2(x+y) - (\sqrt{x} + \sqrt{y})^2$

$= 2x + 2y - (x + 2\sqrt{xy} + y)$

$= x + y - 2\sqrt{xy} = (\sqrt{x})^2 - 2\sqrt{x} \cdot \sqrt{y} + (\sqrt{y})^2$

$= (\sqrt{x} - \sqrt{y})^2 \geqq 0$ となる。

$\therefore$ ($*2$) は成り立つ。

ここで, 等号成立条件は $\sqrt{x} - \sqrt{y} = 0$ より,

$\sqrt{x} = \sqrt{y}$, すなわち $x = y$ である。 ………(終)

ココがポイント

$\Leftarrow A^2 \geqq 0$, $B^2 \geqq 0$ より, $A^2 + B^2 \geqq 0$ となる。等号成立条件は, $A = 0$ かつ $B = 0$ だね。

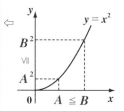

$\Leftarrow$ 相加・相乗平均の公式 $x + y \geqq 2\sqrt{xy}$ より, $x + y - 2\sqrt{xy} \geqq 0$ としても, もちろん OK だ!

演習問題　19	難易度 ★★★	CHECK 1	CHECK 2	CHECK 3

(1) $0 \leqq a \leqq b$ のとき，

$$\frac{a}{1+a} \leqq \frac{b}{1+b} \quad \cdots\cdots(*1) \text{ が成り立つことを示せ。}$$

(2) 実数 x, y について，

$$|x+y| \leqq |x|+|y| \quad \cdots\cdots(*2) \text{ を示し，}$$

$$\frac{|x+y|}{1+|x+y|} \leqq \frac{|x|}{1+|x|} + \frac{|y|}{1+|y|} \quad \cdots\cdots(*3) \text{ が成り立つことを示せ。}$$

(九州大)

ヒント！ (1) 右辺 − 左辺 $\geqq 0$ を示せばいいね。(2) の $(*2)$ は，その両辺が共に **0** 以上なので，(右辺 $)^2$ − (左辺 $)^2 \geqq 0$ を示すんだ。$(*3)$ は，$(*1)$ と $(*2)$ をうまく使えば証明できる。頑張ろう！

解答&解説

(1) $0 \leqq a \leqq b$ のとき，$(*1)$ について，

$$\text{右辺} - \text{左辺} = \frac{b}{1+b} - \frac{a}{1+a}$$

$$= \frac{b(1+a) - a(1+b)}{(1+a)(1+b)} = \frac{b-a}{(1+a)(1+b)} \geqq 0$$

（0 以上）

∴ $(*1)$ は成り立つ。‥‥‥‥‥‥‥‥‥(終)

(2) $(*2)$ の両辺は **0** 以上より，

(右辺 $)^2$ − (左辺 $)^2 \geqq 0$ を示す。 $(x+y)^2 = x^2 + 2xy + y^2$

(右辺 $)^2$ − (左辺 $)^2 = (|x|+|y|)^2 - |x+y|^2$

$$= |x|^2 + 2|x|\cdot|y| + |y|^2 - (x^2 + 2xy + y^2)$$

$$= 2(|xy| - xy) \geqq 0$$

よって，(右辺 $)^2$ − (左辺 $)^2 \geqq 0$ より，

$|x+y| \leqq |x|+|y|$ ‥‥ $(*2)$ は成り立つ。‥‥‥(終)

ここで，$a = |x+y|$，$b = |x|+|y|$ とおくと，

$0 \leqq a \leqq b$ となって，$(*1)$ より，

ココがポイント

⇦ $|x|+|y| \geqq 0$，$|x+y| \geqq 0$ より，$|x|+|y| \geqq |x+y|$ の代わりに $(|x|+|y|)^2 \geqq |x+y|^2$ を示せばいいんだ。

⇦ 一般に $|A|^2 = A^2$ だ。

⇦ 公式：$|A| \geqq A$ から $|xy| - xy \geqq 0$ と言えるんだね。

$$\dfrac{\overbrace{|x+y|}^{a}}{1+\underbrace{|x+y|}_{a}} \leqq \dfrac{\overbrace{|x|+|y|}^{b}}{1+\underbrace{|x|+|y|}_{b}} \quad \cdots\cdots ① \text{ が成り立つ。}$$

また，正の分数で，分子が一定ならば，当然分母の小さいものの方が大きくなる。よって，

$$\dfrac{|x|}{1+|x|+\boxed{|y|}} \leqq \dfrac{|x|}{1+|x|} \quad \cdots\cdots ② \text{が成り立つ。}$$

> この **0** 以上の数がない方が分母が小さくなるので，分数の値は大きくなるね！

⇦ これは，
$\dfrac{1}{2+①} \leqq \dfrac{1}{2}$ となるのと
同じだね！

> この **0** 以上の数がない方が分母が小さくなるので，分数の値は大きくなるね！

同様に，

$$\dfrac{|y|}{1+|x|+|y|} \leqq \dfrac{|y|}{1+|y|} \quad \cdots\cdots ③ \text{も成り立つ。}$$

②，③より，①の右辺は，

$$\dfrac{|x|+|y|}{1+|x|+|y|} = \dfrac{|x|}{1+|x|+|y|} + \dfrac{|y|}{1+|x|+|y|}$$

$$\leqq \dfrac{|x|}{1+|x|} + \dfrac{|y|}{1+|y|} \quad \cdots\cdots ④$$

以上①，④より，

$$\dfrac{|x+y|}{1+|x+y|} \leqq \dfrac{|x|+|y|}{1+|x|+|y|} \leqq \dfrac{|x|}{1+|x|} + \dfrac{|y|}{1+|y|}$$

⇦ $A \leqq B \leqq C$ より
$A \leqq C$ だね。

$$\therefore \dfrac{|x+y|}{1+|x+y|} \leqq \dfrac{|x|}{1+|x|} + \dfrac{|y|}{1+|y|} \quad \cdots\cdots (*3) \text{ は}$$

成り立つ。 ……………………………………(終)

　どう？　結構解きごたえがあっただろう？　数 **I・A** って，高校の授業で習う内容はやさしいんだけれど，入試問題になると，かなり難しいものも出題される。でも，このような良質の演習問題を反復練習することにより，合格点が取れるようになるから，元気を出して頑張ってくれ！

§3. 2次関数には，3つのタイプがある！

● まず，2次関数の3つの型の関係を押さえよう！

2次関数には，次の3タイプがあるので，まず頭に入れてくれ。

2次関数の3つの型

(1) 基本形：$y = ax^2$

(2) 標準形：$y = a(x-p)^2 + q$

(3) 一般形：$y = ax^2 + bx + c$

> これから，頂点 (p, q)，軸 $x = p$ がわかる！

> $y = ax^2$ を (p, q) だけ平行移動したもの

> これを変形して，標準形に直して，グラフを描く！

(1) の基本形：$y = ax^2$ $(a \neq 0)$ は，原点 $O(0, 0)$ を頂点とし，直線 $x = 0$ を軸(対称軸)にもつ放物線で，

> (y 軸のこと)

$\begin{cases} (\text{i}) \; a > 0 \text{ のとき，下に凸，} \\ (\text{ii}) \; a < 0 \text{ のとき，上に凸のグラフにな} \end{cases}$

ることは，中学校で既に習ってる通りだ。図1より，a の絶対値が大きいと閉じた形の，またこれが小さいと開いた形のグラフになるのがわかるね。

図1 基本形：$y = ax^2$ のグラフ

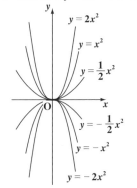

$y = 2x^2$

$y = x^2$

$y = \dfrac{1}{2}x^2$

$y = -\dfrac{1}{2}x^2$

$y = -x^2$

$y = -2x^2$

一般に，関数 $y = f(x)$ が与えられたとき，これを x 軸方向に p，y 軸方向に q だけ平行移動したかったら，次の公式にしたがえばいい。

グラフの平行移動

$$\underline{y = f(x)} \xrightarrow[\text{平行移動}]{(p, q)\text{だけ}} \underline{y - q} = f(\underline{x - p})$$

> $\begin{cases} x \text{ の代わりに，} x - p \\ y \text{ の代わりに，} y - q \text{ を代入する！} \end{cases}$

> 何故 x の代わりに $x + p$，y の代わりに $y + q$ でないのか？の疑問については，以下にその理由を示す。

では，何故 $y = f(x)$ を (p, q) だけ平行移動するのに，x の代わりに $x - p$，y の代わりに $y - q$ を代入すればいいのか解説しておこう。

$y = f(x)$ を (p, q) だけ平行移動した変数を x', y' とおくと,

$$\begin{cases} x' = x + p \\ y' = y + q \end{cases} \quad \cdots\cdots ① \quad \text{となるのはいいね。}$$

> この時点では，確かに p と q はたされているね。

ここで，ボク達は，平行移動した後の関数，つまり x' と y' の関係式を求めたいわけだから，①を変形して，

> $y' = g(x')$ の形にしたい。

$$\begin{cases} x = x' - p \\ y = y' - q \end{cases} \quad \cdots\cdots ①' \quad \text{として，この①' を } y = f(x) \text{ に代入すればいい。}$$

その結果, $y' - q = f(x' - p)$ となる。

> これは $y' = f(x' - p) + q$ とすれば, $y' = g(x')$ の形だ。

ここで，この関数の変数は x' と y' ではなく,

u と v でも，α と β でも何でも構わない。…であるなら，x' と y' を

> $v - q = f(u - p)$

> $\beta - q = f(\alpha - p)$

元の x と y とおいてもいいわけだから，結局 $y = f(x)$ を (p, q) だけ平行移動した関数は $y - q = f(x - p)$ となるんだね。

> y の代わりに，$y - q$ を

> x の代わりに，$x - p$ を代入したもの

納得いった？

では，話を一般の関数から 2 次関数の **(1)** 基本形：$y = ax^2$ と **(2)** 標準形：$y = a(x - p)^2 + q$ の関係に戻そう。

(1) の基本形：$y = ax^2$ を (p, q) だけ平行移動すると，

$$y - q = a(x - p)^2$$

> これが，放物線の標準形だ！

$y = a(x - p)^2 + q$ となって，**(2)** の標準形になるのがわかるね。

図 **2** に示すように，この放物線の頂点の座標は (p, q)，軸は，直線 $x = p$ となるんだね。

> 対称軸

図 **2** 標準形のグラフ

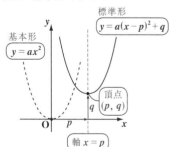

ここで，さらに次の対称移動の公式も覚えると，もっとグラフを描くのが楽しくなるはずだ。

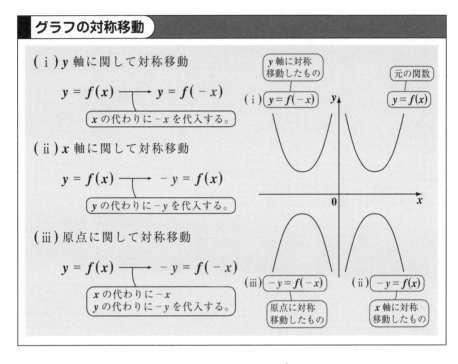

グラフの対称移動

(i) y 軸に関して対称移動

$$y = f(x) \longrightarrow y = f(-x)$$

x の代わりに $-x$ を代入する。

(ii) x 軸に関して対称移動

$$y = f(x) \longrightarrow -y = f(x)$$

y の代わりに $-y$ を代入する。

(iii) 原点に関して対称移動

$$y = f(x) \longrightarrow -y = f(-x)$$

x の代わりに $-x$
y の代わりに $-y$ を代入する。

y軸に対称移動したもの

元の関数

(i) $y = f(-x)$

$y = f(x)$

0

x

(iii) $-y = f(-x)$

原点に対称移動したもの

(ii) $-y = f(x)$

x軸に対称移動したもの

さらに，2 次関数は，(3) の一般形：$y = ax^2 + bx + c$ の形で表されることも多い。この場合，これを次のように標準形に直せば，頂点と軸がわかるんだ。

一般形

x^2 と x の項から，x^2 の
係数 a をくくり出す。

$$y = ax^2 + bx + c = a\left(x^2 + \frac{b}{a}x\right) + c$$

平方完成 $(\cdots\cdots)^2$ の
形にもち込む。

$$= a\left(x^2 + \frac{b}{a}x + \frac{b^2}{4a^2}\right) + c - \frac{b^2}{4a}$$

2 で割って 2 乗

標準形になった！

$$= a\left(x + \underbrace{\frac{b}{2a}}_{-p}\right)^2 \underbrace{- \frac{b^2 - 4ac}{4a}}_{q}$$

これから，頂点 $\left(-\dfrac{b}{2a},\ -\dfrac{b^2-4ac}{4a}\right)$，軸 $x=-\dfrac{b}{2a}$ なのがわかるね。

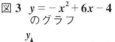
これは，スゴク大事！

エッ，難しそうって？そうだね。こういうのは，実際の例題で計算しておく方がいいんだ。2 次関数 $y=-x^2+6x-4$ の頂点と軸を具体的に求めてみよう。

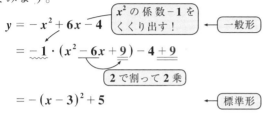

$$y = -x^2 + 6x - 4$$

x^2 の係数 -1 をくくり出す！　←一般形

$$= -1\cdot(x^2-6x+9)-4+9$$

2 で割って 2 乗

$$= -(x-3)^2+5$$　←標準形

図 3 $y=-x^2+6x-4$ のグラフ

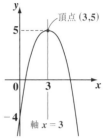

頂点 $(3,5)$

軸 $x=3$

よって，これは，頂点の座標 $(3, 5)$，軸 $x=3$ の，上に凸の放物線になるんだね。

◆例題 10◆

放物線 $y=f(x)$ を $(-1, 2)$ だけ平行移動した後，y 軸に関して対称移動した関数 (放物線) を $y=g(x)$ とおく。放物線 $y=g(x)$ が，頂点 $(-1, 0)$ をもち，点 $(1, 4)$ を通るとき，2 つの放物線 $y=g(x)$ と $y=f(x)$ を求めよ。

解答

$y=g(x)$ の頂点が $(-1, 0)$ より，

$$y = g(x) = a(x+1)^2 \quad \cdots\cdots\text{①}$$

とおける。これが，点 $(1, 4)$ を通るので，これを①に代入して，

$y=g(x)$

標準形
$y=a(x+1)^2+0$　←頂点 $(-1, 0)$

$$4 = a(1+1)^2, \quad 4a=4 \quad \therefore a=1$$

よって，①より，求める放物線 $y=g(x)$ は，

$$y = g(x) = 1\cdot(x+1)^2$$

$$\therefore y = g(x) = x^2+2x+1 \quad\cdots\cdots\cdots\cdots\cdots\cdots\cdots\cdots\cdots\text{(答)}$$

次に，$y = f(x)$ を求める。題意より，

$$y = f(x) \xrightarrow[\text{平行移動}]{(-1, 2)} \cdot \xrightarrow[\text{対称移動}]{y\text{軸に}} y = g(x) = x^2 + 2x + 1$$

これを，逆にたどれば，$y = f(x)$ が求まるね。つまり，

$$y = g(x) \xrightarrow[\text{対称移動}]{(\text{ⅰ})y\text{軸に}} \cdot \xrightarrow[\text{平行移動}]{(\text{ⅱ})(1, -2)} y = f(x) \text{ だ！}$$

（ⅰ）$y = g(x) = x^2 + 2x + 1$ を y 軸に関して対称移動するには，x の代わりに $-x$ を代入すればよいので，

$$y = (-x)^2 + 2(-x) + 1 \quad \therefore y = x^2 - 2x + 1$$

（ⅱ）これを，さらに $(1, -2)$ だけ平行移動するので，x の代わりに $x - 1$，y の代わりに $y + 2$ を代入して，

$$y + 2 = (x - 1)^2 - 2(x - 1) + 1$$
$$y = x^2 - 2x + 1 - 2x + 2 + 1 - 2$$
$$\therefore \text{求める関数 } y = f(x) \text{ は，} y = f(x) = x^2 - 4x + 2 \quad \cdots\cdots\cdots\cdots(\text{答})$$

● 最大・最小問題のメインは，カニ歩き＆場合分け？

放物線 $y = f(x) = -2x^2 + 8x + 1$ $(0 \leqq x \leqq 3)$ について，$y = f(x)$ を標準形に直すと，

$\boxed{-2 \times \underline{4} \text{ の分, } 8 \text{ をたす！}}$

$$y = f(x) = -2(x^2 \underline{-4x +4}) + 1 \underline{+8}$$

2で割って2乗

$$= -2(x - 2)^2 + 9$$

$\boxed{x \text{ のとり得る値の範囲}}$

$\therefore$ 頂点 $(2, 9)$，軸 $x = 2$ がわかる。

ここで，この放物線の "**定義域**" が $0 \leqq x \leqq 3$ と与えられているので，図4 のグラフから，y は次のような最大値と最小値をとる。

$$\begin{cases} x = 2 \text{ で，最大値 } f(2) = -2 \cdot (2 - 2)^2 + 9 = 9 \\ x = 0 \text{ で，最小値 } f(0) = -2(0 - 2)^2 + 9 = 1 \end{cases}$$

図4 $y = f(x)$ $(0 \leqq x \leqq 3)$ の最大値と最小値

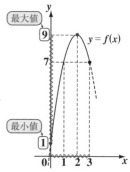

y のとり得る値の範囲のことを "値域" というんだけれど, これから, この値域が, $1 \leq y \leq 9$ であることもわかるね。

ここで, さらに, 最大・最小問題の応用に入ろう。ボクは, これを "カニ歩き & 場合分け" の問題と呼んでいる。2 次関数 $y = g(x)$ が

$$y = g(x) = -2(x - a)^2 + 9$$

$$(0 \leq x \leq 2)$$

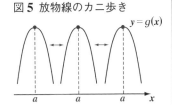

図5 放物線のカニ歩き

で与えられた場合, この頂点の座標は, $(\underline{a}, 9)$ となるね。この頂点の x 座標に文字

a の値の変化によって, $y = g(x)$ は横に動く！

a が入ったため, この値が変われば, $y = g(x)$ は, 図5のように横にカニ歩きを始めるんだね。ここで, 定義域が, $0 \leq x \leq 2$ と与えられているので, この a の値によって, $y = g(x)$ の最大値や最小値のとり方が変化するんだよ。ここでは, この最大値についてのみ, 調べてみると, 図6のように3通りに場合分けする必要のあることがわかるだろう。

(i) $a \leq 0$ のとき, $y = g(x)$ は, $0 \leq x \leq 2$ の範囲で単調に減少する。

$\quad \therefore x = 0$ で, 最大値 $y = g(0) = -2(0 - a)^2 + 9 = -2a^2 + 9$

(ii) $0 < a \leq 2$ のとき, $y = g(x)$ は, $x = a$ で最大となるね。

$\quad \therefore x = a$ で, 最大値 $y = g(a) = -2(a - a)^2 + 9 = 9$

(iii) $2 < a$ のとき, $y = g(x)$ は, $0 \leq x \leq 2$ の範囲で単調に増加する。

$\quad \therefore x = 2$ で最大値 $y = g(2) = -2(2 - a)^2 + 9 = -2a^2 + 8a + 1$ をとる。

図6 カニ歩きと場合分け！

(i) $a \leq 0$ のとき　　　　(ii) $0 < a \leq 2$ のとき　　　　(iii) $2 < a$ のとき

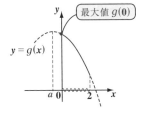
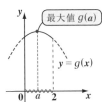
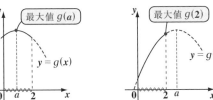

73

絶対値の入った2次関数

$-2 \leqq x \leqq 4$ で定義された関数 $f(x) = -x^2 + 4|x-1| + 1$ について，この曲線の概形を描け。また，最大値，最小値を求めよ。

(香川大)

ヒント！ $|x-1|$ があるので，(ⅰ) $x \geqq 1$ と (ⅱ) $x < 1$ の2通りに場合分けする必要があるね。まず，正確なグラフを描くことだ。

解答 & 解説

$$y = f(x) = -x^2 + 4|x-1| + 1 \quad (-2 \leqq x \leqq 4)$$

について，

(ⅰ) $x \geqq 1$ のとき，$|x-1| = x-1$ より，

$$y = f(x) = -x^2 + 4(x-1) + 1 = -x^2 + 4x - 3$$

$$= -(x^2 \underline{-4x} + \underline{4}) - 3 \underline{+4}$$

〔2で割って2乗〕

$$= -(x-2)^2 + 1$$

頂点 $(2, 1)$ の上に凸の放物線だ！

(ⅱ) $x < 1$ のとき，$|x-1| = -(x-1)$ より，

$$y = f(x) = -x^2 - 4(x-1) + 1 = -x^2 - 4x + 5$$

$$= -(x^2 \underline{+4x} + \underline{4}) + 5 \underline{+4}$$

〔2で割って2乗〕

$$= -(x+2)^2 + 9$$

頂点 $(-2, 9)$ の上に凸の放物線だ！

以上 (ⅰ)(ⅱ) より，

$$y = f(x) = \begin{cases} -(x+2)^2 + 9 & (-2 \leqq x < 1) \quad (ⅱ) \\ -(x-2)^2 + 1 & (1 \leqq x \leqq 4) \quad (ⅰ) \end{cases}$$

よって，$y = f(x)$ $(-2 \leqq x \leqq 4)$ のグラフの概形は右図のようになる。

このグラフより，

$$\begin{cases} x = -2 \text{ のとき，最大値 } y = f(-2) = 9 \\ x = 4 \text{ のとき，最小値 } y = f(4) = -3 \end{cases}$$ ……(答)

ココがポイント

$\Leftarrow |A| = \begin{cases} A & (A \geqq 0) \\ -A & (A < 0) \end{cases}$

よって，

$|x-1|$

$= \begin{cases} x-1 & (x \geqq 1) \\ -(x-1) & (x < 1) \end{cases}$

となる！

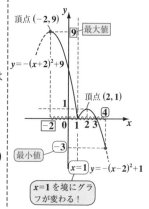

頂点 $(-2, 9)$ 　　最大値 9

$y = -(x+2)^2 + 9$

頂点 $(2, 1)$

最小値 -3

$x = 1$ で $y = -(x-2)^2 + 1$

$x = 1$ を境にグラフが変わる！

複2次関数の最小値

演習問題 21　　難易度 ★★　　　CHECK*1*　　CHECK*2*　　CHECK*3*

(1) 実数 x に対して，$t = x^2 - 2x$ とおく。t のとり得る値の範囲を求めよ。

(2) 関数 $y = (x^2 - 2x)^2 - 2a(x^2 - 2x) + 2a^2 + 1$ の最小値 m を求めよ。

　　（ただし，a は実数定数）　　　　　　　　　　（工学院大 ＊）

ヒント！ (2) の y は x の 4 次関数だけど，$t = x^2 - 2x$ とおくと y は t の 2 次関数になるんだ。(1) は (2) を解くための導入だよ。

解答＆解説

(1) $t = (x^2 - 2x + 1) - 1 = (x - 1)^2 - 1$

　　（2 で割って 2 乗）

　　$\therefore t$ のとり得る値の範囲は，$t \geqq -1$ ………（答）

(2) $y = (x^2 - 2x)^2 - 2a(x^2 - 2x) + 2a^2 + 1$

　　ここで，$t = x^2 - 2x$ とおくと，(1) の結果より，

　　　$y = t^2 - 2at + 2a^2 + 1$　$(t \geqq -1)$

　　よって，

　　　$y = (t^2 - 2at + a^2) + 2a^2 + 1 - a^2$

　　　　（2 で割って 2 乗）（カニ歩き＆場合分けの問題だ！）

　　　$= (t - a)^2 + a^2 + 1$　$(t \geqq -1)$

　　これをさらに，（既に y は t の関数なので $y = f(t)$ とおける。）

　　　$y = f(t) = (t - a)^2 + a^2 + 1$　$(t \geqq -1)$ とおくと，

　　右図のグラフより，

　　(ⅰ) $a \leqq -1$ のとき，

　　　最小値 $m = f(-1) = (-1 - a)^2 + a^2 + 1$

　　　　　　　　　　$= 2a^2 + 2a + 2$　……（答）

　　(ⅱ) $-1 < a$ のとき，

　　　最小値 $m = f(a) = (a - a)^2 + a^2 + 1$

　　　　　　　　　　$= a^2 + 1$　…………（答）

ココがポイント

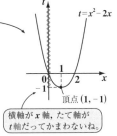

頂点 $(1, -1)$ の放物線

横軸が x 軸，たて軸が t 軸だってかまわないね。

横軸が t 軸，たて軸が y 軸になっていることに注意する！

(ⅰ) $a \leqq -1$ のとき

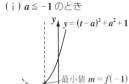

$y = (t - a)^2 + a^2 + 1$

最小値 $m = f(-1)$

(ⅱ) $-1 < a$ のとき

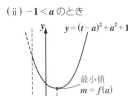

$y = (t - a)^2 + a^2 + 1$

最小値 $m = f(a)$

演習問題 22　　難易度 ★★★　　CHECK 1　　CHECK 2　　CHECK 3

2 次関数 $y = x^2 - 2ax + 2a^2$ $(0 \leqq x \leqq 2)$ $(a:定数)$ とする。

(1) この関数の最小値 m を求めよ。

(2) この関数の最大値 M が 4 となるとき，a の値を求めよ。

(宇都宮大)

レクチャー $y = (x - a)^2$ $+ a^2$ $(0 \leqq x \leqq 2)$ より，"カニ歩き＆場合分け"だね。

(1) の最小値 m を求める問題では，(ⅰ)$a \leqq 0$，(ⅱ)$0 < a \leqq 2$，(ⅲ)$2 < a$ の 3 通りの場合分けが必要だ。

(2) の最大値 M の問題では，(ⅰ)$a \leqq 1$，(ⅱ)$1 < a$ の 2 通りの場合分けでいい。a が $0 \leqq x \leqq 2$ の範囲内かどうかは問題じゃないんだね。その区間の中点の $x = 1$ との大小関係が問題なんだよ。

(1) 最小値 m について

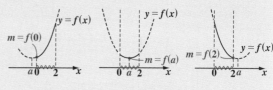

(ⅰ) $a \leqq 0$　　(ⅱ) $0 < a \leqq 2$　　(ⅲ) $2 < a$

(2) 最大値 M について

(ⅰ) $a \leqq 1$

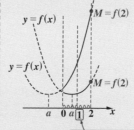

(ⅱ) $1 < a$

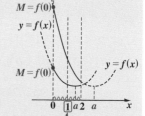

a が，1 より小さいか，大きいかが大事なんだ。

解答 & 解説

$y = f(x) = x^2 - 2ax + 2a^2$ $(0 \leqq x \leqq 2)$ とおく。

$y = f(x) = (x^2 \underline{- 2ax} + \underline{a^2}) + 2a^2 \underline{- a^2}$

　　　　　　2 で割って 2 乗

　　　　$= (x - a)^2 + a^2$ $(0 \leqq x \leqq 2)$

[頂点 (a, a^2)，軸 $x = a$ の下に凸の放物線]

(1) $0 \leqq x \leqq 2$ における関数 $y = f(x)$ の最小値を m とおくと，

ココがポイント

⇦ $y = f(x)$ はカニ歩きする！

（ⅰ） $a \leqq 0$ のとき，

最小値 $m = f(0) = (0-a)^2 + a^2 = 2a^2$

（ⅱ） $0 < a \leqq 2$ のとき，

最小値 $m = f(a) = (a-a)^2 + a^2 = a^2$

（ⅲ） $2 < a$ のとき，

最小値 $m = f(2) = (2-a)^2 + a^2$

$$= 2a^2 - 4a + 4$$

以上（ⅰ）（ⅱ）（ⅲ）より，最小値 m は，

$$m = \begin{cases} 2a^2 & (a \leqq 0 \text{ のとき}) \\ a^2 & (0 < a \leqq 2 \text{ のとき}) \\ 2a^2 - 4a + 4 & (2 < a \text{ のとき}) \end{cases} \quad \cdots\cdots(答)$$

（2）最大値 M については，2 通りの場合を考えれば

いい。

（ⅰ） $a \leqq 1$ のとき，

$M = f(2) = (2-a)^2 + a^2 = 2a^2 - 4a + 4$

ここで，$M = 4$ のとき，

$2a^2 - 4a + 4 = 4 \qquad 2a^2 - 4a = 0$

$a^2 - 2a = 0 \qquad a(a-2) = 0$

$\therefore a = 0 \quad (\because a \leqq 1)$

（ⅱ） $1 < a$ のとき，

$M = f(0) = (0-a)^2 + a^2 = 2a^2$

ここで，$M = 4$ のとき，

$2a^2 = 4, \ a^2 = 2$

$\therefore a = \sqrt{2} \quad (\because a > 1)$

以上（ⅰ）（ⅱ）より，最大値 $M = 4$ となるときの

a の値は，

$a = 0$，または，$\sqrt{2}$ $\cdots\cdots\cdots\cdots\cdots\cdots$(答)

境界では，いずれの状態
でもあるからなんだ！

⇦ 等号をすべてつけて
（$a \leqq 0$ のとき）
（$0 \leqq a \leqq 2$ のとき）
（$2 \leqq a$ のとき）
としてもいいんだよ。

また，
（$a < 0$ のとき）
（$0 \leqq a < 2$ のとき）
（$2 \leqq a$ のとき）
としてもいい。

⇦ $a \leqq 1$ より，$a \neq 2$ だね。

⇦ $a > 1$ より，$a \neq -\sqrt{2}$ だ！

§4. 判別式 D は，2次関数の問題を解く鍵だ！

● D の符号で，2次関数はエレベータになる？

2次方程式：$ax^2 + bx + c = 0$ …① $(a \neq 0)$ の左右両辺をそれぞれ y とおいて，分解すると，

$$\begin{cases} y = ax^2 + bx + c & [2次関数] \cdots ② \\ y = 0 & [x軸] \end{cases}$$ となって，この2次関数のグラフと x 軸との交点の x 座標が，①の2次方程式の実数解となるんだね。このような考え方はスゴク大事で，1次方程式のときと同様に2次方程式もヴィジュアルに考えることができるようになる。

"グラフ的に"って意味

これからの解説を簡単化するために，x^2 の係数 a を正とおこう。なぜって？たとえば，$\ominus$ $-3 x^2 + 4x + 1 = 0$ でも，両辺に -1 をかけて，$\oplus$ $3 x^2 - 4x - 1 = 0$ として解いても結果は同じになるから，$a > 0$ としても一般性は失われない。よって，$a > 0$，つまり②を下に凸の放物線として解説する。

さァ，これから，大事な話に入ろう。前回，放物線のカニ歩きの話をしたけれど，今回は，放物線のエレベータの話になる。図7のように，判別式 D が，正，0，負と変化すると，下に凸の放物線は下から上へと動くんだね。なぜって？図8を見てくれ。

図7 放物線のエレベータ

$y = ax^2 + bx + c$ 　$D < 0$

$D = 0$

$D > 0$

上（下）に
まいりま
～す！

①の2次方程式は，

（ⅰ）$D > 0$ のとき，異なる2実数解 α, β をもつ

（ⅱ）$D = 0$ のとき，重解をもつ

（ⅲ）$D < 0$ のとき，実数解をもたない　からだよ。

図8 放物線のエレベータ（たての動き）

（ⅰ）$D > 0$ のとき

$y = ax^2 + bx + c$

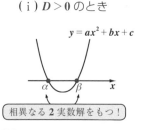

相異なる2実数解をもつ！

（ⅱ）$D = 0$ のとき

$y = ax^2 + bx + c$

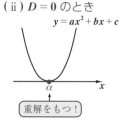

重解をもつ！

（ⅲ）$D < 0$ のとき

$y = ax^2 + bx + c$

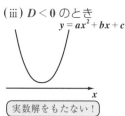

実数解をもたない！

78

この関係は，放物線と x 軸だけでなく，放物線と一般の直線との間でも同様に言える。

$$\begin{cases} \text{放物線} \quad y = ax^2 + bx + c \quad \cdots\cdots\cdots ③ \\ \text{直線} \qquad y = mx + n \qquad \cdots\cdots\cdots ④ \end{cases}$$

③と④から y を消去してできる x の 2 次方程式

$$ax^2 + bx + c = mx + n$$
$$ax^2 + (b - m)x + c - n = 0 \quad \cdots\cdots\cdots ⑤$$

の判別式を D' とおくと，

（ⅰ）$D' > 0$ のとき，③と④は異なる 2 点で交わる。

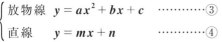
⑤は，異なる 2 実数解をもつ！

（ⅱ）$D' = 0$ のとき，③と④は接する。

⑤は，重解をもつ！

（ⅲ）$D' < 0$ のとき，③と④は共有点をもたない。

⑤は，実数解をもたない！

どう？ 2 次方程式がグラフと連動していることがわかった？

図9 放物線と直線

$y = ax^2 + bx + c$

$D' > 0$
$D' = 0$
$D' < 0$

直線
$y = mx + n$

x

図では，直線が動いているようにかいたけれど，もし直線を固定して考えると，D' の符号によって，放物線がエレベータ運動することになる。

◆例題 11 ◆

放物線 $y = x^2 + ax - 2a - 2$ が，直線 $y = 2x - 2$ と接するように，a の値を定めよ。

解答

$y = x^2 + ax - 2a - 2 \quad \cdots\cdots\cdots ①$　　$y = 2x - 2 \quad \cdots\cdots\cdots ②$

①，②より y を消去して，$x^2 + ax - 2a - 2 = 2x - 2$

$x^2 + (a - 2)x - 2a = 0 \quad \cdots\cdots\cdots ③$

①の放物線と②の直線は接するので，③の x の 2 次方程式は重解をもつ。

よって，判別式 $D = (a - 2)^2 - 4 \cdot 1(-2a) = 0$

$a^2 + 4a + 4 = 0$　　$(a + 2)^2 = 0$　　$\therefore \ a = -2$　　$\cdots\cdots\cdots\cdots\cdots\cdots$（答）

たまたまだけれど，a の 2 次方程式も重解 -2 をもった！

● 2次不等式でも，エレベータが鍵だ！

2次不等式：$ax^2 + bx + c > 0$ や $ax^2 + bx + c \leqq 0$ などを解くためにも，2次方程式：$ax^2 + bx + c = 0$ ………⑥ の解と判別式 D，および2次関数：$y = ax^2 + bx + c$ と x 軸との位置関係が非常に大事になる。ここでも，$a > 0$ としても一般性を失わないので，2次関数は下に凸の場合だけを考えることにする。

(I) $D > 0$ のとき，

    (i) 不等式：$ax^2 + bx + c > 0$ の解は，$\boxed{x < \alpha,\ \beta < x}$ だ！

> ⑥の方程式の異なる2実数解を α, β とおくと，図10-(i)より，2次関数 $y = ax^2 + bx + c$ で，$y > 0$ をみたす x の値の範囲は，$x < \alpha,\ \beta < x$ となる。

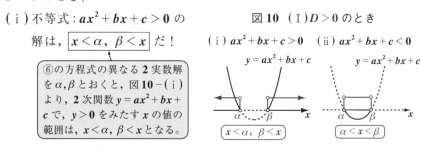

図10 (I) $D > 0$ のとき

(i) $ax^2 + bx + c > 0$ (ii) $ax^2 + bx + c < 0$

$\boxed{x < \alpha,\ \beta < x}$ $\boxed{\alpha < x < \beta}$

    (ii) 不等式：$ax^2 + bx + c < 0$ の解は，$\boxed{\alpha < x < \beta}$ だね。

> これも，図10-(ii)から，$y < 0$ をみたす x の値の範囲は $\alpha < x < \beta$ となるね。

(II) $D = 0$ のとき，

    (i) 不等式：$ax^2 + bx + c > 0$ の解は，$\boxed{x = \alpha \text{ を除くすべて}\\ \text{の実数}}$ だ！

> ⑥の方程式の重解を α とおくと，図11-(i)より，2次関数 $y = ax^2 + bx + c$ で，$y > 0$ をみたす x は，α 以外のすべての実数だね。

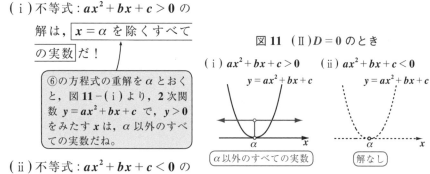

図11 (II) $D = 0$ のとき

(i) $ax^2 + bx + c > 0$ (ii) $ax^2 + bx + c < 0$

$\boxed{\alpha \text{以外のすべての実数}}$ $\boxed{\text{解なし}}$

    (ii) 不等式：$ax^2 + bx + c < 0$ の解は，$\boxed{\text{存在しない}}$ ！

> 図11-(ii)より，$y < 0$ をみたす x なんて存在しないね。

（Ⅲ）$D < 0$ のとき，

　（ⅰ）不等式：$ax^2 + bx + c > 0$ の

　　　解は，$\boxed{\text{すべての実数}}$ だ！

　　　$\boxed{\begin{array}{l}\text{図 12-（ⅰ）より，2 次関数 } y \\ = ax^2 + bx + c \text{ のグラフは，} y \\ > 0 \text{ の範囲にあるので，これ} \\ \text{をみたす } x \text{ はすべての実数だ} \\ \text{ね。}\end{array}}$

　（ⅱ）不等式：$ax^2 + bx + c < 0$ の

　　　解は，$\boxed{\text{存在しない}}$ ね。　$\boxed{\begin{array}{l}\text{図 12-（ⅱ）より，} y < 0 \text{ をみたす} \\ x \text{ なんて存在しないんだね。}\end{array}}$

図 12　（Ⅲ）$D < 0$ のとき

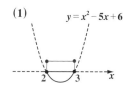

（ⅰ）$ax^2 + bx + c > 0$　（ⅱ）$ax^2 + bx + c < 0$

$y = ax^2 + bx + c$　　　$y = ax^2 + bx + c$

$\boxed{\text{すべての実数}}$　　$\boxed{\text{解なし}}$

◆例題 12◆

次の不等式を解け。

(1) $x^2 - 5x + 6 \leqq 0$　　　　　(2) $x^2 - 4x + 4 \leqq 0$

(3) $3x^2 - 2x + 1 > 0$

$\boxed{\text{解答}}$

(1) $x^2 - 5x + 6 \leqq 0$　　左辺を因数分解して，

　$(x - 2)(x - 3) \leqq 0$　$\therefore 2 \leqq x \leqq 3$　………（答）

(2) $x^2 - 4x + 4 \leqq 0$　　左辺を因数分解して，

　$\underbrace{(x - 2)^2}_{\boxed{0 \text{ 以上}}} \leqq 0$　これをみたす x は，

　　　　　　　　　$x = 2$ だけだ。………（答）

　$\boxed{x = 2 \text{ のとき左辺} = 0}$

(3) 方程式 $3x^2 - 2x + 1 = 0$ の判別式を D とお

　く と，

　$\dfrac{D}{4} = (-1)^2 - 3 \cdot 1 = -2 < 0$

　よって，2 次関数 $y = 3x^2 - 2x + 1$ のグラフ

　はすべて x 軸の上側にある。

　$\therefore 3x^2 - 2x + 1 > 0$ の解は，すべての実数

　　　　　　　　　　　　　　……（答）

(1)

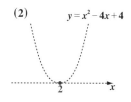

$y = x^2 - 5x + 6$

(2)

$y = x^2 - 4x + 4$

(3)

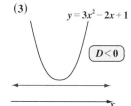

$y = 3x^2 - 2x + 1$

$\boxed{D < 0}$

演習問題 23	難易度 ★★	CHECK 1	CHECK 2	CHECK 3

実数 x, y が, $x^2 + y^2 = 1$ を満たすとき, $2x - y$ の取り得る値の範囲を求めよ。　　　　　　　　　　　　　　　　　　　（明治大 *）

ヒント！ $2x - y = k$ とおいて, k の取り得る値の範囲を求めればいいんだね。そのためには, $y = 2x - k$ と変形して, これを $x^2 + y^2 = 1$ に代入すると, x の 2 次方程式が導ける。x は実数なので, この x の 2 次方程式は実数解を持たなければいけない。これから k の範囲が求まるんだね。

解答 & 解説

ココがポイント

実数 x, y が, $x^2 + y^2 = 1$ ……①をみたすとき,

⇦①, ②より y を消去して, x の 2 次方程式にもち込む。

$2x - y = k$ ……②とおいて, k の取り得る値の範囲を求める。

②より, $y = 2x - k$ ……②´

②´を①に代入して y を消去すると,

$$x^2 + \underbrace{(2x - k)^2}_{4x^2 - 4kx + k^2} = 1$$

$$\underset{a}{5x^2} - \underset{2b´}{4kx} + \underset{c}{k^2 - 1} = 0 \quad ……③ \quad となる。$$

⇦ x の 2 次方程式
$ax^2 + 2b´x + c = 0$
が導けた。x は実数より, 当然この x の 2 次方程式は実数解を持たなければいけないね。

ここで x は実数より, この x の 2 次方程式③は実数解をもつ。

よって, この判別式を D とおくと,

$$\frac{D}{4} = (-2k)^2 - 5(k^2 - 1) \geqq 0 \quad \boxed{\frac{D}{4} = b´^2 - ac \geqq 0}$$

$$\therefore 4k^2 - 5k^2 + 5 \geqq 0 \qquad k^2 - 5 \leqq 0$$

$$(k + \sqrt{5})(k - \sqrt{5}) \leqq 0$$

$\therefore k$, すなわち $2x - y$ の取り得る値の範囲は,

$$-\sqrt{5} \leqq 2x - y \leqq \sqrt{5} \quad ……………………(答)$$

絶対値の入った放物線と直線の交点

演習問題 24　　難易度 ★★　　CHECK 1　　CHECK 2　　CHECK 3

関数 $f(x) = |x^2 - 3x| + x$ について，

(1) $y = f(x)$ のグラフの概形をかけ。

(2) $y = f(x)$ と $y = x + k$ のグラフが異なる **4** 点で交わるための k の値の範囲を求めよ。　　　　　　　　　　　　　　　　　　　（北海道薬大）

ヒント！　**(1)** 絶対値記号内の $x^2 - 3x$ が，（ i ）**0** 以上，（ ii ）**0** より小さい，の **2** つに場合分けだ。**(2)** はグラフから条件が出せる。

解答＆解説

(1)（ i ）$x \leqq 0$，$3 \leqq x$ のとき，$[\,x^2 - 3x \geqq 0$ のとき $]$

$\overbrace{}^{\text{0 以上}}$

$$y = f(x) = x^2 - 3x + x = x^2 - 2x$$
$$= (x-1)^2 - 1 \quad \boxed{\text{頂点 }(1,\,-1),\text{ 下に凸の放物線だ！}}$$

（ ii ）$0 < x < 3$ のとき，$[\,x^2 - 3x < 0$ のとき $]$

$$y = f(x) = -(x^2 - 3x) + x = -x^2 + 4x$$
$$= -(x-2)^2 + 4 \quad \boxed{\text{頂点 }(2,\,4),\text{ 上に凸の放物線だ！}}$$

以上（ i ）（ ii ）より，求める $y = f(x)$ のグラフの概形を右の**図 1** に示す。…………………………（答）

(2) $y = f(x)$ と直線 $y = x + k$ が異なる **4** 点で交わる条件は，**図 2** から明らかに，$0 < k < \underline{\underline{\alpha}}$

ここで，α は $y = -x^2 + 4x$ …① と $y = x + k$ …②

が接するときの k の値である。

①，②より y を消去して，

$$-x^2 + 4x = x + k \quad \therefore x^2 - 3x + k = 0 \cdots ③$$

③の判別式を D とおくと，$D = \boxed{(-3)^2 - 4k = 0}$

$\therefore \alpha$ の値は，$\alpha = k = \dfrac{9}{4}$ となる。

$\therefore$ 求める k の値の範囲は，$0 < k < \dfrac{9}{4}$　……（答）

ココがポイント

$\Leftarrow$（ i ）$x^2 - 3x \geqq 0$ のとき，
　　$x(x-3) \geqq 0$
　　$\therefore x \leqq 0,\ 3 \leqq x$
（ ii ）$x^2 - 3x < 0$ のとき，
　　$x(x-3) < 0$
　　$\therefore 0 < x < 3$

図1
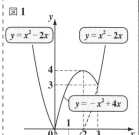

図2
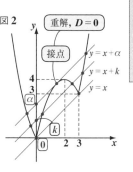

n を整数とする。x の 2 次方程式 $x^2 + 2nx + 2n^2 + 4n - 16 = 0$ ……①

が整数解をもつような整数 n をすべて求めよ。　　　　　（金沢工大 ＊）

ヒント！ まず，①の x の 2 次方程式が実数解をもつ条件 $\dfrac{D}{4} \geqq 0$ から，整数 n

の取り得る値の範囲を求め，その内，$\dfrac{D}{4}$ が平方数となる整数の値を求めればい

いんだね。頑張ろう！

解答＆解説

① の判別式を D とおくと，

$$\frac{D}{4} = n^2 - (2n^2 + 4n - 16) = -n^2 - 4n + 16$$

よって，① が実数解をもつ条件は，

$$\frac{D}{4} = -(n^2 + 4n - 16) \geqq 0 \text{ より，} n^2 + 4n - 16 \leqq 0$$

これから，$\underbrace{-2 - 2\sqrt{5}}_{-6.4} \leqq n \leqq \underbrace{-2 + 2\sqrt{5}}_{2.4}$ ← $\boxed{\because \sqrt{5} \fallingdotseq 2.2}$

よって，① が実数解をもつときの n は，

$n = -6, -5, -4, -3, -2, -1, 0, 1, 2$ の9通りとなる。

ここで，① の実数解 x は

$x = \underbrace{-n}_{\text{整数}} \pm \sqrt{\dfrac{D}{4}}$ より，$\boxed{\dfrac{D}{4} = -(n+2)^2 + 20}$ が

$\boxed{\text{これが平方数ならば，}x \text{ は整数解となる。}}$

平方数であれば，① は整数解をもつ。ここで，

・$n = -6, 2$ のとき，$\dfrac{D}{4} = -(\pm 4)^2 + 20 = 4(= 2^2)$

・$n = -4, 0$ のとき，$\dfrac{D}{4} = -(\pm 2)^2 + 20 = 16(= 4^2)$

であり，他の場合は平方数でない。

よって，① が整数解をもつような n は，

$n = -6, -4, 0, 2$ である。…………………………(答)

ココがポイント

⇦ まず，①が実数解をもつ
条件から調べる。

⇦ $n^2 + 4n - 16 = 0$ の解は，
$n = -2 \pm \sqrt{2^2 + 16}$
$= -2 \pm \sqrt{20}$
$= -2 \pm \underbrace{2\sqrt{5}}_{2.2}$

⇦ $ax^2 + 2b'x + c = 0$ の解

$x = \dfrac{-b' \pm \sqrt{\dfrac{D}{4}}}{a}$

だからね。

⇦ $n = -5, 1$ のとき，
$\dfrac{D}{4} = 11$
$n = -3, -1$ のとき，
$\dfrac{D}{4} = 19$
$n = -2$ のとき，
$\dfrac{D}{4} = 20$
これらは，平方数ではな
い。

連立2次不等式が1個の自然数解をもつための条件

演習問題 26 　難易度 ★★★　　CHECK1　　CHECK2　　CHECK3

x の2つの2次不等式:

$$2x^2 - 9x + 4 > 0 \quad \cdots\cdots ① , \qquad x^2 - (k+5)x + 2k + 6 < 0 \quad \cdots\cdots ②$$

を同時にみたす自然数 x がただ1つであるとき，実数 k のとり得る値の範囲を求めよ。　　　　　　　　　　　　　　　　　　　　　（東京理科大）

ヒント！　①の不等式はスグ解けるね。これに対して，②の解は，k の値によって2通りに場合分けしないといけない。さらに①と②の共通解の中にただ1つの自然数がある条件を考えるんだよ。

解答＆解説

(i) $2x^2 - 9x + 4 > 0$ 　 $\cdots\cdots ①$ 　より，

$$\begin{array}{cc} 2 & -1 \\ 1 & -4 \end{array}$$ 　← "たすきがけ" による因数分解

$(2x-1)(x-4) > 0$ 　 $\therefore x < \dfrac{1}{2}$ または $4 < x$

(ii) $x^2 - (k+5)x + 2(k+3) < 0$ 　 $\cdots\cdots ②$ 　より，

$(x-2)\{x-(k+3)\} < 0$ 　 | 2 と $k+3$ の大小関係を調べる！

　$2 < k+3$ のとき

(ア) $-1 < k$ のとき，$2 < x < k+3$

　$k+3 < 2$ のとき

(イ) $k < -1$ のとき，$k+3 < x < 2$

　正の整数のこと

ここで，②の解が (イ) のとき，①，②の共通解の中に，自然数 x が含まれることはない。

②の解が (ア) のとき，①と②の共通解は，

$4 < x < k+3$ より，この中に含まれるただ1つ

　これは5より大，6以下だね。

の自然数解は 5 になる。

　・$4 < x < 5$ では5を含まない。
　・$4 < x < 6$ ではただ1つの自然数5を含むね。

$\therefore 5 < k+3 \le 6$ より，

$$2 < k \le 3 \quad \cdots\cdots\cdots\cdots (答)$$

ココがポイント

⇦(i)①の不等式の解

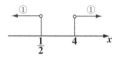

⇦(ii)②の不等式の解

(ア) $2 < k+3$ のとき

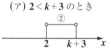

(イ) $k+3 < 2$ のとき

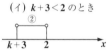

⇦①と②の (イ) の共通解

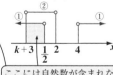

　ここには自然数が含まれない

⇦①と②の (ア) の共通解

　ただ1つの自然数解

85

§5. 2次方程式は"解の範囲"までマスターしよう！

● 解と係数の関係もとても役に立つ！

これから解説する"解と係数の関係"は，数学Ⅱの範囲のものなんだけれど，さまざまな2次方程式の応用問題を解く上で役に立つから，ここでマスターしておこう。では，"解と係数の関係"をまとめて示す。

解と係数の関係

2次方程式：$ax^2 + bx + c = 0$　$(a \neq 0)$　の解が，α，β とする。
このとき，解と係数の関係は

　　　　$\boxed{\alpha と \beta}$　$\boxed{a と b と c}$

$\underline{\underline{\alpha + \beta = -\dfrac{b}{a}}}$，　$\underline{\underline{\alpha\beta = \dfrac{c}{a}}}$　である。

$\boxed{これは，基本対称式だ！}$

2次方程式：$\underline{a}x^2 + \underline{b}x + \underline{c} = 0$　………①　$(a \neq 0)$

の解を α，β とおくと，逆に α と β を解にもち，x^2 の係数が a の方程式は，

$a(x - \alpha)(x - \beta) = 0$　だね。これを展開して，まとめると

$a\{x^2 - (\alpha + \beta)x + \alpha\beta\} = 0$

$\underline{a}x^2 - \underline{a(\alpha + \beta)}x + \underline{a\alpha\beta} = 0$　…………②

①と②は同じ方程式で，しかも x^2 の係数が共に a で等しいので，x の係数と定数項も当然等しくなる。

よって，$b = -a(\alpha + \beta)$，かつ，$c = a\alpha\beta$ だ。

これから，**解と係数の関係**：

$\boxed{\alpha + \beta = -\dfrac{b}{a},\ \alpha\beta = \dfrac{c}{a}}$ が導かれる。大丈夫？

したがって，たとえば，$2x^2 - 3x - 1 = 0$ の解を α，β とおくと，解と係数の関係から，$\alpha + \beta = -\dfrac{-3}{2} = \dfrac{3}{2}$，　$\alpha\beta = \dfrac{-1}{2} = -\dfrac{1}{2}$ となるんだね。

● 分数不等式の解法はこれだ！

分数不等式の解法のパターンも書いておくから，是非頭に入れよう。

■ 分数不等式の解法

(1) $\dfrac{B}{A} > 0 \iff AB > 0$

(2) $\dfrac{B}{A} < 0 \iff AB < 0$

(3) $\dfrac{B}{A} \geqq 0 \iff AB \geqq 0$ かつ $A \neq 0$

(4) $\dfrac{B}{A} \leqq 0 \iff AB \leqq 0$ かつ $A \neq 0$

> (1)〜(4) の分数不等式の両辺に $A^2 (>0)$ をかける。
> 特に，(3)$AB \geqq 0$, (4)$AB \leqq 0$ の場合，$A = 0$ のときも，これらの不等式は成り立つね。
> ところが，元々 A は分母にあったわけだから，当然 $A \neq 0$ としないといけない。

分数不等式の分母 A の正負がわからないときでも，A^2 は常に正だね。よって，たとえば，(1) の $\dfrac{B}{A} > 0$ の両辺に A^2 をかけて，$A^2 \cdot \dfrac{B}{A} > A^2 \cdot 0$ より，$AB > 0$ となる。(2) も同様だ。

(3) の場合も，両辺に A^2 をかけると，同様に $AB \geqq 0$ となるけれど，この場合，$A = 0$ もこの不等式 $AB \geqq 0$ の解に含まれる。ところが，元々 A は分母にあったわけだから，この $A = 0$ は解から除く必要があるんだね。(4) も同様だ！ 納得いった？

それじゃ，次の不等式を解いてみよう。

> これの分母を払って，$x - 1 \leqq 0$ とやっちゃいけないよ。x は負かも知れないからだ！

$\dfrac{x-1}{x} \leqq 0 \qquad$ これを変形して，$x(x-1) \leqq 0$ かつ $x \neq 0$

$\left[\dfrac{B}{A} \leqq 0 \right] \qquad\qquad\qquad \left[A \cdot B \leqq 0 \text{ かつ } A \neq 0 \right]$

よって，この不等式の解は，$\underline{0 < x \leqq 1}$ となるね。

> $0 \leqq x \leqq 1$ から $x = 0$ を除く！

同様に，$\dfrac{x-1}{x+2} \geqq 0$ は，これを変形して $(x+2)(x-1) \geqq 0$ かつ $x \neq -2$

$\therefore x < -2$ または $1 \leqq x$ となるんだね。

● 異なる2実数解の符号は，係数で決まる！

さァ，準備が整ったので，2次方程式 : $ax^2 + bx + c = 0$ $(a \neq 0)$ の相異なる2実数解 α, β の符号の問題に入ろう。

2実数解 α, β の符号の決定

2次方程式 : $ax^2 + bx + c = 0$ $(a \neq 0)$ が相異なる2実数解 α, β をもつとき，(判別式を D とおく。)

(I) α と β が共に正となる条件は，次の3つだ。

  (i) $D = \boxed{b^2 - 4ac > 0}$ ◀── 相異なる2実数解をもつための条件

  (ii) $\alpha + \beta = \boxed{-\dfrac{b}{a} > 0}$

  (iii) $\alpha\beta = \boxed{\dfrac{c}{a} > 0}$

> $D > 0$ の条件下で，α と β が共に正となるための必要十分条件は，
> $\alpha + \beta > 0$ かつ $\alpha\beta > 0$ だ。
> ($\alpha \cdot \beta > 0$ より，α, β は共に正か，共に負のいずれかだ。だけど，$\alpha + \beta > 0$ より，α, β は共に正となる！)

(II) α と β が共に負となる条件は，次の3つだ。

  (i) $D = \boxed{b^2 - 4ac > 0}$ ◀── 相異なる2実数解をもつための条件

  (ii) $\alpha + \beta = \boxed{-\dfrac{b}{a} < 0}$

  (iii) $\alpha\beta = \boxed{\dfrac{c}{a} > 0}$

> $D > 0$ の条件下で，α と β が共に負となるための必要十分条件は，
> $\alpha + \beta < 0$ かつ $\alpha\beta > 0$ だ。
> ($\alpha \cdot \beta > 0$ より，α, β は共に正か，共に負のいずれかだ。だけど，$\alpha + \beta < 0$ より，α, β は共に負となる！)

(III) α と β が異符号となる条件は，次の1つだ。

  (i) $\alpha\beta = \boxed{\dfrac{c}{a} < 0}$

> α, β の一方が正で，他方が負より当然 $\alpha \cdot \beta < 0$ となる。
> ここで，判別式 $D > 0$ は，いわなくてもいいんだ！

解と係数の関係から，$\alpha + \beta = -\dfrac{b}{a}$, $\alpha\beta = \dfrac{c}{a}$ とおけるのはいいね。ここで，(III) の α と β が異符号のとき，判別式 $D > 0$ を言わなくてもいいのはわかる？ エッ，わからない？ いいよ，これから説明しよう。

$\alpha\beta = \boxed{\dfrac{c}{a} < 0}$ より，分数不等式の解法パターンから，$ac < 0$ だね。

よって，$D = \underline{b^2 - 4ac}$ は，$\underline{b^2 \geqq 0}$ かつ $\underline{(-4)(ac)} > 0$ だから，自動的に

$D = (\underline{0 \text{ 以上の数}}) + (\underline{\text{正の数}}) > 0$ となっちゃうんだね。よって，

$\dfrac{c}{a} < 0$ を言えば，$D > 0$ は言う必要はないんだよ。納得いった？

◆ 例題 13 ◆

2 次方程式 $x^2 - 2px + p + 6 = 0$ が異なる 2 つの負の実数解をもつとき，実数 p の値の範囲を求めよ。 　　　　　　（鳥取大 ＊）

解答

2 次方程式 $\boxed{1} \cdot x^2 \overbrace{- 2px}^{2b'} + \overbrace{(p+6)}^{c} = 0$ ……① が異なる 2 つの負の実数解 α，β をもつための条件は，次の 3 つだね。

$\boxed{\dfrac{D}{4} = b'^2 - ac}$

（ⅰ）判別式 $\dfrac{D}{4} = (-p)^2 - 1 \cdot (p+6) > 0$ 　　これをまとめて，

$\quad p^2 - p - 6 > 0 \qquad (p+2)(p-3) > 0$

$\quad \therefore p < -2$ または $3 < p$

（ⅱ）$\alpha + \beta = -\dfrac{-2p}{1} = 2p < 0 \quad \therefore p < 0$

$\boxed{\alpha + \beta = -\dfrac{b}{a}}$

（ⅲ）$\alpha \cdot \beta = \dfrac{p+6}{1} = p + 6 > 0 \quad \therefore p > -6$

$\boxed{\alpha\beta = \dfrac{c}{a}}$

> $D > 0$ のもとで，$\alpha < 0$ かつ $\beta < 0$ となるための必要十分条件は，
> （ⅱ）$\alpha + \beta < 0$ 　かつ
> （ⅲ）$\alpha\beta > 0$ 　だね！

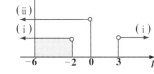

以上（ⅰ）（ⅱ）（ⅲ）より，求める p の値の範囲は

$\quad -6 < p < -2$ 　となる。………………（答）

体系立てて学習してるから，問題を解くのが楽しくなってきただろ？

● 解の範囲の問題はグラフで考えよう！

2次方程式 $ax^2+bx+c=0$ の相異なる2実数解 α, β が，（ⅰ）共に正，（ⅱ）共に負，（ⅲ）異符号の3つ以外にも，解の値に範囲の条件をつけたさまざまな問題が，受験では出題されるんだ。この種の問題を "解の範囲の問題" と呼ぶ。この "解の範囲の問題" を解くためのコツは，2次関数のグラフを利用することなんだ。これをいくつかの例で示そう！

> $a>0$ とおいても，一般性を失わないんだね。

2次方程式： $ax^2+bx+c=0$ ……① $(\underline{a>0})$ の相異なる2実数解を α, β とおく。

> 下に凸の放物線

①を分解して，
$$\begin{cases} y=f(x)=ax^2+bx+c \quad (a>0) \\ y=0 \quad [x \text{ 軸}] \end{cases}$$
とおくと，2次関数 $y=f(x)$ と x 軸との交点の x 座標が解 α, β になるんだね。

[例1] $1<\alpha<\beta$ となるための条件は，

> これで，相異なる2実数解 α, β をもつ

（ⅰ）判別式 $D=\boxed{b^2-4ac>0}$

> 軸 $x=-\dfrac{b}{2a}$ が $x=1$ 以下だと，確実に $\alpha \leqq 1$ となるからマズイね。

（ⅱ）軸 $x=-\dfrac{b}{2a}$ より，$\boxed{-\dfrac{b}{2a}>1}$

> $f(1)\leqq 0$ だと，図13-(2)のように，$y=f(x)$ がビローンと横に広がった形になって，$\alpha \leqq 1$ となる。これもマズイので，$f(1)>0$ だ！

（ⅲ）$f(1)=\boxed{a+b+c>0}$

図13-(1)　$1<\alpha<\beta$ となる条件

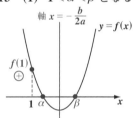

図13-(2)　$f(1)\leqq 0$ だとマズイ！

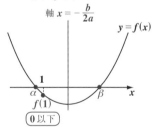

以上（ⅰ）（ⅱ）（ⅲ）をみたせば，必ず，$1<\alpha<\beta$ となるんだね。このようにグラフ的に考えて条件を出すことが，"解の範囲の問題" の特徴なんだよ。

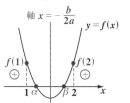

[例2]　$1<\alpha<\beta<2$ となるための条件では，
（ⅰ）～（ⅲ）は，[例1] とほぼ同じだ。
これに，$\beta<2$ となるように，（ⅳ）$f(2)$
>0 の条件がもう1つ加わるんだね。

図14　$1<\alpha<\beta<2$ となる条件

（ⅰ）判別式 $D=\boxed{b^2-4ac>0}$

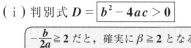
$-\dfrac{b}{2a}\geqq 2$ だと，確実に $\beta\geqq 2$ となるので，
新たに，$-\dfrac{b}{2a}<2$ の条件も必要となる。

（ⅱ）軸 $x=-\dfrac{b}{2a}$ より，$\boxed{1<-\dfrac{b}{2a}<2}$

（ⅲ）$f(1)=\boxed{a+b+c>0}$　　$f(1)\leqq 0$ だと，$\alpha\leqq 1$ となってマズイね。

（ⅳ）$f(2)=\boxed{4a+2b+c>0}$　　$f(2)\leqq 0$ だと，$2\leqq\beta$ となるので新たに $f(2)>0$ の条件も必要となるんだね。

この4条件が答えだ！

[例3]　$1<\alpha<2<\beta<3$ となるための条件は，

（ⅰ）$f(1)=\boxed{a+b+c>0}$

図15　$1<\alpha<2<\beta<3$ となる条件

これがあるから判別式 $D>0$ の条件はいらない。

（ⅱ）$f(2)=\boxed{4a+2b+c<0}$

（ⅲ）$f(3)=\boxed{9a+3b+c>0}$

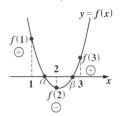

この3条件が必要十分条件なのは大丈夫？

エッ？　$D>0$ の条件がないのはナゼかって？　$D>0$ という条件は，下に凸の放物線 $y=f(x)$ の頂点の y 座標が負であることと同じなんだね。エレベータが下に下がって，x 軸と異なる2点で交わればいいからだ。ここでは，$f(2)<0$ となってるから，当然，$y=f(x)$ の頂点の y 座標は $f(2)$ 以下，つまり負だ。だから，$D>0$ を言う必要はなかったんだ。今度こそ本当に大丈夫だね。

2次方程式の解の符号

演習問題 27	難易度 ★★	CHECK 1	CHECK 2	CHECK 3

2次方程式 $x^2 - 2px + p + 6 = 0$ が異なる2実数解をもつものとする。

(1) 2つの解の符号が異なるとき，p の値の範囲を求めよ。

(2) 2つの解が共に正のとき，p の値の範囲を求めよ。　　　（鳥取大*）

ヒント！ 例題13(P89)の続きの問題だ。異なる2実数解を α，β とおくと，
(1)は，これが異符号となる条件より，$\alpha \cdot \beta < 0$ だけでいい。(2)は，共に正となる条件より，(ⅰ) $D > 0$ (ⅱ) $\alpha + \beta > 0$ (ⅲ) $\alpha \cdot \beta > 0$ の3条件になるんだね。

解答＆解説

$\overset{a}{1} \cdot x^2 \overset{2b'}{(-2p)} \cdot x + \overset{c}{(p+6)} = 0$ ……① の相異なる2実数解を α，β とおく。

(1) α と β が異符号となる条件は，

$\quad$(ⅰ) $\alpha \cdot \beta = p + 6 < 0$

$\quad \therefore$ 求める p の値の範囲は，$p < -6$ ………(答)

(2) α と β が共に正となる条件は，　　$\boxed{b'^2 - ac > 0}$

$\quad$(ⅰ) 判別式 $\dfrac{D}{4} = \boxed{(-p)^2 - 1 \cdot (p+6) > 0}$

$\qquad p^2 - p - 6 > 0 \qquad (p+2)(p-3) > 0$

$\qquad \therefore p < -2$ または $3 < p$

$\quad$(ⅱ) $\alpha + \beta = \boxed{2p > 0}$ ← $\boxed{-\dfrac{b}{a} > 0}$

$\qquad \therefore p > 0$

$\quad$(ⅲ) $\alpha \cdot \beta = \boxed{p + 6 > 0}$ ← $\boxed{\dfrac{c}{a} > 0}$

$\qquad \therefore p > -6$

以上 (ⅰ)(ⅱ)(ⅲ) より，求める p の値の範囲は，

$\quad p > 3$ ……………………………………(答)

ココがポイント

⇦解と係数の関係より，
$\begin{cases} \alpha + \beta = 2p \leftarrow \boxed{-\dfrac{b}{a}} \\ \alpha\beta = p + 6 \leftarrow \boxed{\dfrac{c}{a}} \end{cases}$

⇦α と β が異符号になる条件は
(ⅰ) $\alpha \cdot \beta < 0$ の1つだけだ。

⇦α と β が共に正になる条件は
(ⅰ) $D > 0$
(ⅱ) $\alpha + \beta > 0$
(ⅲ) $\alpha \cdot \beta > 0$
の3つだ。

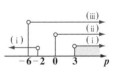

2次方程式の解の範囲（Ⅰ）

x の 2 次方程式 $2x^2 - 2(m-1)x + n - 2 = 0$ ……①

(m, n : 正の整数) が，$0 < x < 2$ の範囲に異なる 2 つの実数解をもつとき，m, n の値を求めよ。　　　　　　　　　　　　（昭和薬科大）

ヒント！ 解の範囲の問題だから，①の左辺 $= f(x)$ とおいて，グラフ的に条件を出すんだね。(ⅰ) 判別式 > 0，(ⅱ) $0 <$ 軸 < 2，(ⅲ) $f(0) > 0$，(ⅳ) $f(2) > 0$ の 4条件から，m, n の値を求めるんだね。

解答＆解説

方程式 $2x^2 - 2(m-1)x + n - 2 = 0$ ……① より，

$$y = f(x) = \underset{a}{\boxed{2}}x^2 \underset{b=2b'}{\boxed{-2(m-1)}}x + \underset{c}{\boxed{n-2}}\ \ とおく。$$

①が $0 < x < 2$ の範囲に異なる 2 実数解をもつので，

(ⅰ) 判別式 $\dfrac{D}{4} = (m-1)^2 - 2(n-2) > 0$ 　$\boxed{b'^2 - ac > 0}$

　　$\therefore (m-1)^2 + 4 > 2n$ ……………………②

(ⅱ) 軸 $x = \dfrac{m-1}{2}$ 　$\boxed{軸 : x = -\dfrac{b}{2a}}$ よって，$0 < \dfrac{m-1}{2} < 2$ より，

　　$\therefore 1 < m < 5$ ……………………………③

(ⅲ) $f(0) = n - 2 > 0$ 　　$\therefore n > 2$ ………………④

(ⅳ) $f(2) = 8 - 4(m-1) + n - 2 > 0$

　　$\therefore n > 4m - 10$ ……………………⑤

③より，$m = 2, 3, 4$ のいずれかである。

（ア）$m = 2$ のとき，②から $n = 1, 2$ 　$\therefore$ ④より不適

（イ）$\underline{m = 3}$ のとき，②から $n = 1, 2, 3$

　　④より，$\underline{n = 3}$ 　　これは，⑤もみたす。

（ウ）$m = 4$ のとき，②から，$n = 1, 2, 3, 4, 5, 6$

　　ところが，⑤より，$n > 6$ となって，不適

以上（ア）（イ）（ウ）より，$\underline{m = n = 3}$ …………（答）

ココがポイント

⇐ 2 次方程式 $f(x) = 0$ が $0 < x < 2$ の範囲に相異なる 2 実数解をもつ条件は，

(ⅰ) $\dfrac{D}{4} > 0$

(ⅱ) 軸 $x = \dfrac{m-1}{2}$ より，

　　$0 < \dfrac{m-1}{2} < 2$

(ⅲ) $f(0) > 0$

(ⅳ) $f(2) > 0$ の 4 つだ。

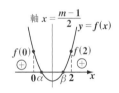

軸 $x = \dfrac{m-1}{2}$ 　$y = f(x)$

⇐ ②より，$n < \dfrac{5}{2}$

⇐ ②より，$n < 4$

⇐ ②より，$n < \dfrac{13}{2}$

演習問題　29　難易度 ★★★　CHECK 1　CHECK 2　CHECK 3

2次方程式 $mx^2 - x - 2 = 0$ ……① が2実数解 α, β をもち, それぞれ次の条件をみたすとき, m の値の範囲を求めよ。

(1) $\alpha < 1 < \beta$　　　　(2) $-1 < \alpha \leq \beta$

ヒント！ 2次方程式といっているから, x^2 の係数 m は当然, $m \neq 0$ だね。ただし, m の正・負はわからないので, ①の両辺をまず m で割って, x^2 の係数を1にすると, 考え易くなるんだね。

解答＆解説

2次方程式： $mx^2 - x - 2 = 0$ ……① ($m \neq 0$)

ここで, $m \neq 0$ より, ①の両辺を m で割って,

$$\underset{a}{\boxed{1}} \cdot x^2 \underset{b}{\boxed{-\dfrac{1}{m}}} x \underset{c}{\boxed{-\dfrac{2}{m}}} = 0 \quad \text{……②} \qquad \text{②を分解して,}$$

$$\begin{cases} y = f(x) = \underset{a}{\boxed{1}} \cdot x^2 \underset{b}{\boxed{-\dfrac{1}{m}}} x \underset{c}{\boxed{-\dfrac{2}{m}}} \\ y = 0 \quad [x \text{ 軸}] \end{cases} \quad \text{とおく。}$$

(1) ①, すなわち②の異なる2実数解 α, β が

$\alpha < 1 < \beta$ をみたすとき,

(i) $f(1) = \boxed{1^2 - \dfrac{1}{m} \cdot 1 - \dfrac{2}{m} < 0}$ ← これで, $D > 0$ を言う必要はない。

$\dfrac{m-3}{m} < 0$ より, $m(m-3) < 0$

∴求める m の値の範囲は, $0 < m < 3$ ……(答)

(2) ①, すなわち②の2実数解 α, β が

$-1 < \alpha \leq \beta$ をみたすとき,

(i) 判別式 $D = \boxed{\left(-\dfrac{1}{m}\right)^2 - 4 \cdot 1 \cdot \left(-\dfrac{2}{m}\right) \geq 0}$

$\underset{b^2 - 4ac \geq 0}{}$

ココがポイント

⇦ 2次方程式といっているから当然 $m \neq 0$ だ。

⇦ x^2 の係数を1としたことで, $y = f(x)$ は, 下に凸の放物線だね。

$\alpha < 1 < \beta$ となるための条件は (i) $f(1) < 0$ だけだね。

⇦ $\dfrac{B}{A} < 0$ より $AB < 0$ だ。

⇦ "異なる" のことばがなく, ただ "2実数解" の場合, 重解を含む。
∴ $D \geq 0$

$$\frac{1}{m^2}+\frac{8}{m}\geqq 0, \quad \frac{8m+1}{m^2}\geqq 0$$

> $m^2>0$ より，この両辺に m^2 をかける！つまり，今回は分母が払える。

$$8m+1\geqq 0 \qquad \therefore m\geqq -\frac{1}{8}$$

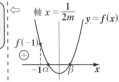

$-1<\alpha\leqq\beta$ となるための条件は，
(i) $D\geqq 0$
(ii) $-1<\dfrac{1}{2m}$
(iii) $f(-1)>0$
の 3 つだ！

(ii) 軸 $x=\dfrac{1}{2m}$ より，$-1<\dfrac{1}{2m}, \quad \dfrac{1}{2m}+1>0$

> $\dfrac{B}{A}>0$ より，$AB>0$ だね。

$$\frac{2m+1}{2m}>0 \quad \text{より，} \quad 2m(2m+1)>0$$

$$m(2m+1)>0 \qquad \therefore m<-\frac{1}{2}, \quad 0<m$$

(iii) $f(-1)=\boxed{(-1)^2-\dfrac{1}{m}\cdot(-1)-\dfrac{2}{m}>0}$

> $\dfrac{B}{A}>0$ より，$AB>0$ だね。

$$\frac{m-1}{m}>0 \text{ より，} \quad m(m-1)>0$$

$$\therefore m<0, \quad 1<m$$

以上 (i)(ii)(iii) より，求める m の値の範囲は，

$$\therefore m>1 \quad \cdots\cdots\cdots\cdots\cdots\cdots\cdots\cdots\cdots\text{(答)}$$

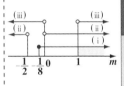

どう？ これで "**解の範囲の問題**" にも自信がついた？ 大いに結構だね。後は，反復練習して，実力を安定させていけば，どんな問題にも対応できるようになっていくと思う。頑張ってくれ。期待している！

1. 2次方程式の解法の3つのパターン

(1) 因数分解型　　**(2)** 解の公式型 (Ⅰ)　　**(3)** 解の公式型 (Ⅱ)

2. 不等式の証明

(1) $A^2 \geqq 0, A^2 + B^2 \geqq 0$　　**(2)** $a + b \geqq 2\sqrt{ab}$　$(a > 0, b > 0)$　など。

3. 2次関数の3つの型

(1) 基本形：$y = ax^2$

(2) 標準形：$y = a(x - p)^2 + q$ ← 頂点：(p, q)，軸：$x = p$

$y = ax^2$ を (p, q) だけ平行移動したもの

(3) 一般形：$y = ax^2 + bx + c$

4. 2次不等式の解

2次方程式 $f(x) = ax^2 + bx + c = 0$　$(\underline{a > 0})$ の判別式を D とおく。

（Ⅰ）$D > 0$ のとき，$f(x) = 0$ は相異なる2実数解 $\alpha, \beta\,(\alpha < \beta)$ をもつ。

　（ⅰ）$f(x) > 0$ の解：$x < \alpha$，$\beta < x$

　（ⅱ）$f(x) < 0$ の解：$\alpha < x < \beta$

（Ⅱ）$D = 0$ のとき，$f(x) = 0$ は重解 α をもつ。

　（ⅰ）$f(x) > 0$ の解：α を除くすべての実数

　（ⅱ）$f(x) < 0$ の解：解なし

（Ⅲ）$D < 0$ のとき，$f(x) = 0$ は実数解をもたない。

　（ⅰ）$f(x) > 0$ の解：すべての実数

　（ⅱ）$f(x) < 0$ の解：解なし

5. 解と係数の関係

2次方程式 $ax^2 + bx + c = 0$　$(a \neq 0)$ の解が α, β のとき，

$$\alpha + \beta = -\frac{b}{a}, \qquad \alpha\beta = \frac{c}{a}$$

6. 分数不等式の解法

(1) $\dfrac{B}{A} > 0 \iff AB > 0$　　**(2)** $\dfrac{B}{A} < 0 \iff AB < 0$　など

図形と計量
（三角比）

- ▶ 三角比の定義と基本公式

- ▶ 三角方程式・不等式

- ▶ 正弦定理・余弦定理，三角形の面積

- ▶ 空間図形の計量

講義④ 図形と計量（三角比）

　それでは，これから"**図形と計量（三角比）**"の講義に入ろう。**2**次関数と違って，三角比は高校で初めて登場する分野で，**sin, cos, tan**など見慣れない記号も出てくるから，難しいと感じるかも知れないね。でも，これまで同様，初めからわかりやすく解説していくから心配はいらない。そして，最終的には，かなりの応用問題もこなせるレベルまで，導いていくつもりだ。それでは，ここで勉強する主要テーマを下に書いておこう。

・三角比の基本　（三角比の定義，基本公式，$\sin(\theta + 90°)$などの変形）
・三角比の応用　（三角方程式・不等式）
・三角比と図形　（正弦定理，余弦定理）
・空間図形の計量　（相似な図形，立体の体積）

§1. 三角比も基本をマスターすれば，応用は早い！

● 三角比って，基本的には直角三角形の辺の比だ！

　"**三角比**"（$\sin\theta$, $\cos\theta$, $\tan\theta$）は，$\underline{0° < \theta < 90°}$のとき，次のように直角三角形の辺の比で，定義されるんだ。 このθを，"**鋭角**"という。

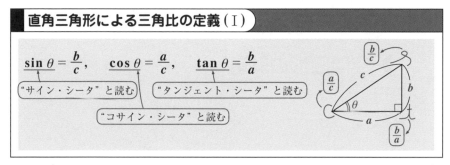

直角三角形による三角比の定義（Ⅰ）

$$\underline{\sin\theta = \frac{b}{c}}, \quad \cos\theta = \frac{a}{c}, \quad \tan\theta = \frac{b}{a}$$

"サイン・シータ"と読む　　"タンジェント・シータ"と読む

"コサイン・シータ"と読む

　この覚え方として，**sin, cos, tan** の頭文字 **s, c, t** の筆記体 $\mathcal{S}$, $\mathcal{C}$, $\mathcal{t}$ を書く要領で，辺の比を取ればいいのがわかるね。

98

また，この三角形の辺が，$2a$, $2b$, $2c$ と2倍の大きさになったとしても，たとえば，$\sin\theta = \dfrac{2b}{2c} = \dfrac{b}{c}$ となって，三角比の値に影響しないのがわかるね。

三角比はサイズと無関係！

つまり，相似な直角三角形であれば，三角形の大きさに関係なく，それぞれの三角比の値が決まることを忘れないでくれ。

　特に，$\theta = 30°$, $45°$, $60°$ のときの各三角比の値は絶対に覚えよう！

絶対暗記の三角比

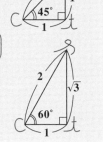

(Ⅰ) $\theta = 30°$ のとき，

$$\sin 30° = \frac{1}{2}, \quad \cos 30° = \frac{\sqrt{3}}{2}, \quad \tan 30° = \frac{1}{\sqrt{3}}$$

(Ⅱ) $\theta = 45°$ のとき，

$\frac{1}{1}$ のこと

$$\sin 45° = \frac{1}{\sqrt{2}}, \quad \cos 45° = \frac{1}{\sqrt{2}}, \quad \tan 45° = 1$$

(Ⅲ) $\theta = 60°$ のとき，

$\frac{\sqrt{3}}{1}$ のこと

$$\sin 60° = \frac{\sqrt{3}}{2}, \quad \cos 60° = \frac{1}{2}, \quad \tan 60° = \sqrt{3}$$

● 三角比は，拡張して定義できる！

　これまでの直角三角形で三角比を定義する場合，角度 θ が $0° < \theta < 90°$ の範囲に限定されてしまうんだね。これに対して，半径 r の半円を利用することにより，この角度 θ を，$0° \leqq \theta \leqq 180°$ まで拡張して，三角比を定義することができる。

　さらに，三角比というのは，図形の大きさとは無関係なので，半径 r を 1 として（単位円で）定義してもいいんだね。これもまとめて書いておく。

■ 半径 r の半円による三角比の定義（Ⅱ）

半径 r の半円により，三角比を次のように定義する。

$$\sin\theta = \frac{y}{r}, \qquad \cos\theta = \frac{x}{r}, \qquad \tan\theta = \frac{y}{x}$$

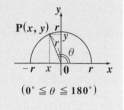

（0°≦ θ ≦180°）

（ⅰ）$0° < \theta < 90°$（θ が鋭角）のとき，定義（Ⅰ）と同じだね
（ⅱ）$90° < \theta < 180°$（θ が鈍角）のとき，半径 r は常に正で，$x < 0$，$y > 0$ だから，

$$\sin\theta = \frac{\oplus}{\oplus} > 0, \quad \cos\theta = \frac{\ominus}{\oplus} < 0, \quad \tan\theta = \frac{\oplus}{\ominus} < 0 \ \text{だ！}$$

特に，この半径 r が 1 のとき，半径 1 の円周上の点の y 座標が $\sin\theta$，x 座標が $\cos\theta$ となる。最もシンプルな定義なんだね。

■ 半径 1 の半円による三角比の定義（Ⅲ）

半径 1 の半円により，三角比を次のように定義する。

$$\sin\theta = y, \qquad \cos\theta = x, \qquad \tan\theta = \frac{y}{x}$$

$\dfrac{y}{1}$ のこと　　　$\dfrac{x}{1}$ のこと

これから，$0° \leqq \theta \leqq 180°$ のとき $0 \leqq \sin\theta \leqq 1$，$-1 \leqq \cos\theta \leqq 1$ がわかる！

これから，（ⅰ）$\theta = 0°$ のとき，$x = 1$，$y = 0$ より，$\sin 0° = \boxed{0}^{\,y}$，$\cos 0° = \boxed{1}^{\,x}$，$\tan 0° = 0$，（ⅱ）$\theta = 90°$ のとき，$x = 0$，$y = 1$ より，$\sin 90° = \boxed{1}^{\,y}$，$\cos 90° = \boxed{0}^{\,x}$，$\tan 90°$ は，分母が $x = 0$ となるので定義できない。（ⅲ）$\theta = 180°$ のとき，$x = -1$，$y = 0$ より，$\sin 180° = \boxed{0}^{\,y}$，$\cos 180° = \boxed{-1}^{\,x}$，$\tan 180° = 0$ だね。

また，sin，cos，tan を s，c，t とおいて，第 1，2 象限におけるそれぞれの符号を図 1 に示しておく。

図1 三角比の符号

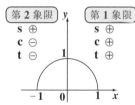

第2象限
s ⊕
c ⊖
t ⊖

第1象限
s ⊕
c ⊕
t ⊕

以上より，$0° \leqq \theta \leqq 180°$ における sin，cos，tan の値で，絶対覚えておかないといけないものを，下に表としてまとめて示す。

三角比の値の表 ($0° \leqq \theta \leqq 180°$)

問題を解くのに絶対必要な数値だ！覚えよう！

θ	$0°$	$30°$	$45°$	$60°$	$90°$	$120°$	$135°$	$150°$	$180°$
sin	0	$\dfrac{1}{2}$	$\dfrac{1}{\sqrt{2}}$	$\dfrac{\sqrt{3}}{2}$	1	$\dfrac{\sqrt{3}}{2}$	$\dfrac{1}{\sqrt{2}}$	$\dfrac{1}{2}$	0
cos	1	$\dfrac{\sqrt{3}}{2}$	$\dfrac{1}{\sqrt{2}}$	$\dfrac{1}{2}$	0	$-\dfrac{1}{2}$	$-\dfrac{1}{\sqrt{2}}$	$-\dfrac{\sqrt{3}}{2}$	-1
tan	0	$\dfrac{1}{\sqrt{3}}$	1	$\sqrt{3}$		$-\sqrt{3}$	-1	$-\dfrac{1}{\sqrt{3}}$	0

cos，tan の ⊕ ⊖ が違うだけ。
ペアで覚えよう！

半径 1 の半円による定義 (Ⅲ) から，次の重要な 3 つの三角比の基本公式が導かれるのもわかるね。

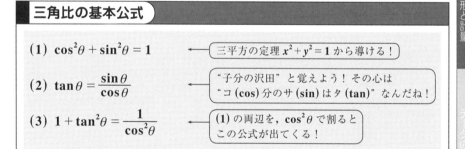

三角比の基本公式

(1) $\cos^2\theta + \sin^2\theta = 1$ ← 三平方の定理 $x^2 + y^2 = 1$ から導ける！

(2) $\tan\theta = \dfrac{\sin\theta}{\cos\theta}$ → "子分の沢田" と覚えよう！その心は "コ (cos) 分のサ (sin) はタ (tan)" なんだね！

(3) $1 + \tan^2\theta = \dfrac{1}{\cos^2\theta}$ ← (1) の両辺を，$\cos^2\theta$ で割るとこの公式が出てくる！

図 2 より，直角三角形に三平方の定理を使って，$x^2 + y^2 = 1$ だね。これに $x = \cos\theta$，$y = \sin\theta$ を代入したものが，(1) の公式だ。次，(2) は，$\tan\theta = \dfrac{y}{x}$ に $x = \cos\theta$，$y = \sin\theta$ を代入したものだ。(3) は，(1) の公式

の両辺を $\boxed{\cos^2\theta}$ で割れば，導けるだろう。

$\overbrace{(\cos\theta)^2 \text{ のこと}}$

$$\frac{\cos^2\theta + \sin^2\theta}{\cos^2\theta} = \frac{1}{\cos^2\theta}$$

$\overbrace{\tan^2\theta \text{ のこと}}$

$$1 + \left(\boxed{\left(\frac{\sin\theta}{\cos\theta}\right)^2}\right) = \frac{1}{\cos^2\theta} \qquad \text{となる。}$$

図2 三角比の基本公式

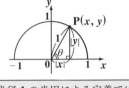

半径 **1** の半円による定義では
$\cos\theta = x,\ \sin\theta = y$ だ！

(1) の公式：$\cos^2\theta + \sin^2\theta = 1$ を $\sin^2\theta$ で割ると，(3) と同様に，公式：$\dfrac{1}{\tan^2\theta} + 1 = \dfrac{1}{\sin^2\theta}$ が導かれることも，自分で確認しておくといい。

● **$\sin(\theta + 90°)$ などの変形にはコツがある！**

　教科書や，一般の参考書で，$\sin(\theta + 90°)$ や $\cos(180° - \theta)$ などの変形の公式が沢山でてくるだろう。エッ，公式だらけでウンザリしてるって？大丈夫。簡単に変形できる方法をこれから教えるからね。

　まず，これらの変形は，(Ⅰ) 180°の関係したもの，と (Ⅱ) 90°の関係したものの 2 つに分類して考えるんだ。

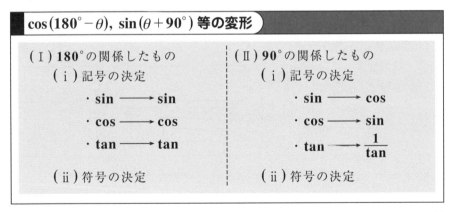

　これだけじゃ，意味がサッパリわからないって？　いいよ。これから例題で示すので，完璧にマスターできるはずだ。

例題 (Ⅰ) 180°の関係したもの

まず, (1) $\cos(180° - \theta)$ を変形しよう。

180°が関係してるので,

（ⅰ）記号の決定: $\cos \rightarrow \cos$ より,

$\cos(180° - \theta) = \bigcirc \cos \theta$ とできる。 ← 0°< θ < 90° のこと

← 90°< θ < 180° の角 θ は鈍角という。

（ⅱ）符号の決定:次に, θ は鋭角ならばなんでもいいんだけど, 便宜上 ボクはこれをいつも 30° と考えることにしている。そうして, 左辺 の $\cos(180° - \theta)$ の符号を調べ, これが $\oplus$ ならば右辺の $\cos \theta$ はそのままに, これが $\ominus$ ならば $-\cos \theta$ と, $-$ をつけるんだ。

図3より, $\cos(180° - \theta) = \cos(180° - 30°) = \cos 150°$ は $\ominus$ より, $\cos(180° - \theta) = -\cos \theta$ と変形して, 完成だ!

同様に, sin 150°>0 より sin θ の符号は $\oplus$ tan 150°<0 より tan θ の符号は $\ominus$

(2) $\sin(180° - \theta) = \sin \theta$ (3) $\tan(180° - \theta) = -\tan \theta$ となる。

図3 $\cos(180° - \theta)$ 等の変形

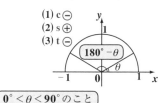

(1) c $\ominus$
(2) s $\oplus$
(3) t $\ominus$

例題 (Ⅱ) 90°の関係したもの

まず, (4) $\sin(\theta + 90°)$ を変形しよう。

90°が関係しているので,

（ⅰ）記号の決定: $\sin \rightarrow \cos$ より,

この符号はこの後決める!

$\sin(\theta + 90°) = \bigcirc \cos \theta$ とする。

（ⅱ）符号の決定: θ を 30° と考えて,

$\sin(\theta + 90°) = \sin(30° + 90°) = \sin 120° > 0$ より, 右辺の $\cos \theta$ はそのまま, よって, $\sin(\theta + 90°) = \cos \theta$ と変形できる。

同様に,  cos 60°>0 より sin θ の符号は $\oplus$ 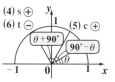 tan 120°<0 より $\frac{1}{\tan \theta}$ の符号は $\ominus$

(5) $\cos(90° - \theta) = \sin \theta$ (6) $\tan(90° + \theta) = -\frac{1}{\tan \theta}$ だ!大丈夫?

図4 $\sin(\theta + 90°)$ 等の変形

(4) s $\oplus$
(6) t $\ominus$ (5) c $\oplus$

三角比の値

(1) $\tan\theta = \dfrac{\sqrt{15}}{3}$ $(0° < \theta < 90°)$ のとき，$\sin(90° - \theta)$ の値を求めよ。

(2) $\cos^2\theta = \sin\theta$ ……① のとき，$\dfrac{1}{1+\cos\theta} + \dfrac{1}{1-\cos\theta}$ の値を求めよ。

（甲南大）

ヒント！　(1) $\sin(90° - \theta) = \cos\theta$ より，$1 + \tan^2\theta = \dfrac{1}{\cos^2\theta}$ の公式を利用すればいい。(2) $\cos^2\theta = 1 - \sin^2\theta$ から，まず $\sin\theta$ の値を求めればいいんだね。頑張ろう！

解答＆解説

(1) 公式：$1 + \tan^2\theta = \dfrac{1}{\cos^2\theta}$ に，$\tan\theta = \dfrac{\sqrt{15}}{3}$ を代入して

$1 + \dfrac{5}{3} = \dfrac{8}{3} = \dfrac{1}{\cos^2\theta}$ 　　$\cos^2\theta = \dfrac{3}{8}$

ここで，$0° < \theta < 90°$ より，$\cos\theta = \sqrt{\dfrac{3}{8}} = \dfrac{\sqrt{6}}{4}$

よって，求める $\sin(90° - \theta) = \cos\theta$ は，

$\sin(90° - \theta) = \cos\theta = \dfrac{\sqrt{6}}{4}$ ………………(答)

(2) $\cos^2\theta = 1 - \sin^2\theta$ ◀──$\boxed{公式\ \sin^2\theta + \cos^2\theta = 1}$

これを $\cos^2\theta = \sin\theta$ …① に代入して，

$1 - \sin^2\theta = \sin\theta$ 　　$\sin^2\theta + \sin\theta - 1 = 0$

これを解いて，$\sin\theta = \dfrac{-1 + \sqrt{5}}{2}$ …② $(\sin\theta \geq 0)$

よって，与式の値を求めると，

$\dfrac{1}{1+\cos\theta} + \dfrac{1}{1-\cos\theta} = \dfrac{1 - \cos\theta + 1 + \cos\theta}{(1+\cos\theta)(1-\cos\theta)}$

$= \dfrac{2}{1 - \cos^2\theta} = \dfrac{2}{1 - \sin\theta} = \dfrac{2}{1 - \dfrac{-1+\sqrt{5}}{2}}$

$\boxed{\sin\theta\ (①より)}$

$= \dfrac{4}{3 - \sqrt{5}} = \dfrac{4(3+\sqrt{5})}{3^2 - 5} = 3 + \sqrt{5}$ …………(答)

ココがポイント

⇦ $\tan^2\theta = \dfrac{15}{9} = \dfrac{5}{3}$

⇦ $0° < \theta < 90°$ より $\cos\theta > 0$

⇦ (ⅰ) $90°$ が関係しているので，$\sin \longrightarrow \cos$
(ⅱ) $\theta = 30°$ とみて，$\sin(90° - 30°) > 0$
∴符号は正

⇦ $\sin\theta = t$ とおくと $t^2 + t - 1 = 0$
$t = \dfrac{-1 \pm \sqrt{1^2 + 4}}{2}$ だけど，
$t = \sin\theta = \cos^2\theta \geq 0$ より，
$t = \sin\theta = \dfrac{-1 \pm \sqrt{5}}{2}$ だね。

⇦ $\cos^2\theta = \sin\theta$ …①，
$\sin\theta = \dfrac{-1+\sqrt{5}}{2}$ …②より

⇦ 分子・分母に $3 + \sqrt{5}$ をかけた。

104

公式 $\cos^2\theta + \sin^2\theta = 1$ と $\sqrt{A^2} = |A|$

演習問題 31 　難易度 ★★ 　CHECK1　CHECK2　CHECK3

$x = 2\sin\theta\cos\theta$ 　$(0° < \theta < 90°)$ のとき，
式 $\sqrt{1+x} + \sqrt{1-x}$ を簡単にせよ。

ヒント！ $\sin^2\theta + \cos^2\theta = 1$ より $1 + x = \sin^2\theta + \cos^2\theta + 2\sin\theta\cos\theta = (\sin\theta + \cos\theta)^2$ と表せる。$1 - x$ も同様だ。後は，公式 $\sqrt{A^2} = |A|$ を使って解くんだね。中級問題だ。ズバリ解いてくれ！

解答＆解説

$x = 2\sin\theta\cos\theta$ ……① 　$(0° < \theta < 90°)$ より，

(i) $\underline{1} + x = \underline{\sin^2\theta + \cos^2\theta} + 2\sin\theta\cos\theta$

　　　$= \sin^2\theta + 2\sin\theta\cos\theta + \cos^2\theta$

　　　$= \underline{(\sin\theta + \cos\theta)^2}$

(ii) $\underline{1} - x = \underline{\sin^2\theta + \cos^2\theta} - 2\sin\theta\cos\theta$

　　　$= \sin^2\theta - 2\sin\theta\cos\theta + \cos^2\theta$

　　　$= \underline{(\sin\theta - \cos\theta)^2}$

以上 (i)(ii) より，

　与式 $= \sqrt{\underline{1+x}} + \sqrt{\underline{1-x}}$

　　　$= \sqrt{\underline{(\sin\theta + \cos\theta)^2}} + \sqrt{\underline{(\sin\theta - \cos\theta)^2}}$

　　　$= |\underset{\oplus}{\sin\theta} + \underset{\oplus}{\cos\theta}| + |\sin\theta - \cos\theta|$

　【絶対値記号がはずせた！】　【$\sin\theta$ と $\cos\theta$ の大小をチェックする！】

　　　$= \underline{\sin\theta + \cos\theta} + |\sin\theta - \cos\theta|$

ここで，$\begin{cases} (i)\ 0° < \theta \le 45° \text{のとき，} \sin\theta \le \cos\theta \\ \qquad\qquad\qquad\qquad\quad \underset{\text{小}}{} \quad \underset{\text{大}}{} \\ (ii)\ 45° < \theta < 90° \text{のとき，} \cos\theta < \sin\theta \\ \qquad\qquad\qquad\qquad\quad \underset{\text{小}}{} \quad \underset{\text{大}}{} \end{cases}$

以上より，

(i) $0° < \theta \le 45°$ のとき，

　　与式 $= \underset{\text{小}}{\sin\theta} + \cos\theta - (\underset{\text{小}}{\sin\theta} - \underset{\text{大}}{\cos\theta}) = 2\cos\theta$

(ii) $45° < \theta < 90°$ のとき，

　　与式 $= \underset{\text{大}}{\sin\theta} + \cos\theta + (\underset{\text{大}}{\sin\theta} - \underset{\text{小}}{\cos\theta}) = 2\sin\theta$

　　　　　　　　　　　　　　　　……(答)

ココがポイント

$\Leftarrow a^2 + 2ab + b^2 = (a+b)^2$ を使った！

$\Leftarrow a^2 - 2ab + b^2 = (a-b)^2$ を使った！

$\Leftarrow$ 公式：$\sqrt{A^2} = |A|$ を使った。

$\Leftarrow 0° < \theta < 90°$ より $\sin\theta > 0, \cos\theta > 0$ だね。

$\Leftarrow \sin\theta$ と $\cos\theta$ の大小比較

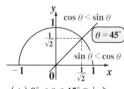

(i) $0° < \theta \le 45°$ のとき，
$\underset{\text{小}}{\sin\theta} \le \frac{1}{\sqrt{2}} \le \underset{\text{大}}{\cos\theta}$

(ii) $45° < \theta < 90°$ のとき，
$\underset{\text{小}}{\cos\theta} < \frac{1}{\sqrt{2}} < \underset{\text{大}}{\sin\theta}$

三角比と 2 次関数の最大値

| 演習問題 32 | 難易度 ★★ | CHECK 1 | CHECK 2 | CHECK 3 |

放物線 $y = x^2 - (\cos^2\theta + 3\sin\theta - 4)x + 3\sin\theta\cos^2\theta - 4\cos^2\theta$ により，x 軸から切り取られる線分の長さ l の最大値を求めよ。

（ただし，$0° \leqq \theta \leqq 90°$ とする。）

（法政大）

ヒント！ $y = 0$ より，x の 2 次方程式の異なる 2 実数解を求め，$l = (大の解) - (小の解)$ とすれば，l は $\sin\theta$ の 2 次関数になる。後は，$\sin\theta = t$ とでもおいて 2 次関数の最大・最小問題にもち込めばいい。

解答 & 解説

ココがポイント

$$y = f(x) = 1 \cdot x^2 - (\cos^2\theta + 3\sin\theta - 4)x + \cos^2\theta(3\sin\theta - 4)$$

$$
\begin{array}{ll}
1 \qquad\qquad -\cos^2\theta & \to -\cos^2\theta \\
1 \qquad\qquad -(3\sin\theta - 4) & \to -3\sin\theta + 4
\end{array}
$$

$$= (x - \cos^2\theta)(x - 3\sin\theta + 4)$$

ここで，$f(x) = 0$ とおくと，

$$x = \underset{0以上}{\cos^2\theta}, \quad \underset{-}{3\sin\theta - 4}$$

> $\sin\theta \leqq 1$ より，$3\sin\theta - 4 < 0$ だ！

よって，放物線 $y = f(x)$ が x 軸から切り取る線分の長さ l は，

$$l = \underset{(大の解)}{\boxed{\overset{1-\sin^2\theta}{\cos^2\theta}}} - \underset{(小の解)}{(3\sin\theta - 4)} \quad (0° \leqq \theta \leqq 90°)$$

> $\sin 0° \leqq \sin\theta \leqq \sin 90°$

$$= -\sin^2\theta - 3\sin\theta + 5$$

ここで，$\sin\theta = t$，また $l = g(t)$ とおくと，

$$l = g(t) = \underset{\sim}{-t^2 - 3t + 5} \quad (0 \leqq t \leqq 1)$$

$$= -\left(t^2 + 3t + \frac{9}{4}\right) + 5 + \frac{9}{4}$$

> 2 で割って 2 乗

$$= -\left(t + \frac{3}{2}\right)^2 + \frac{29}{4}$$

> 頂点 $\left(-\frac{3}{2}, \frac{29}{4}\right)$ の上に凸の放物線

以上より，

$$t = \sin\theta = 0, \quad すなわち \quad \theta = 0° \quad のとき，$$

$$最大値 \ l = 5 \quad \cdots\cdots\cdots\cdots\cdots\cdots\cdots（答）$$

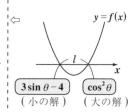

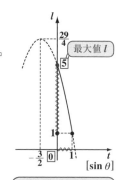

> 横軸が t，たて軸が l だってかまわないね。

三角比と 2 次関数 (カニ歩き & 場合分け)

演習問題 33 　難易度 ★★★ 　CHECK1 　CHECK2 　CHECK3

$0° \leqq x \leqq 60°$ のとき, $P = 4\cos^2 x + 2a\cos x - 5$ が常に正となるための, 定数 a のとり得る値の範囲を求めよ。

ヒント! $P = (\cos x \text{ の 2 次関数})$ だね。ここで, $\cos x = t$ とでもおくと, カニ歩き & 場合分けの問題に帰着する。頑張れ!

解答 & 解説

$P = 4\cos^2 x + 2a\cos x - 5 \quad (0° \leqq x \leqq 60°)$

ここで, $\cos x = t$ とおき, $P = f(t)$ とおくと,

$$P = f(t) = 4t^2 + 2at - 5 \quad \left(\underbrace{\frac{1}{2}}_{\cos 60°} \leqq t \leqq \underbrace{1}_{\cos 0°}\right)$$

$$= 4\left(t^2 + \frac{a}{2}t + \frac{a^2}{16}\right) - 5 - \frac{a^2}{4}$$

2 で割って 2 乗

$$= 4\left(t + \frac{a}{4}\right)^2 - \frac{a^2}{4} - 5$$

カニ歩き

頂点 $\left(-\frac{a}{4}, -\frac{a^2}{4} - 5\right)$ の下に凸の放物線

(i) $-\dfrac{a}{4} \leqq \dfrac{1}{2}$, すなわち $-2 \leqq a$ のとき,

$a > 4$ は $-2 \leqq a$ をみたす。

最小値 $f\left(\dfrac{1}{2}\right) = \boxed{1 + a - 5 > 0} \qquad \therefore \underline{a > 4}$

(ii) $\dfrac{1}{2} < -\dfrac{a}{4} < 1$, すなわち $-4 < a < -2$ のとき,

これは⊖の数だね。

最小値 $f\left(-\dfrac{a}{4}\right) = \boxed{\boxed{-\dfrac{a^2}{4}} - 5} > 0 \qquad \therefore$ 解なし

0 以上

(iii) $1 \leqq -\dfrac{a}{4}$, すなわち $\underline{a \leqq -4}$ のとき,

共通部分がないから解なし!

最小値 $f(1) = \boxed{4 + 2a - 5 > 0}$ より $a > \dfrac{1}{2}$ $\therefore$ 解なし

以上 (i)(ii)(iii) より, 求める定数 a のとり得る値の範囲は, $\underline{a > 4}$ ……………(答)

ココがポイント

⇦ $\dfrac{1}{2} \leqq t \leqq 1$ の範囲で, $P > 0$ となるには, この範囲で P の最小値 > 0 となればいいんだね。

軸が $t = -\dfrac{a}{4}$ より, "カニ歩き & 場合分け" になる。

(i) $-\dfrac{a}{4} \leqq \dfrac{1}{2}$ のとき

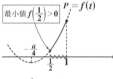

最小値 $f\left(\dfrac{1}{2}\right) > 0$ 　$P = f(t)$

(ii) $\dfrac{1}{2} < -\dfrac{a}{4} < 1$ のとき

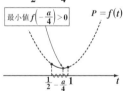

最小値 $f\left(-\dfrac{a}{4}\right) > 0$ 　$P = f(t)$

(iii) $1 \leqq -\dfrac{a}{4}$ のとき

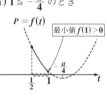

$P = f(t)$ 　最小値 $f(1) > 0$

§2. 三角方程式・不等式の解法に慣れよう！

● 三角方程式では因数分解が役に立つ！

三角比 (sin, cos, tan) の入った方程式で，それをみたす角度を求めるのが，"三角方程式" の問題なんだね。このとき，$\cos\theta$ と $\sin\theta$ が，それぞれ半径 1 の半円上の点の x 座標，y 座標を表すことも忘れないでくれ。

◆ 例題 14 ◆

次の三角方程式を解け。

$2\cos^2\theta + 5\sin\theta - 4 = 0$ ……① $(0° \leqq \theta \leqq 180°)$

解答

$0° \leqq \theta \leqq 180°$ の範囲の角度の中で，①の方程式をみたす角度 θ を求めるんだね。まず，①を変形しよう。

$\boxed{(1-\sin^2\theta) \text{ とおいて，} \sin\theta \text{ の 2 次方程式にする！}}$

$2\underline{\cos^2\theta} + 5\sin\theta - 4 = 0$ $\qquad$ $2\underline{(1-\sin^2\theta)} + 5\sin\theta - 4 = 0$

$-2\sin^2\theta + 5\sin\theta - 2 = 0$

$2\sin^2\theta - 5\sin\theta + 2 = 0$ ◄—— $\boxed{\text{"たすきがけ" による因数分解}}$

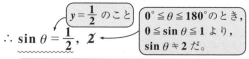

$(2\sin\theta - 1)(\sin\theta - 2) = 0$

$\boxed{y = \dfrac{1}{2} \text{ のこと}}$ $\qquad$ $\boxed{\begin{array}{l} 0° \leqq \theta \leqq 180° \text{のとき，} \\ 0 \leqq \sin\theta \leqq 1 \text{ より，} \\ \sin\theta \neq 2 \text{ だ。} \end{array}}$

$\therefore \sin\theta = \dfrac{1}{2}, \; \cancel{2}$

$\boxed{\begin{array}{l} \sin\theta \text{ は，半径 1 の半円周上の点の } y \text{ 座標のこと} \\ \text{だから，この半円と直線 } y = \dfrac{1}{2} \text{ の交点から，角度} \\ \theta \text{ を求める！} \end{array}}$

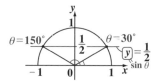

以上より，求める解 θ は，

$\theta = 30°, \; 150°$ ……………………………………………(答)

● 三角不等式でも半径 1 の半円を使う！

"三角不等式"とは，三角比 (sin，cos，tan) の入った不等式のことで，一般に，これを解いて，角度の範囲を求めるんだね。sin や cos の不等式でも，当然半径 1 の半円が威力を発揮する。まず，次の例題で腕試しするといい。

◆例題 15 ◆

次の不等式を解け。

$$\dfrac{2\sin\theta - 1}{\cos\theta} < 0 \qquad (0° \leqq \theta \leqq 180°)$$

> $0° \leqq \theta \leqq 180°$ の範囲内で，与えられた不等式をみたす角度 θ の値の範囲を求める。

> $\cos 90° = 0$ より当然 $\theta \neq 90°$ だ！

解答

> 分数不等式 $\dfrac{B}{A} < 0$ ならば $AB < 0$ だ！

$\dfrac{2\sin\theta - 1}{\cos\theta} < 0$ を変形して，$\cos\theta(2\sin\theta - 1) < 0$

> $AB < 0$ ならば
> (i) $A > 0$, $B < 0$
> または
> (ii) $A < 0$, $B > 0$ だ！

よって
$\begin{cases} (\text{i}) \ \cos\theta > 0 \ \text{かつ} \ 2\sin\theta - 1 < 0, \ \text{または} \\ (\text{ii}) \ \cos\theta < 0 \ \text{かつ} \ 2\sin\theta - 1 > 0 \end{cases}$ の 2 通りがあるね。

(i) $\cos\theta > 0$ かつ $\sin\theta < \dfrac{1}{2}$ のとき，

$\left[\quad x > 0 \ \text{かつ} \quad y < \dfrac{1}{2} \quad \right]$

$0° \leqq \theta < 30°$

(ii) $\cos\theta < 0$ かつ $\sin\theta > \dfrac{1}{2}$ のとき，

$\left[\quad x < 0 \ \text{かつ} \quad y > \dfrac{1}{2} \quad \right]$

$90° < \theta < 150°$

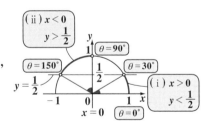

以上 (i)(ii) より，求める角度 θ の範囲は，

$0° \leqq \theta < 30°$，または，$90° < \theta < 150°$ となって答えだ！

大丈夫だった？ さらに演習問題で腕をみがいてくれ！

109

三角比と1次不等式の成立条件

任意の実数 u, v について次の不等式が成り立つとき，θ の値を求めよ。ただし，$0° \leqq \theta \leqq 180°$ とする。

$$6u\cos^2\theta - 6v\cos^2\theta + u\cos\theta - v\cos\theta - 2u + 2v + \cos\theta \geqq 0 \quad \cdots\cdots①$$

（専修大）

レクチャー すべての実数 x に対して，$ax + b \geqq 0$ （a, b：定数）が成り立つための条件は，$a = 0$ かつ $b \geqq 0$ なんだね。

これは，左辺を $y = ax + b$ とおいて直線の式で考えるとわかるだろう。

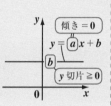

もし，$a \neq 0$ のとき，

（ⅰ）$a > 0$ のとき，

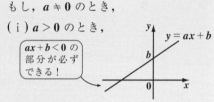

$ax + b < 0$ の部分が必ずできる！

（ⅱ）$a < 0$ のとき，

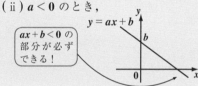

$ax + b < 0$ の部分が必ずできる！

解答&解説

①を u と v でまとめると，

$$(6\cos^2\theta + \cos\theta - 2)u - (6\cos^2\theta + \cos\theta - 2)v + \cos\theta \geqq 0$$

（共通因数）

$$(6\cos^2\theta + \cos\theta - 2)(u - v) + \cos\theta \geqq 0$$

$$\underbrace{(3\cos\theta + 2)(2\cos\theta - 1)}_{a}(\underbrace{u - v}_{x}) + \underbrace{\cos\theta}_{b} \geqq 0 \cdots②$$

ここで，$u - v$ は任意（すべての実数をとる）より，②が常に成り立つための条件は，（$a = 0$ かつ $b \geqq 0$）

$$\begin{cases} (3\cos\theta + 2)(2\cos\theta - 1) = 0 & \cdots③ \\ \cos\theta \geqq 0 & \cdots④ \end{cases} \quad かつ$$

③，④より，$\cos\theta = \dfrac{1}{2}$ $\left[x = \dfrac{1}{2}\right]$

以上より，求める角度 θ は，$\theta = 60°$ ……（答）

ココがポイント

自由にすべての値をとるってこと

u, v は（任意）より，x も任意の値をとる。

⇦ $u - v = x$ とおくと，$ax + b \geqq 0$ （x：任意）の形が出来上がってるね。これが常に成り立つ条件は，

$a = 0$ かつ $b \geqq 0$ だ！

⇦③より $\cos\theta = \dfrac{1}{2}, -\dfrac{2}{3}$
ところが④より，
$\cos\theta \geqq 0$
$\therefore \cos\theta = \dfrac{1}{2}$
となるんだね。これをみたす θ は $60°$ だ！

連立の三角方程式

$0° \leqq x \leqq 45°$，$0° \leqq y \leqq 45°$ に対し，連立方程式

$$\sin^2 x + \cos^2 y = \frac{3}{4} \ \cdots\cdots ① \quad \sin x \cos y = \frac{\sqrt{2}}{4} \ \cdots\cdots ② \quad が成り立つ$$

とする。このとき，x, y の値を求めよ。　　　　　　　　（東北学院大）

ヒント！ どこから手をつけていいかわからないって？
① + 2 × ② より，$(\sin x + \cos y)^2$ が，また ① − 2 × ② から，$(\sin x - \cos y)^2$ が導けるだろ。後は，それぞれの平方根をとるんだね。

解答＆解説

$$\sin^2 x + \cos^2 y = \frac{3}{4} \ \cdots① \quad \sin x \cos y = \frac{\sqrt{2}}{4} \ \cdots②$$

（ i ）① + 2 × ② より $\boxed{\sin^2 x + 2\sin x \cos y + \cos^2 y = (\sin x + \cos y)^2}$

$$\boxed{\sin^2 x + \cos^2 y + 2\sin x \cos y} = \frac{3}{4} + \frac{2\sqrt{2}}{4}$$

$$\underline{(\sin x + \cos y)^2} = \frac{3 + 2\sqrt{2}}{4}$$

$\boxed{0 \text{ 以上}}$

$\sin x \geqq 0$，$\cos y \geqq 0$ より，

$\boxed{たして}$ $\boxed{かけて}$

$$\sin x + \cos y = \sqrt{\frac{3 + 2\sqrt{2}}{4}} = \frac{\sqrt{2} + 1}{2} \quad \cdots\cdots③$$

（ ii ）① − 2 × ② より，同様にして，

$$\underset{小}{(\sin x} - \underset{大}{\cos y)^2} = \frac{3 - 2\sqrt{2}}{4}$$

$\boxed{かけて}$

ここで，$0° \leqq x$，$y \leqq 45°$ より，$\underline{\sin x \leqq \cos y}$

$\boxed{たして}$

$$\therefore \underline{\sin x - \cos y} = -\sqrt{\frac{3 - 2\sqrt{2}}{4}} = -\frac{\sqrt{2} - 1}{2} \ \cdots④$$

$\boxed{0 \text{ 以下の数}}$

③ + ④ より，$2\sin x = 1$　$\therefore \sin\boxed{x} = \frac{1}{2}$　$\boxed{30°}$

③ − ④ より，$2\cos y = \sqrt{2}$　$\therefore \cos\boxed{y} = \frac{\sqrt{2}}{2}$　$\boxed{45°}$

以上より，　$x = 30°$，$y = 45°$　$\cdots\cdots\cdots\cdots\cdots\cdots$（答）

ココがポイント

⇦公式：
$a^2 + 2ab + b^2 = (a + b)^2$
を使った！

⇦2重根号のはずし方：
$\sqrt{(a + b) + 2\sqrt{ab}} = \sqrt{a} + \sqrt{b}$
$\boxed{たして}$ $\boxed{かけて}$

⇦2重根号のはずし方：
$\sqrt{(a + b) - 2\sqrt{ab}} = \sqrt{a} - \sqrt{b}$
$(a > b > 0)$

$\boxed{\begin{array}{l} 0° \leqq x \leqq 45° \\ より，x = 150° \\ は含まない！ \end{array}}$

§3. 三角比と図形は，受験の頻出分野だ！

● まず，記号法を頭に入れよう！

これから，正弦定理，余弦定理，三角形の面積，内接円の半径とさまざまな公式が出てくるんだけれど，まず，これらの公式に使われる **A**, **B**, **C** や *a*, *b*, *c* の表す意味 (記号法) について，知っておく必要があるんだね。

■ 記号法 (三角比と図形)

(ⅰ) **A**, **B**, **C** は △**ABC** の各頂点を表すと
同時に，各頂角も表す。

(ⅱ) *a*, *b*, *c* は，それぞれ頂角 **A**, **B**, **C**
の対辺の長さを表す。

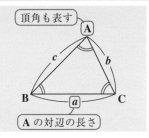

これから解説する定理や公式は，すべて三角形 **ABC** に関するもので，以上の記号法を基にそれぞれの公式が表される。

● 正弦定理で，外接円の半径がわかる！

"正弦" とは，sin のことだから，"正弦定理" とは文字通り sin A, sin B, sin C に関する公式なんだね。下に，その正弦定理を示す。

■ 正弦定理

$$\frac{a}{\sin A} = \frac{b}{\sin B} = \frac{c}{\sin C} = 2R$$

(*R* : △**ABC** の外接円の半径)

A と *a*, **B** と *b*, **C** と *c* が対になっている。
実際には，この一部を使う！

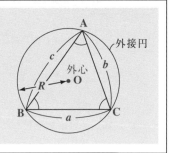

同じ弧 BC に対する円周角は等しいので，図5(ⅰ)の辺 AB が，外心 O を通るように移動したものが(ⅱ)の図だ。すると，直径 AB の上に立つ円周角 C ＝90°となって，△ABC は直角三角形になる。

図5 正弦定理

(ⅰ)

(ⅱ)

よって，$\sin A = \dfrac{BC}{AB} = \dfrac{a}{2R}$ から，$\dfrac{a}{\sin A} = 2R$ が導けるね。他も同様に導ける。

でも，公式というのは，その証明よりも，それを使いこなして問題を解くことの方が大事なんだ。公式は便利な道具だからドンドン使いなさい。正弦定理を実際に使う場合，この長〜い公式のうちの一部を使うことになる。たとえば，$\dfrac{a}{\sin A} = \dfrac{c}{\sin C}$ とか，$\dfrac{b}{\sin B} = 2R$ みたいに使うことが多いんだ。覚えておいてくれ。

● 余弦定理はピンセットでつまむ要領で!?

"余弦" とは，cos のことだから，当然 cos の関係した公式が "余弦定理" なんだね。チョット長い公式だけど，簡単な覚え方を教えてあげるから，心配はいらない。

余弦定理 (Ⅰ)

(1) $\underline{a^2 = b^2 + c^2 - 2bc \cos A}$

(2) $\underline{b^2 = c^2 + a^2 - 2ca \cos B}$

(3) $\underline{c^2 = a^2 + b^2 - 2ab \cos C}$

長い余弦定理も，
(ⅰ) メリー・ゴーラウンドと
(ⅱ) ピンセットで覚えられる。

（ⅰ）メリー・ゴーラウンドで覚える！

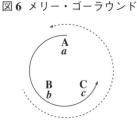

図6 メリー・ゴーラウンド

（1）の公式：$a^2 = b^2 + c^2 - 2bc\cos A$ について，$a, b, c,$ チョット戻るけど，また b, c, A とメリー・ゴーラウンドのように，リズミカルに回ってるのがわかるね。（2）の公式：$b^2 = c^2 + a^2 - 2ca\cos B$ でも b, c, a そして c, a, B と回っていることが分かるはずだ。

（ⅱ）ピンセットでつまむ要領で覚える！

図7 ピンセット

（1）の公式で，$a(a^2)$ を求めたかったら，b と c とその間の角 A の $\cos$ がわかればいいんだね。これは，丁度 b と c と A のピンセットで，a をつまむ形になってるから覚えやすいだろう。

（2），（3）も同様だね。

さらに，余弦定理（Ⅰ）を書きかえた次の公式も重要だから，絶対暗記だ。

余弦定理（Ⅱ）

（1）$\cos A = \dfrac{b^2 + c^2 - a^2}{2bc}$

（2）$\cos B = \dfrac{c^2 + a^2 - b^2}{2ca}$

（3）$\cos C = \dfrac{a^2 + b^2 - c^2}{2ab}$

> これも，A, b, c, b, c, a のメリー・ゴーラウンドになってるね。(2), (3) も同様に覚えられるだろう。

この余弦定理（Ⅱ）は，三角形の3辺の長さ a, b, c がわかれば，3つのどの頂角の余弦（$\cos$）も，アッという間に計算できるスグレモノの公式だ。是非使いこなしてくれ！

◆ 例題 16 ◆

$\triangle ABC$ において，辺 BC の中点を M とおく。3 辺の長さが $BC = 6$，$CA = 5$，$AB = 3$ のとき，線分 AM の長さを求めよ。

解答

まず，$\triangle ABC$ の 3 辺がわかっているから，余弦定理を使って，$\cos B$ を求める。次に，さらに余弦定理を使って，$\triangle ABM$ の AM を，BM と BA と $\cos B$ でピンセットでつまむ要領で，計算すればいいんだね。

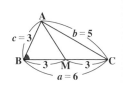

(ⅰ) $\triangle ABC$ に余弦定理を用いて，

$$\underline{\underline{\cos B}} = \frac{c^2 + a^2 - b^2}{2ca} = \frac{3^2 + 6^2 - 5^2}{2 \cdot 3 \cdot 6} = \frac{20}{36} = \underline{\underline{\frac{5}{9}}}$$

(ⅱ) 次に，$\triangle ABM$ に余弦定理を用いて，

$$AM^2 = BM^2 + BA^2 - 2BM \cdot BA \cdot \underline{\underline{\cos B}}$$

$$= 3^2 + 3^2 - 2 \cdot 3 \cdot 3 \cdot \underline{\underline{\frac{5}{9}}}$$

$$= 8$$

$\therefore$ 求める AM は，$AM = \sqrt{8} = 2\sqrt{2}$ ……………………(答)

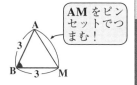

AM をピンセットでつまむ！

例題 16 の別解

"図形の性質" の中線定理を用いて，

$AB^2 + AC^2 = 2(AM^2 + BM^2)$

$3^2 + 5^2 = 2(AM^2 + 3^2)$

$AM^2 = 8 \qquad \therefore AM = 2\sqrt{2}$ ………(答)

平面図形の中線定理を使うと一発で答えが出せるんだね。

この "中線定理" については，"図形の性質" のところ (P247) で，詳しく教える。

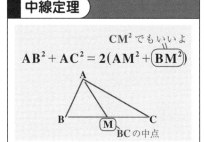

中線定理

CM^2 でもいいよ

$$AB^2 + AC^2 = 2(AM^2 + \boxed{BM^2})$$

BCの中点

● 三角形の面積も，メリー・ゴーラウンド？

次，$\triangle ABC$ の面積 S を求める公式を書いておく。

△ABCの面積 S

$$S = \frac{1}{2}bc\sin A = \frac{1}{2}ca\sin B = \frac{1}{2}ab\sin C$$

みんなメリー・ゴーラウンドだ！

この 3 つの式は，どれを使っても同じ結果になる。また，メリー・ゴーラウンドになっているのもいいね。さらに，たとえば最初の公式をみると，b と c とその間の角 A の $\sin$ がわかれば，ピンセットでつまむ要領で，面積 S が求まるのも大丈夫だね。他も同様で，非常に覚えやすいはずだ。

● 内接円の半径 r は，面積 S から出せる！

$\triangle ABC$ の内接円の半径 r は，次の公式を使って求める。

△ABCの内接円の半径 r

$$S = \frac{1}{2}(a+b+c) \cdot r \qquad (S：\triangle ABC \text{ の面積})$$

内接円の半径 r は，3 辺の長さ a, b, c と $\triangle ABC$ の面積 S がわかれば，上の公式で求められるんだね。

これは，図 8 の (i) のように，$\triangle ABC$ の内心 I（内接円の中心）をとり，$\triangle ABC$ を (ii) のように，3 つの三角形 $\triangle IBC$，$\triangle ICA$，$\triangle IAB$ に分解して考えると，

$$\underset{\triangle ABC}{\underset{\boxed{S}}{}} = \underset{\triangle IBC}{\underset{\boxed{\frac{1}{2}ar}}{}} + \underset{\triangle ICA}{\underset{\boxed{\frac{1}{2}br}}{}} + \underset{\triangle IAB}{\underset{\boxed{\frac{1}{2}cr}}{}}$$

となって，公式が導ける。

図 8　内接円の半径 r

(i)

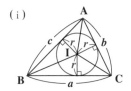

(ii)

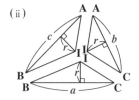

◆例題 17 ◆

BC = 4，CA = 5，AB = 6 の △ABC について，$\sin A$，△ABC の面積，および内接円の半径 r を求めよ。

解答

3 辺がわかってるので，（ⅰ）$\cos A$，（ⅱ）$\sin A$，（ⅲ）面積 S，（ⅳ）内接円の半径 r の順に求めていけばいいんだね。

（ⅰ）△ABC に余弦定理を用いて，

$$\cos A = \frac{b^2 + c^2 - a^2}{2bc} = \frac{5^2 + 6^2 - 4^2}{2 \cdot 5 \cdot 6} = \frac{45}{60} = \frac{3}{4}$$

（ⅱ）三角比の基本公式：$\sin^2 A + \cos^2 A = 1$ より，

$$\sin A = \sqrt{1 - \cos^2 A} = \sqrt{1 - \left(\frac{3}{4}\right)^2} = \sqrt{\frac{7}{16}} = \frac{\sqrt{7}}{4} \quad\cdots\cdots\cdots\cdots\cdots(答)$$

$0° < A < 180°$ より，当然 $\sin A > 0$ だね。

（ⅲ）△ABC の面積 S は，

$$S = \frac{1}{2}b \cdot c \cdot \sin A = \frac{1}{2} \cdot 5 \cdot 6 \cdot \frac{\sqrt{7}}{4} = \frac{15\sqrt{7}}{4} \quad\cdots\cdots\cdots\cdots\cdots(答)$$

メリー・ゴーラウンド＆ピンセットだ！

（ⅳ）3 辺の長さ a, b, c と，△ABC の面積 S がわかったので，いよいよ内接円の半径 r を求めよう。

$$\underset{S}{\boxed{\frac{15\sqrt{7}}{4}}} = \frac{1}{2}(\underset{a}{④} + \underset{b}{⑤} + \underset{c}{⑥})r \text{ より，} \frac{15\sqrt{7}}{4} = \frac{1}{2} \cdot 15 \cdot r \quad \therefore r = \frac{\sqrt{7}}{2} \quad\cdots\cdots(答)$$

となって，最後の結果も出てきたね。面白かった？

（ⅲ）の別解 3 辺の長さ a, b, c がわかると，△ABC の面積 S はヘロンの公式：$S = \sqrt{s(s-a)(s-b)(s-c)} \quad \cdots (\ast) \quad \left(s = \frac{1}{2}(a + b + c)\right)$ を用いても求まる。

$a = 4, b = 5, c = 6$ より，$S = \frac{1}{2}(4 + 5 + 6) = \frac{15}{2}$ よって，ヘロンの公式 $(\ast)$ より，面積 $S = \sqrt{\frac{15}{2}\left(\frac{15}{2} - 4\right)\left(\frac{15}{2} - 5\right)\left(\frac{15}{2} - 6\right)} = \sqrt{\frac{15 \cdot 7 \cdot 5 \cdot 3}{2^4}} = \frac{15\sqrt{7}}{4}$

と，同じ結果が得られる。（**P251, P254** でも解説する。）

117

余弦定理と四角形の面積

円に内接する四角形 ABCD において，AB = 2，BC = 1，CD = 3，
$\cos \angle BCD = -\dfrac{1}{6}$ のとき，AD と四角形 ABCD の面積 S を求めよ。（早稲田大）

> ヒント！　円に内接する四角形の内対角の和は 180° になる（P256）ことを使う。
> △BCD と △ABD にそれぞれ余弦定理と三角形の面積の公式を使うのがコツだ。

解答＆解説

円に内接する四角形 ABCD の内対角の和は 180° より，

∠BCD $= \theta$ とおくと，∠BAD $= 180° - \theta$ となる。

また，BD $= x$，AD $= y$ $(x, y > 0)$ とおく。

（ⅰ）△BCD に余弦定理を用いて BD$^2 = x^2$ を求めると，

$$x^2 = \underbrace{BC^2}_{1^2} + \underbrace{CD^2}_{3^2} - 2 \cdot \underbrace{BC}_{1} \cdot \underbrace{CD}_{3} \cdot \underbrace{\cos \theta}_{-\frac{1}{6}} = 11 \quad \cdots ①$$

（ⅱ）△ABD に余弦定理を用いて BD$^2 = x^2$ を求めると，

$$\underbrace{x^2}_{11 (①より)} = \underbrace{AB^2}_{2^2} + \underbrace{AD^2}_{y^2} - 2 \cdot \underbrace{AB}_{2} \cdot \underbrace{AD}_{y} \cdot \underbrace{\cos (180° - \theta)}_{-\cos \theta = \frac{1}{6}}$$

$$11 = 4 + y^2 - \frac{2}{3}y \qquad 3y^2 - 2y - 21 = 0$$

$$\begin{array}{ccc} 3 & \diagup & 7 \\ 1 & \diagdown & -3 \end{array}$$

$$(3y + 7)(y - 3) = 0 \qquad \therefore y = AD = 3 \quad \cdots\cdots（答）$$

ココがポイント

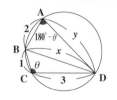

⇦ 180° が関係しているので，
（ⅰ）cos → cos
（ⅱ）$\theta = 30°$ とみて，
　　 $\cos (180° - \theta) < 0$

⇦ $y = AD > 0$ だからね。

次，$\sin \theta = \sqrt{1 - \cos^2 \theta} = \sqrt{1 - \left(-\dfrac{1}{6}\right)^2} = \sqrt{\dfrac{35}{36}} = \dfrac{\sqrt{35}}{6}$

よって，□ABCD の面積 S は，

$$S = △BCD + △ABD$$

$$= \frac{1}{2} \cdot \underbrace{BC}_{1} \cdot \underbrace{CD}_{3} \cdot \underbrace{\sin \theta}_{\frac{\sqrt{35}}{6}} + \frac{1}{2} \cdot \underbrace{AB}_{2} \cdot \underbrace{AD}_{3} \cdot \underbrace{\sin (180° - \theta)}_{\sin \theta = \frac{\sqrt{35}}{6}}$$

⇦ 180° が関係しているので，
（ⅰ）sin → sin
（ⅱ）$\theta = 30°$ とみて，
　　 $\sin (180° - \theta) > 0$

$$= \frac{\sqrt{35}}{4} + \frac{\sqrt{35}}{2} = \frac{3\sqrt{35}}{4} \quad \cdots\cdots\cdots\cdots（答）$$

円に内接する四角形の応用

演習問題 37　難易度 ★★★　CHECK 1　CHECK 2　CHECK 3

円に内接する四角形 ABCD において，AB = 5，AD = 1，∠BDC = 30°，

$\cos\angle BAD = -\dfrac{3}{5}$ であるとき，次の問いに答えよ。

(1) 線分 BD の長さを求めよ。

(2) 線分 BC の長さを求めよ。

(3) 四角形 ABCD の面積 S を求めよ。　　　　　（日本女子大）

ヒント！　前問に引き続き，円に内接する四角形の問題を解いてみよう。余弦定理，正弦定理や $\cos(180° - \theta)$ の変形など，様々な三角比の公式を利用することにより，解いていこう。

解答 & 解説

円に内接する四角形 ABCD について，AB = 5，AD = 1，∠BDC = 30° であり，ここで ∠BAD = θ とおくと，$\cos\theta = -\dfrac{3}{5}$　また，円に内接する四角形の内対角の和は 180° より ∠BCD = 180° - θ となる。（右図参照）

(1) △ABD について，BD = x とおいて，余弦定理を用いると，

$$x^2 = 1^2 + 5^2 - 2 \cdot 1 \cdot 5 \cdot \underbrace{\cos\theta}_{-\frac{3}{5}}$$

$$= 1 + 25 + 6 = 32$$

ここで，BD = x > 0 より，

BD $= x = \sqrt{32} = 4\sqrt{2}$ ……………………（答）

(2) △BCD について，BC = y とおく。

∠BCD = 180° - θ より，

$$\cos(180° - \theta) = -\underbrace{\cos\theta}_{-\frac{3}{5}}$$

$$= \frac{3}{5}$$

よって，180° - θ = α とおくと，$\cos\alpha = \dfrac{3}{5}$

ココがポイント

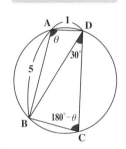

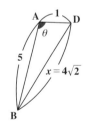

180° が関係しているので，

$\cdot\cos \to \cos$

$\cdot\theta = 30°$ と考えて，

$\cos(180° - \theta) < 0$

$\therefore \cos(180° - \theta) = -\cos\theta$

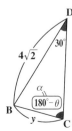

119

ここで，$0° < \alpha < 180°$ より，$\sin\alpha > 0$

$\therefore \sin\alpha = \sqrt{1 - \cos^2\alpha} = \sqrt{\dfrac{16}{25}} = \dfrac{4}{5}$

よって，$\triangle BCD$ に正弦定理を用いて，

$\dfrac{y}{\sin 30°} = \dfrac{4\sqrt{2}}{\sin\alpha}$ より，

$y = \dfrac{4\sqrt{2}}{\sin\alpha} \times \sin 30°$

$= \dfrac{4\sqrt{2}}{\dfrac{4}{5}} \times \dfrac{1}{2} = \dfrac{5\sqrt{2}}{2}$

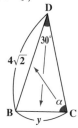

$\therefore BC = y = \dfrac{5\sqrt{2}}{2}$ ······················(答)

(3) 次に，$CD = z$ とおいて，$\triangle BCD$ に余弦定理を用いると，

$\left(4\sqrt{2}\right)^2 = \left(\dfrac{5\sqrt{2}}{2}\right)^2 + z^2 - 2\cdot\dfrac{5\sqrt{2}}{2}\cdot z \cdot\cos\alpha$

$32 = \dfrac{25}{2} + z^2 - 5\sqrt{2}\cdot\dfrac{3}{5}z$ ← 両辺に **2** をかけて

$2z^2 - 6\sqrt{2}\,z - 39 = 0$

$z = \dfrac{3\sqrt{2} \pm \sqrt{\left(3\sqrt{2}\right)^2 + 2\times 39}}{2} = \dfrac{3\sqrt{2} \pm \sqrt{96}}{2}$

$= \dfrac{3\sqrt{2} \pm 4\sqrt{6}}{2}$ ここで，$z > 0$ より，

$CD = z = \dfrac{3\sqrt{2} + 4\sqrt{6}}{2}$

以上より，$\square ABCD$ の面積 S は，

$S = \triangle ABD + \triangle BCD$

$= \dfrac{1}{2}\cdot 1\cdot 5\cdot \underbrace{\sin\theta}_{\boxed{\frac{4}{5}}} + \dfrac{1}{2}\cdot\dfrac{5\sqrt{2}}{2}\cdot\dfrac{3\sqrt{2} + 4\sqrt{6}}{2}\cdot\underbrace{\sin\alpha}_{\boxed{\frac{4}{5}}}$

$= \dfrac{5}{2}\times\dfrac{4}{5} + \dfrac{5\sqrt{2}\left(3\sqrt{2} + 4\sqrt{6}\right)}{8}\cdot\dfrac{4}{5}$

$= 2 + \dfrac{6 + 8\sqrt{3}}{2} = 5 + 4\sqrt{3}$ ··················(答)

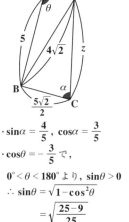

$\Leftarrow \sin^2\alpha + \cos^2\alpha = 1$
$\sin\alpha > 0$ より，
$\sin\alpha = \sqrt{1 - \cos^2\alpha}$
$= \sqrt{1 - \left(\dfrac{3}{5}\right)^2}$
$= \sqrt{\dfrac{25 - 9}{25}}$
$= \sqrt{\dfrac{16}{25}} = \dfrac{4}{5}$

$\cdot \sin\alpha = \dfrac{4}{5}$, $\cos\alpha = \dfrac{3}{5}$

$\cdot \cos\theta = -\dfrac{3}{5}$ で，

$0° < \theta < 180°$ より，$\sin\theta > 0$
$\therefore \sin\theta = \sqrt{1 - \cos^2\theta}$
$= \sqrt{\dfrac{25 - 9}{25}}$
$= \dfrac{4}{5}$

$\Leftarrow S = \triangle ABD + \triangle BCD$
$= \dfrac{1}{2}\cdot AD\cdot AB\cdot\sin\theta$
$+ \dfrac{1}{2}\cdot BC\cdot CD\cdot\sin\alpha$
$\left(\sin\theta = \sin\alpha = \dfrac{4}{5}\right)$

余弦定理と面積の最小値

1辺の長さが1である正四面体 ABCD の辺 AB 上を点 P が動く。

$AP = x \quad (0 \leqq x \leqq 1)$, $\angle CPD = \theta$ とする。

(1) $\cos \theta$ を x で表せ。

(2) $\triangle CPD$ の面積の最小値を求めよ。 (同志社大)

ヒント! (1) $\triangle ACP$ と $\triangle CPD$ に余弦定理を用いる。(2) $CP^2 = X$ とおく。

解答＆解説

(1) $AC = 1$, $AP = x$, $\angle CAP = 60°$ より, $\triangle ACP$
に余弦定理を用いて,

$$CP^2 = 1^2 + x^2 - 2 \cdot 1 \cdot x \cdot \overset{\frac{1}{2}}{\boxed{\cos 60°}}$$

$$= x^2 - x + 1 \quad \cdots\cdots①$$

$CP = DP$, $\angle CPD = \theta$ より, $\triangle CPD$ に余弦定理を用いて,

$$\cos\theta = \frac{CP^2 + DP^2 - \overset{1^2}{\boxed{CD^2}}}{2 \cdot CP \cdot DP} = \frac{2CP^2 - 1}{2CP^2} \quad \cdots②$$

これに①を代入して,

$$\cos\theta = \frac{2x^2 - 2x + 1}{2(x^2 - x + 1)} \quad \cdots\cdots(答)$$

(2) $CP^2 = X = x^2 - x + 1$ とおくと, ②より,

$$\cos\theta = \frac{2X-1}{2X} \quad \therefore \sin\theta = \frac{\sqrt{4X-1}}{2X}$$

$\triangle CPD$ の面積を S とおくと,

$$S = \frac{1}{2} \cdot CP \cdot \overset{CP}{\boxed{DP}} \cdot \sin\theta = \frac{1}{2}X \cdot \frac{\sqrt{4X-1}}{2X} = \frac{\sqrt{4X-1}}{4}$$

ここで, $X = \left(x - \frac{1}{2}\right)^2 + \frac{3}{4} \quad (0 \leqq x \leqq 1)$ より,

$x = \frac{1}{2}$ のとき, X は最小値 $\frac{3}{4}$ をとる。

$$\therefore x = \frac{1}{2} \text{ のとき, 最小値 } S = \frac{\sqrt{\overset{最小値3}{\boxed{4X}} - 1}}{4} = \frac{\sqrt{2}}{4} \quad \cdots(答)$$

ココがポイント

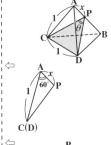

⇐

⇐

⇐ $\sin\theta = \sqrt{1 - \cos^2\theta}$
$= \sqrt{1 - \frac{(2X-1)^2}{4X^2}} = \frac{\sqrt{4X-1}}{2X}$

⇐ X が最小のとき, S は最小になる。

⇐
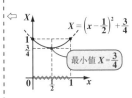

頂角の二等分線と余弦定理の応用

演習問題 39	難易度 ★★★	CHECK *1*	CHECK *2*	CHECK *3*

△ABC において，∠A の二等分線が BC と交わる点を R とする。

辺 BC, CA, AB の長さをそれぞれ a, b, c とおく。

(1) 線分 BR と線分 RC を，それぞれ a, b, c を用いて表せ。

(2) 線分 AR の長さ r を a, b, c を用いて表せ。

(3) さらに $\dfrac{1}{b}+\dfrac{1}{c}=\dfrac{1}{r}$ が成り立つとき，∠A を求めよ。

（同志社大）

レクチャー 三角形の頂角の二等分線の定理

△ABC の頂角 A の二等分線と辺 BC の交点を R とおくと，図 (i) のように，

> これも"平面図形" の重要公式だ！

$BR:RC=c:b$ となる。

これは，図 (ii) のように，AR と平行な直線を頂点 C から引き，辺 AB の延長線との交点を D とおくと，同位角・錯角の関係から，△ACD は，AC = AD = b の二等辺三角形となるね。だから，AR∥DC（平行）より，

$BR:RC=BA:AD=c:b$ となるんだね。

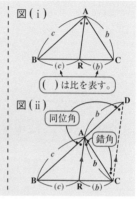

図 (i)

（ ）は比を表す。

図 (ii)

同位角

錯角

ヒント！ **(1)** は **レクチャー** で話した通りだ。**(2)** は∠ARB＝θ とおいて，△ABR と△ACR に余弦定理を用いて，$AR^2(AR)$ を求めればいい。この際，θ を消去するとうまくいく。

解答＆解説

(1) ∠A の二等分線と辺 BC との交点を R とおくと，

$BR:RC=c:b$ より，

$$BR = \frac{c}{b+c}\underbrace{(BC)}_{a} = \frac{ca}{b+c} \quad\cdots\cdots\cdots(答)$$

$$RC = \frac{b}{b+c}\underbrace{(BC)}_{a} = \frac{ab}{b+c} \quad\cdots\cdots\cdots(答)$$

ココがポイント

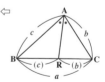

(2) $\angle ARB = \theta$ とおくと， $\angle ARC = 180° - \theta$ だね。

$\triangle ABR$ に余弦定理を用いると，

$$c^2 = r^2 + \frac{c^2 a^2}{(b+c)^2} - 2r \cdot \frac{ca}{b+c} \cdot \cos\theta \quad \cdots\cdots ①$$

$\triangle ACR$ に余弦定理を用いると，

$$b^2 = r^2 + \frac{a^2 b^2}{(b+c)^2} - 2r \cdot \frac{ab}{b+c} \cdot \underset{-\cos\theta}{\underline{\cos(180° - \theta)}}$$

$$b^2 = r^2 + \frac{a^2 b^2}{(b+c)^2} + 2r \cdot \frac{ab}{b+c} \cdot \cos\theta \quad \cdots\cdots ②$$

①の両辺に b をかけると，

$$bc^2 = br^2 + \frac{c^2 a^2 b}{(b+c)^2} - 2r \cdot \frac{cab}{b+c} \cdot \cos\theta \quad \cdots\cdots ③$$

②の両辺に c をかけると，　〔③＋④より θ が消去される〕

$$cb^2 = cr^2 + \frac{a^2 b^2 c}{(b+c)^2} + 2r \cdot \frac{abc}{b+c} \cdot \cos\theta \quad \cdots\cdots ④$$

③＋④より，$bc(\cancel{b+c}) = (\cancel{b+c})r^2 + \dfrac{a^2 bc(b+c)}{(b+c)^2}$

r について解き，$r = \dfrac{\sqrt{bc\{(b+c)^2 - a^2\}}}{b+c} \quad \cdots ⑤\cdots$（答）

⇦ $r^2 = \dfrac{bc\{(b+c)^2 - a^2\}}{(b+c)^2}$
よって，
$r = \sqrt{\dfrac{bc\{(b+c)^2 - a^2\}}{(b+c)^2}}$
$= \dfrac{\sqrt{bc\{(b+c)^2 - a^2\}}}{\underset{\oplus}{|b+c|}}$
$= \dfrac{\sqrt{bc\{(b+c)^2 - a^2\}}}{b+c}$ だね。

(3) $\dfrac{1}{b} + \dfrac{1}{c} = \dfrac{1}{r}$ より，$\dfrac{b+c}{bc} = \dfrac{1}{r}$

$\therefore r = \dfrac{bc}{b+c} \quad \cdots\cdots ⑥$　　⑤，⑥より，

$$\sqrt{bc\{(b+c)^2 - a^2\}} = bc \quad \cdots\cdots ⑦$$

⇦⑤，⑥より，
$\dfrac{\sqrt{bc\{(b+c)^2 - a^2\}}}{\cancel{b+c}} = \dfrac{bc}{\cancel{b+c}}$
よって⑦になるね。

この両辺を 2 乗して，

$$bc\{(b+c)^2 - a^2\} = b^2 c^2$$

両辺を bc で割って，

$$(b+c)^2 - a^2 = bc \qquad b^2 + bc + c^2 - a^2 = 0$$

これから，$a^2 = b^2 + c^2 - 2bc \cdot \left(\underset{\text{cos A}}{\underline{-\dfrac{1}{2}}}\right)$

$\therefore \cos A = -\dfrac{1}{2}$ より，$\angle A = 120°$ $\quad\cdots\cdots\cdots$（答）

⇦これから，余弦定理：
$a^2 = b^2 + c^2 - 2bc\cos A$
の形に気付く？

⇦よく頑張ったね！

三角比と図形の応用（解と係数の関係）

半径 $\sqrt{\dfrac{5}{2}}$ の円に内接する三角形 **ABC** がある。この三角形の面積は **1** で、

$2 \sin A \sin (B+C) = 1$ ……① が成り立つ。ただし，$\angle A$ は鋭角とする。

(1) $\sin A$ を求めよ。　　　　**(2)** この三角形の 3 辺の長さを求めよ。

レクチャー

解と係数の関係の応用

$\underline{\alpha + \beta} = \boxed{p}$ ← ある定数
$\underline{\alpha \cdot \beta} = \boxed{q}$ ← が与えられたとき，

これは基本対称式だね

α と β を解にもつ t の 2 次方程式は，

$$t^2 - pt + q = 0 \quad である。$$

これを α, β の特性方程式と呼ぶことにする

実際に，α, β の特性方程式

$$t^2 - \overset{(\alpha+\beta)}{\boxed{p}}\, t + \overset{\alpha\beta}{\boxed{q}} = 0 \ は，$$

$$t^2 - (\alpha+\beta)t + \alpha\beta = 0$$

$$(t-\alpha)(t-\beta) = 0 \quad となって，$$

解 $t = \alpha, \beta$ をもつ 2 次方程式になってるね。

これは解と係数の関係を逆手に利用したもので，よく使う手法なんだ。是非マスターしよう。

ヒント！ **(1)** A+B+C = 180° より，$\sin (B+C) = \sin (180° - A) = \sin A$ となる。
(2) 三角形の面積から $b \cdot c$ が，余弦定理から $b^2 + c^2$ が求まるので，$b \cdot c$ と $b+c$ の値を求めて，特性方程式で解くんだ！

解答＆解説

(1) $2 \sin A \cdot \sin (\underline{B+C}) = 1$ ………①

ここで，A + B + C = 180° より，

B + C = $\underline{180° - A}$　　これを①に代入して，

sin A

$2 \sin A \cdot (\sin (\underline{180° - A})) = 1$

$2 \sin^2 A = 1, \quad \sin^2 A = \dfrac{1}{2}$

$\therefore \sin A = \dfrac{1}{\sqrt{2}}$　$\boxed{\begin{array}{l} 0° < \angle A < 90° \\ より，\sin A > 0 \end{array}}$ …………(答)

(i) 180° より，sin → sin
(ii) sin 150° > 0 より，符号は ⊕

ココがポイント

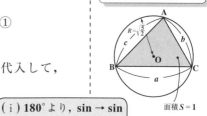

面積 $S = 1$

124

(2) 3 辺 BC, CA, AB の長さをそれぞれ a, b, c おくと、

外接円の半径 $R = \sqrt{\dfrac{5}{2}}$ より、正弦定理を用いて、

$$\underset{\dfrac{1}{\sqrt{2}}}{\dfrac{a}{\boxed{\sin A}}} = 2\boxed{R}^{\boxed{\sqrt{\tfrac{5}{2}}}}, \quad a = 2 \cdot \sqrt{\dfrac{5}{2}} \times \dfrac{1}{\sqrt{2}} = \sqrt{5} \quad \cdots\cdots ②$$

次に、b, c を求める。

(i) △ABC の面積 $S = 1$ より、

$$\boxed{S}^{\boxed{1}} = \dfrac{1}{2} \cdot b \cdot c \, \boxed{\sin A}^{\boxed{\tfrac{1}{\sqrt{2}}}} \quad \therefore b \cdot c = 2\sqrt{2} \cdots\cdots ③$$

⇦ $S = 1$ から $b \cdot c$ の値がわかるので、次は $b + c$ を求めようと考えればいいんだよ。

(ii) △ABC に余弦定理を用いて、

$$\boxed{a^2}^{\boxed{(\sqrt{5})^2}} = b^2 + c^2 - 2\boxed{bc}^{\boxed{2\sqrt{2}}} \cdot \boxed{\cos A}^{\boxed{\tfrac{1}{\sqrt{2}}}}$$

$$5 = b^2 + c^2 - 4 \quad \therefore b^2 + c^2 = 9$$

⇦ $\sin A = \dfrac{1}{\sqrt{2}}$
$(0° < \angle A < 90°)$ より、
$\angle A = 45°$
$\therefore \cos A = \dfrac{1}{\sqrt{2}}$ だね。

ここで、

$$(b+c)^2 = \boxed{b^2+c^2}^{\boxed{9}} + 2\boxed{bc}^{\boxed{2\sqrt{2}}} = 9 + 4\sqrt{2}$$

よって、

$$\underset{\oplus}{b+c} = \sqrt{\boxed{9}^{\text{たして}} + 2\sqrt{\boxed{8}^{\text{かけて}}}} = \sqrt{8} + \sqrt{1} = 2\sqrt{2} + 1$$

$$\therefore b + c = 2\sqrt{2} + 1 \quad \cdots\cdots\cdots\cdots\cdots ④$$

⇦ 2 重根号をうまくはずす！

以上 (i)(ii) より、$\begin{cases} b + c = 2\sqrt{2} + 1 & \cdots\cdots ④ \\ b \cdot c = 2\sqrt{2} & \cdots\cdots ③ \end{cases}$

⇦ $\begin{cases} b + c = p \\ b \cdot c = q \end{cases}$ のとき、
b, c を解にもつ 2 次方程式は
$t^2 - pt + q = 0$ だね。

④、③より、b と c を解にもつ t の 2 次方程式は

$$t^2 - (2\sqrt{2} + 1)t + 2\sqrt{2} = 0$$

$$(t - 1)(t - 2\sqrt{2}) = 0$$

$$\therefore t = 1 \text{ または } 2\sqrt{2}$$

$$(b, c) = (1, 2\sqrt{2}) \text{ または } (2\sqrt{2}, 1)$$

これと②より、求める 3 辺の長さは

$$(a, b, c) = (\sqrt{5}, 1, 2\sqrt{2}) \text{ または } (\sqrt{5}, 2\sqrt{2}, 1)$$

である。$\cdots\cdots\cdots\cdots\cdots\cdots\cdots$(答)

ココがポイント

§4. 図形と計量で, 立体図形のセンスをみがこう!

● 相似な図形の面積比・体積比を求めよう!

　"相似な図形"とは, 形状が同じで, サイズ(大きさ)の異なる図形のことを言うんだね。この場合, 相似な図形の対応する辺(線分)の比を"**相似比**"といい, この相似比がわかれば, 相似な図形の"**面積比**"と"**体積比**"は次のように, 簡単に求められる。

▌ 相似な図形の面積比と体積比

相似比が $a:b$ (a, b : 正の数) の 2 つの相似な図形について,

(1) その面積比は, $a^2:b^2$ になる。 ←─ 相似比の 2 乗に比例

(2) その体積比は, $a^3:b^3$ になる。 ←─ 相似比の 3 乗に比例

さらに, 底面積が S, 高さが h の"**円すい**"や"**角すい**"の体積 V を求める公式も下に示そう。

▌ 円すいや角すいの体積 V

$$V = \frac{1}{3} \cdot S \cdot h$$

$\begin{cases} V : 円すいや角すいの体積 \\ S : 底面積 \\ h : 高さ \end{cases}$

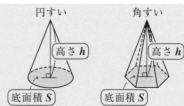

　以上の知識で, 次のような"**円すい台**"の体積を求めてみよう。

◆ 例題 18 ◆

右図のような, 上面が半径 a の円, 底面が半径 b の円, 高さが $b-a$ の直円すい台がある。この体積を求めよ。

(ただし, $0 < a < b$ とする。)

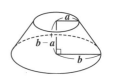

解答

右図のように，この円すい台の上部に，仮想的に底面が半径 a の円，高さが a の直円すいを考えると，求める円すい台の体積 V は，

$$V = \frac{1}{3} \cdot \pi b^2 \cdot b - \frac{1}{3}\pi a^2 \cdot a$$

底面が半径 b の円，高さが b の直円すい　－　底面が半径 a の円，高さが a の直円すい

$$= \frac{1}{3}\pi(b^3 - a^3) \text{ となる。} \cdots\cdots\cdots\cdots\text{(答)}$$

しかし，これは，次のような計算の仕方をすることも覚えておくといいよ。

これを計算しても，上の答えと同じ結果になるね。

$$V = \frac{1}{3}\pi b^2 \cdot b \left\{\underline{1} - \left(\frac{a}{b}\right)^3\right\}$$

仮想部分も含めた全体積

割り算形式の体積比

これは，全体積 $\underline{1}$ としたときに，引かれるべき仮想部分の体積の割合のことだ。

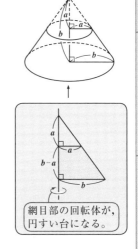

網目部の回転体が，円すい台になる。

また，半径 r の球の体積と表面積は，次の公式で求められる。

球の体積・表面積

半径 r の球の（ⅰ）体積 $V = \dfrac{4}{3}\pi r^3$，（ⅱ）表面積 $S = 4\pi r^2$ である。

これも重要な公式だ。半径 r の円の面積が πr^2 であることと一緒に，シッカリ頭に入れておこう。

1辺の長さが 8 の正方形 **ABCD** を底面とする四角錐 **P - ABCD** があり，

PA = PB = PC = PD = 12 とする。

(1) 頂点 **P** から底面 **ABCD** に下した垂線の足を **H** とする。

　　線分 **PH** の長さを求めよ。

(2) ∠ **BPD** = θ とおくとき，$\cos\theta$，$\sin\theta$ を求めよ。

　　またこの四角錐に外接する球の半径 **R** を求めよ。

(3) この四角錐に内接する球の半径 ***r*** を求めよ。　　　　（大阪経大＊）

ヒント!　四角錐についての空間図形の問題も，パーツに分解したり，断面にしぼって考えれば，結局平面図形の (三角比の) 問題に帰着するんだね。頑張ろう！

解答 & 解説

(1) 四角錐 **P-ABCD** の高さ

　　PH = *h* は，右図のよう

　　に直角三角形

　　PBH で考えると，

　　PB = 12，**BH =** $4\sqrt{2}$

　　よって，三平方の定理より，

　　$h^2 = PH^2 = 12^2 - (4\sqrt{2})^2$

　　　　$= 144 - 32 = 112$

　　∴ **PH =** $h = \sqrt{112} = 4\sqrt{7}$　………①　………（答）

　　　　$\boxed{4^2 \times 7}$

(2) この四角錐と外接球を平面 **PBD** で切ってできる断面で考える。

　　△ **PBD** の頂角∠ **BPD** = θ より，△ **PBD** に余弦定理を用いると，

$$\cos\theta = \frac{PB^2 + PD^2 - BD^2}{2 \cdot PB \cdot PD} = \frac{12^2 + 12^2 - (8\sqrt{2})^2}{2 \cdot 12 \cdot 12}$$

$$= \frac{2 \times 144 - 128}{2 \times 144} = \frac{160}{288} = \frac{5}{9}$$　…………（答）

図: P, B, H の直角三角形で辺が 12, *h*, $4\sqrt{2}$
パーツで考える

ココがポイント

⇦ *h* が分かれば，底面積 $S = 8^2 = 64$ より，この四角錐の体積 *V* は，

$$V = \frac{1}{3} \cdot S \cdot h = \frac{256\sqrt{7}}{3}$$

と求まる。

⇦

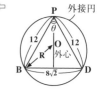

$0° < \theta < 90°$ より，$\sin\theta > 0$ よって，

$\sin\theta = \sqrt{1 - \cos^2\theta} = \sqrt{1 - \left(\dfrac{5}{9}\right)^2} = \sqrt{\dfrac{56}{9^2}} = \dfrac{2\sqrt{14}}{9}$ …(答)

$\Leftarrow$ $\sin^2\theta + \cos^2\theta = 1$ より
$\sin\theta = \sqrt{1 - \cos^2\theta}$
$(\because \sin\theta > 0)$

この四角錐の外接球の半径は，$\triangle\,\mathbf{PBD}$ の外接円の半径 R に等しい。よって，$\triangle\,\mathbf{PBD}$ に正弦定理を用いて，

$\Leftarrow$ 正弦定理
$\dfrac{\mathbf{BD}}{\sin\theta} = 2R$

$R = \dfrac{\mathbf{BD}}{2\sin\theta} = \dfrac{8\sqrt{2}}{2 \cdot \dfrac{2\sqrt{14}}{9}} = \dfrac{18}{\sqrt{7}} = \dfrac{18\sqrt{7}}{7}$ …………(答)

(3) この四角錐の底面の辺 $\mathbf{AB}$ と $\mathbf{DC}$ の中点をそれぞれ $\mathbf{E}$，$\mathbf{F}$ とおく。この四角錐とその内接球を，平面 $\mathbf{PEF}$ で切ってできる断面で考える。

すると，この四角錐の内接球の半径は，$\triangle\,\mathbf{PEF}$ の内接円の半径 r に等しい。

ここで，$\mathbf{PE} = \mathbf{PF} = \sqrt{\mathbf{PC}^2 - \mathbf{CF}^2} = 8\sqrt{2}$，$\mathbf{EF} = 8$

また，$\triangle\,\mathbf{PEF}$ の面積を S' とおくと，内接球の半径 r の公式より，

$\underbrace{S' = \dfrac{1}{2}(\mathbf{PE} + \mathbf{PF} + \mathbf{EF}) \cdot r}$
$\underbrace{\dfrac{1}{2} \cdot \mathbf{EF} \cdot h}$

$8 \times \underbrace{4\sqrt{7}}_{h((1)\text{より})} = (8\sqrt{2} + 8\sqrt{2} + 8) \cdot r$

$r = \dfrac{\cancel{8} \cdot 4\sqrt{7}}{\cancel{8} \cdot (2\sqrt{2} + 1)} = \dfrac{4\sqrt{7}(2\sqrt{2} - 1)}{\underbrace{(2\sqrt{2} + 1)(2\sqrt{2} - 1)}_{8 - 1 = 7}}$

$= \dfrac{8\sqrt{14} - 4\sqrt{7}}{7}$ ……………………………(答)

$\Leftarrow$

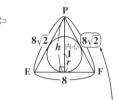

直角三角形 $\mathbf{PCF}$ で考えて $\mathbf{PF}$ を求める。

1. 半径 r の半円による三角比の定義

$$\cos\theta = \frac{x}{r}, \qquad \sin\theta = \frac{y}{r}, \qquad \tan\theta = \frac{y}{x}$$

$$(x \neq 0)$$

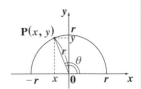

2. 三角比の基本公式

(1) $\cos^2\theta + \sin^2\theta = 1$　(2) $\tan\theta = \dfrac{\sin\theta}{\cos\theta}$　(3) $1 + \tan^2\theta = \dfrac{1}{\cos^2\theta}$

3. 正弦定理

$$\frac{a}{\sin A} = \frac{b}{\sin B} = \frac{c}{\sin C} = 2R$$

　（R：$\triangle ABC$ の外接円の半径）

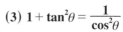

4. 余弦定理

(i) $a^2 = b^2 + c^2 - 2bc\cos A$

(ii) $b^2 = c^2 + a^2 - 2ca\cos B$

(iii) $c^2 = a^2 + b^2 - 2ab\cos C$

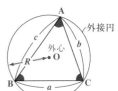

5. 三角形の面積 S

$$S = \frac{1}{2}ab\sin C = \frac{1}{2}bc\sin A = \frac{1}{2}ca\sin B$$

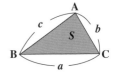

6. 三角形の内接円の半径 r

$$S = \frac{1}{2}(a + b + c)r \qquad (S：\triangle ABC \text{ の面積})$$

7. 円すいや角すいの体積 V

$$V = \frac{1}{3}S \cdot h \qquad (S：底面積, \quad h：高さ)$$

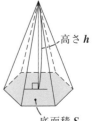

高さ h

底面積 S

⑤ データの分析

▶ 1 変数データの分析
（箱ひげ図，分散 S^2 と標準偏差 S）

▶ 2 変数データの分析
（散布図，共分散 S_{XY} と相関係数 r_{XY}）

講義⑤ データの分析

これから，"**データの分析**"の講義を始めよう。具体的には，与えられた N 個 (または，N 組) の数値データを基に表やグラフを描き，そのデータ分布の代表値 (平均値など) や散らばり具合を表す指標 (分散など) を求めたり，また 2 変数データの場合は，相関を表す指標 (相関係数) を調べたりするんだね。エッ，大変そうだって？確かに用語が難しいけれど，また分かりやすく解説するから大丈夫だよ。

それでは，このデータの分析で扱うテーマを示しておこう。

・**1 変数データ (ヒストグラム，代表値，箱ひげ図，分散)**

・**2 変数データ (正・負の相関，共分散，相関係数)**

§1. 1 変数データの分析から始めよう！

● まず，数値データの分析の基本を押さえよう！

データ分析の基本は具体例で学ぶのが一番早いので，次の **12** 個の数値データについて具体的に解説しよう。これは，例えば **12** 人が行ったゲームの得点結果であったとでも考えてくれればいい。

43, 21, 26, 53, 34, 13, 24, 47, 31, 18, 39, 23

これらのデータを**変量 X** とおき，さらに，これを小さい順に並べ替えて，

$X =$ **13, 18, 21, 23, 24, 26, 31, 34, 39, 43, 47, 53** とおく。

> 一般に N 個のデータの場合，変量 $X = x_1, x_2, \cdots, x_N$ のように表す。

次に，これらを $0 \leqq X < 10$，$10 \leqq X < 20$，$\cdots$，$50 \leqq X < 60$ のように，分類する。そして，各**階級**に入るデータの個数を**度数 f** と呼び，これを表に

> "*frequency*" (度数) の頭文字をとった。

したものを**度数分布表**という。具体例を表 **1** に示そう。

各階級の**代表値**として，**階級値**は，各階級の下限値と上限値の相加平均をとったもので表す。また，度数の総和はデータの個数の $N = 12$ と当然一致するんだけれど，各階級の度数を全データの個数で割ったものを，**相対度数**と呼ぶことも覚えておこう。この相対度数の総和は当然 **1** となる。

132

そして，この度数分布表を基にして，横軸に変量（得点）X，縦軸に度数fをとって棒グラフで表示したものを**ヒストグラム**という。このヒストグラムを見れば，得点データの分布の様子が一目で分かるんだね。この一連のデータの整理の仕方がデータ分析の基本中の基本だから，手順をシッカリ覚えておこう。

表1　度数分布表

X の階級	階級値	度数 f	相対度数
$10 \leqq X < 20$	15	2	0.167
$20 \leqq X < 30$	25	4	0.333
$30 \leqq X < 40$	35	3	0.250
$40 \leqq X < 50$	45	2	0.167
$50 \leqq X < 60$	55	1	0.083
総計		12	1

図1　ヒストグラム

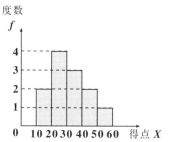

● データ分布の代表値も押さえておこう！

次に，データ分布を**1**つの**代表値**で表すこともできる。ここでは，**3**つの代表値として，（Ⅰ）**平均値** m，（Ⅱ）**メジアン（中央値）** m_e，（Ⅲ）**モード**

> *"mean value"*（平均値）の頭文字をとった。$\overline{X}$ と表す。

> *"median"*（中央値）の頭**2**文字をとった。

（**最頻値**）m_o の意味と求め方を解説しよう。

> *"mode"*（最頻値）の頭**2**文字をとった。

　N 個のデータが，$X = x_1, x_2, \cdots, x_N$ と与えられているとき，
（Ⅰ）平均値 $m(= \overline{X})$ は，

$$m = \overline{X} = \frac{x_1 + x_2 + x_3 + \cdots + x_N}{N}$$

で定義される。これは，試験の平均点など…，最もよく利用される代表値なんだね。

次に，（Ⅱ）メジアン（中央値）m_e とは，文字通り数値データを小さい順に並べたときの真ん中の値のことなんだけれど，これはデータの個数 N が（ⅰ）奇数か，（ⅱ）偶数によって，その求め方が異なる。

133

（II）メジアン（中央値）m_e は，n を 0 以上の整数として，

（ⅰ）$N = 2n + 1$（奇数）のとき，

$m_e = x_{n+1}$ であり，

$$x_1, x_2, \cdots, x_n, \boxed{x_{n+1}}, x_{n+2}, \cdots, x_{2n+1}$$
$$\underbrace{\quad}_{n\text{ 個のデータ}} \quad \underbrace{\quad}_{m_e} \quad \underbrace{\quad}_{n\text{ 個のデータ}}$$

（ⅱ）$N = 2n$（偶数）のとき，

$m_e = \dfrac{x_n + x_{n+1}}{2}$ である。

$$x_1, x_2, \cdots, x_{n-1}, x_n, x_{n+1}, x_{n+2}, \cdots, x_{2n}$$
$$\underbrace{\quad}_{n-1\text{ 個のデータ}} \quad \underbrace{\dfrac{x_n + x_{n+1}}{2}}_{m_e} \quad \underbrace{\quad}_{n-1\text{ 個のデー}}$$

そして，

（III）モード（最頻値）m_o は，

度数が最も大きい階級の階級値のことである。

以上が，3 つの代表値の定義なんだね。では早速，先程の $N = 12$ 個（偶数個）のゲームの得点データの 3 つの代表値（m，m_e，m_o）を求めてみよう。

$$X = \underbrace{13,\quad 18,\quad 21,\quad 23,\quad 24}_{5\text{ 個のデータ}},\quad \underbrace{26,\quad 31}_{m_e = \frac{x_6 + x_7}{2}},\quad \underbrace{34,\quad 39,\quad 43,\quad 47,\quad 53}_{5\text{ 個のデータ}}$$

（I）平均値 $m\,(= \overline{X})$ は，

$$m = \overline{X} = \frac{13 + 18 + 21 + 23 + \cdots + 47 + 53}{12} = \frac{372}{12} = 31 \quad \text{であり，}$$

（II）次に，データ数 $N = 12$（偶数）より，メジアン（中央値）m_e は，

$$m_e = \frac{x_6 + x_7}{2} = \frac{26 + 31}{2} = 28.5$$

となるんだね。

（III）最後に，モード（最頻値）m_o は，

右のヒストグラムより，$20 \leqq X < 30$ の階級で度数 f が最大となるので，この階級値 $\dfrac{20 + 30}{2} = 25$ がモード m_o になる。

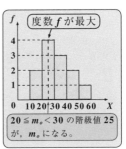

$\therefore m_o = 25$ となるんだね。

● データ分布の特徴は箱ひげ図でも表せる！

小さい順に並べた N 個のデータ $X = x_1, x_2, \cdots, x_N$ は，最小値 $min =$ x_1 から最大値 $max = x_N$ の間に 100% すべてのデータが入っており，これを 50% ずつ 2 等分するデータの値がメジアン (中央値)m_e だったんだね。そして，これをもう少し細分化して，データを 25% ずつほぼ 4 等分して，データ分布の特徴を表す図が，**箱ひげ図**と呼ばれるものなんだ。そのためには，最小値 $min(= x_1)$ から最大値 $max(= x_N)$ までの全データを 4 等分する 3 点を取る必要がある。これを小さい順に**第 1 四分位数** (または，25% 点)q_1，**第 2 四分位数** (メジアン m_e のこと)q_2，**第 3 四分位数** (または 75% 点)q_3 と呼び，これら 3 点を総称して，**四分位数**と呼ぶんだね。

("quartile" (四分位数) の頭文字をとった。)

データ $X = x_1, x_2, \cdots, x_N$ を X 軸上に取って，最小値 $min(= x_1)$，第 1，第 2，第 3 四分位数 q_1，q_2，q_3，そして最大値 $max(= x_N)$ を求めれば，図 2 に示すような箱ひげ図を描くこと

図 2　箱ひげ図

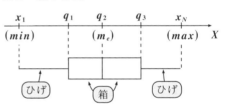

ができる。この箱ひげ図の左側のひげ，左側の箱，右側の箱，右側のひげの各部分にほぼ 25% ずつのデータが存在するので，ヒストグラムの大体の特徴をこれから直感的につかむことができるんだね。

それでは，第 1，第 2，第 3 四分位数 q_1，q_2，q_3 の求め方に若干のコツがあるので教えておこう。これらの四分位数を求める際に，データの個数 N が，(i) $N = 4n$ のとき，(ii) $N = 4n + 1$ のとき，(iii) $N = 4n + 2$ のとき，そして (iv) $N = 4n + 3$ のとき，(ただし，n：正の整数) の 4 通りに場合分けしなければいけないんだね。エッ，メンドウそうだって !? 確かに一般論でいうと難しく感じるかも知れないけど，それぞれの場合について，$n = 2$ の場合，すなわち，$N = 8$，9，10，11 の場合の例を次ページに図示しておくので，スグにコツがつかめると思う。頑張ってくれ！

第1，第2，第3四分位数 q_1，q_2，q_3 の求め方について，

(ⅰ) $N = 4n$ のとき

$$q_1 = \frac{x_n + x_{n+1}}{2},$$

$$q_2 = \frac{x_{2n} + x_{2n+1}}{2}$$

$$q_3 = \frac{x_{3n} + x_{3n+1}}{2}$$

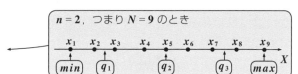

(ⅱ) $N = 4n + 1$ のとき

$$q_1 = \frac{x_n + x_{n+1}}{2},$$

$$q_2 = x_{2n+1}$$

$$q_3 = \frac{x_{3n+1} + x_{3n+2}}{2}$$

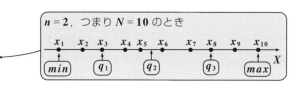

(ⅲ) $N = 4n + 2$ のとき

$$q_1 = x_{n+1},$$

$$q_2 = \frac{x_{2n+1} + x_{2n+2}}{2}$$

$$q_3 = x_{3n+2}$$

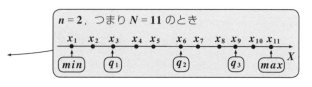

(ⅳ) $N = 4n + 3$ のとき

$$q_1 = x_{n+1},$$

$$q_2 = x_{2n+2}$$

$$q_3 = x_{3n+3}$$

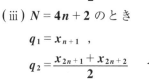
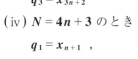

どう？ q_1，q_2，q_3 の求め方のコツもマスターできた？

では，前述したゲームの 12 個の得点データを基に，*min*，q_1，q_2，q_3，*max* の値を求めて，実際に箱ひげ図を描いてみよう。 $N = 4n$ の $n = 3$ のとき

$X = 13,\ \underline{18},\ \underline{21},\ \underline{23},\ \underline{24},\ \underline{26},\ \underline{31},\ \underline{34},\ \underline{39},\ \underline{43},\ \underline{47},\ \underline{53}$

x_1 x_2 x_3 x_4 x_5 x_6 x_7 x_8 x_9 x_{10} x_{11} x_{12}

min　　　$q_1 = \frac{x_3 + x_4}{2}$　　$q_2 = \frac{x_6 + x_7}{2}$　　$q_3 = \frac{x_9 + x_{10}}{2}$　　*max*

これから，$min = x_1 = 13$，$q_1 = \dfrac{x_3 + x_4}{2} = \dfrac{44}{2} = 22$，$q_2 = \dfrac{x_6 + x_7}{2} = \dfrac{57}{2} = 28.5$，

$q_3 = \dfrac{x_9 + x_{10}}{2} = \dfrac{82}{2} = 41$，$max = x_{12} = 53$ が求まるので，このデータ分布の

箱ひげ図を描くと，図3のようになる。これで箱ひげ図の描き方もよく分かったと思う。

では，最後に用語の説明をしておこう。図4に示すように，箱ひげ図の左端 ($= min$) から右端 ($= max$) までの長さを**範囲**と呼び，箱の左端 ($= q_1$) から右端 ($= q_3$) までの長さを**四分位範囲**という。そして，この四分位範囲の半分の長さを**四分位偏差**というので，これらの用語も正確に覚えておこう。

図3　12個の得点データの箱ひげ図

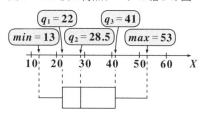

図4　四分位範囲と四分位偏差

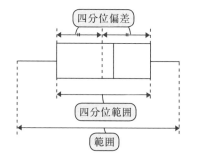

● データ分布の散らばり具合は分散と標準偏差で調べる！

図5(ⅰ)，(ⅱ)に平均値 m の等しい2つのデータのヒストグラムを示した。これから図5(ⅰ)のデータ分布の方が，図5(ⅱ)のデータ分布よりも，平均値 m の近くにデータが多数存在して，散らばり具合が小さいことが分かると思う。

このように，平均値が同じでも，データの散らばり具合によってまったく異なる分布になるので，この散らばり具合を調べる指標も必要となるんだね。

この散らばり具合を示す指標として，**分散** S^2 と**標準偏差** S がある。

まず，これらの定義式を次に示そう。

図5　データの散らばり具合の違い

(ⅰ) 散らばりが小さい

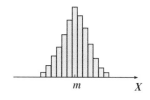

(ⅱ) 散らばりが大きい

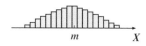

137

分散 S^2 と標準偏差 S

平均値が m である N 個のデータ x_1, x_2, $\cdots$, x_N について

(ⅰ) 分散 $S^2 = \dfrac{1}{N}\{(x_1 - m)^2 + (x_2 - m)^2 + \cdots + (x_N - m)^2\}$ $\quad\cdots\cdots(*1)$

(ⅱ) 標準偏差 $S = \sqrt{S^2}$ $\quad\cdots\cdots\cdots\cdots\cdots\cdots\cdots\cdots\cdots\cdots\cdots\cdots\cdots\cdots\cdots\cdots(*2)$

$\left(\text{ただし，平均値 } m = \dfrac{1}{N}(x_1 + x_2 + \cdots + x_N)\right)$

一般に，$x_i - m \ (i = 1, 2, \cdots, N)$ は，i 番目のデータの平均値 m からのズレを表すので，これを偏差と呼ぶ。しかし，この偏差の総和をとっても，⊕，⊖ で打ち消し合って 0 となるだけなので，散らばり具合を表す指標として，この 2 乗の総和を求めることにするんだね。これを偏差平方和という。ただし，これだと，データの個数 N が大きな分布程，その値が大きくなるので，散らばり具合の指標としてふさわしくない。よって，この平均をとって，N で割ったんだ。以上により，$(*1)$ の分散 S^2 の定義式が導かれるんだね。納得いった？

　この分散 S^2 の式 $(*1)$ は変形して，

$$S^2 = \frac{1}{N}(x_1^2 + x_2^2 + \cdots + x_N^2) - m^2 \quad\cdots(*1)'$$

と表すこともできる。$(*1)'$ の形で分散を計算する方が早い場合もあるので，$(*1)'$ も分散 S^2 の計算式として，覚えておこう。

　でも，この分散 S^2 を求める式 $(*1)$ や $(*1)'$ から分かるように，データの値 x_i を 2 乗した形になっているので，この次元を 1 次に戻すために，この分散 S^2 の正の平方根をとって，データの散らばり具合の指標とすることも多い。これが，標準偏差 S $(*2)$ なんだね。

$(*1)$ より，

$$
\begin{aligned}
S^2 &= \frac{1}{N}(x_1{}^2 - 2mx_1 + m^2 \\
&\qquad + x_2{}^2 - 2mx_2 + m^2 + \cdots \\
&\qquad + x_N{}^2 - 2mx_N + m^2) \\
&= \frac{1}{N}\{(x_1{}^2 + x_2{}^2 + \cdots + x_N{}^2) \\
&\qquad - 2m\underbrace{(x_1 + x_2 + \cdots + x_N)}_{\boxed{Nm}} \\
&\qquad\qquad\qquad\qquad + Nm^2\} \\
&= \frac{1}{N}\{(x_1{}^2 + x_2{}^2 + \cdots + x_N{}^2) \\
&\qquad\qquad \underbrace{- 2Nm^2 + Nm^2}_{\boxed{-Nm^2}}\} \\
&= \frac{1}{N}(x_1{}^2 + x_2{}^2 + \cdots + x_N{}^2) - m^2
\end{aligned}
$$

　それでは，実際に次の例題で，データの分散 S^2 と標準偏差 S を求めてみよう。この際に，表を利用すると便利だと思う。

◆例題18◆

次の 5 つの数値データを基に，この分散 S^2 と標準偏差 S を求めよ。

8，2，9，1，5

数値データを変量 X により，

$$X = \underset{(x_1)}{8}, \underset{(x_2)}{2}, \underset{(x_3)}{9}, \underset{(x_4)}{1}, \underset{(x_5)}{5}$$

とおく。

この平均値 m は，

$$m = \frac{1}{5}(8 + 2 + 9 + 1 + 5)$$

$$= \frac{25}{5} = 5 \quad \cdots\cdots ①$$

①を用いて分散 S^2 を求めると，

$$S^2 = \frac{1}{5}\{(8-5)^2 + (2-5)^2$$

$$+ (9-5)^2 + (1-5)^2 + (5-5)^2\}$$

$$= \frac{1}{5}(9 + 9 + 16 + 16)$$

$$= \frac{50}{5} = 10$$

表

> 各 x_i から m を引いたもの

> 偏差平方

データ No	データ X	偏差 $x_i - m$	偏差平方 $(x_i - m)^2$
1	8	3	9
2	2	-3	9
3	9	4	16
4	1	-4	16
5	5	0	0
合計	25	0	50
平均	⑤		⑩

> 平均値 m

> 偏差の総和は 0 になる。

> 分散 S^2

> 標準偏差 $S = \sqrt{10}$

よって，求める標準偏差は S, $S = \sqrt{S^2} = \sqrt{10}$ となる。

以上の計算は，右上に示した表の形でまとめると，間違いなく計算できることも分かると思う。

参考

S^2 は，公式 $(*1)'$ を用いて，

$$S^2 = \frac{1}{5}(8^2 + 2^2 + 9^2 + 1^2 + 5^2) - 5^2 = \frac{64 + 4 + 81 + 1 + 25}{5} - 25$$

$$= \frac{175}{5} - 25 = 35 - 25 = 10 \quad \text{と計算しても，もちろん構わない。}$$

小さい順に並べた 6 個のデータ

x_1, x_2, 3, x_4, x_5, x_6 の箱ひげ図を

右に示す。このとき,

(1) x_1, x_2, x_4, x_5, x_6 の値を求めよ。

(2) このデータの分散 S^2 を求めよ。

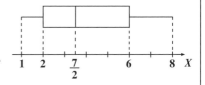

ヒント！ (1) 箱ひげ図から, 第1, 第2, 第3 の四分位数などを読み取って, データの値を決定するんだね。(2) は, 偏差や偏差平方の表を利用するといい。

解答 & 解説

(1) 箱ひげ図より, 第 1, 第 2, 第 3 四分位数をそ

れぞれ q_1, q_2, q_3 とおくと,

最小値 $(min) = x_1 = 1$, 最大値 $(max) = x_6 = 8$,

$q_1 = x_2 = 2$, $q_2 = \dfrac{3 + x_4}{2} = \dfrac{7}{2}$, $q_3 = x_5 = 6$

以上より, $x_1 = 1$, $x_2 = 2$, $x_4 = 4$,

$\quad\quad x_5 = 6$, $x_6 = 8$ ……………………(答)

(2) (1) の結果より,

変量 $X = \underset{(x_1)}{1}$, $\underset{(x_2)}{2}$, $\underset{(x_3)}{3}$, $\underset{(x_4)}{4}$, $\underset{(x_5)}{6}$, $\underset{(x_6)}{8}$

の平均値 m は,

$m = \dfrac{1}{6}(1 + 2 + 3 + 4 + 6 + 8) = \dfrac{24}{6} = 4$

よって, 各データの偏差平方和の平均

を右の表から求めると, これが分散 S^2

となるので,

$S^2 = \dfrac{1}{6}(9 + 4 + 1 + 0 + 4 + 16)$

$\quad = \dfrac{34}{6} = \dfrac{17}{3}$ となる。 ……………………(答)

ココがポイント

x_1 x_2 3 x_4　　x_5　　x_6

$\underset{(min)}{1}$ $\underset{(q_1)}{2}$ $\underset{(q_2)}{\frac{7}{2}}$ $\underset{(q_3)}{6}$ $\underset{(max)}{8}$ X

データ数 $N = 4n + 2$ の
パターンだね。

平均値と分散を求める表

データ No	データ X	偏差 $x_i - m$	偏差平方 $(x_i - m)^2$
1	1	-3	9
2	2	-2	4
3	3	-1	1
4	4	0	0
5	6	2	4
6	8	4	16
合計	24	0	34
平均	4		$\dfrac{17}{3}$

平均 m　　　　　分散 S^2

分散の応用

| 演習問題 43 | 難易度 ★★ | CHECK 1 | CHECK 2 | CHECK 3 |

4 個の数値データ 3, 1, 8, x がある。このデータの分散 S^2 が

$S^2 = \dfrac{13}{2}$ であるとき，データ x の値を求めよ。

ヒント！ この平均値 $m = 3 + \dfrac{x}{4}$ より，偏差平方和の平均 $= \dfrac{13}{2}$ とおいて，x の値を求めればいいんだ。計算が少しメンドウだけれど，シッカリ結果を求めよう！

解答 & 解説

変量 $X = 3, 1, 8, x$ の平均値 m は，

$m = \dfrac{1}{4}(3 + 1 + 8 + x) = 3 + \dfrac{x}{4}$ ……① となる。

よって，分散 $S^2 = \dfrac{13}{2}$ より，

$\dfrac{13}{2} = \dfrac{1}{4}\{(3 - \underline{m})^2 + (1 - \underline{m})^2 + (8 - \underline{m})^2 + (x - \underline{m})^2\}$

$\underbrace{\left(3 + \dfrac{x}{4}\right)}\quad \underbrace{\left(3 + \dfrac{x}{4}\right)}\quad \underbrace{\left(3 + \dfrac{x}{4}\right)}\quad \underbrace{\left(3 + \dfrac{x}{4}\right)}$

……②

②の両辺に 4 をかけて，①を代入してまとめると，

$\underbrace{\left(-\dfrac{x}{4}\right)^2}_{\boxed{\frac{x^2}{16}}} + \underbrace{\left(-2 - \dfrac{x}{4}\right)^2}_{\boxed{4 + x + \frac{x^2}{16}}} + \underbrace{\left(5 - \dfrac{x}{4}\right)^2}_{\boxed{25 - \frac{5}{2}x + \frac{x^2}{16}}} + \underbrace{\left(\dfrac{3}{4}x - 3\right)^2}_{\boxed{\frac{9}{16}x^2 - \frac{9}{2}x + 9}} = 26$

$\dfrac{3}{4}x^2 - 6x + 38 = 26$

$\dfrac{3}{4}x^2 - 6x + 12 = 0$ 両辺に $\dfrac{4}{3}$ をかけて，

$x^2 - 8x + 16 = 0$

$(x - 4)^2 = 0$ ∴ $x = 4$ である。 ……………(答)

ココがポイント

⇐分散 S^2 の定義より

$S^2 = \dfrac{1}{4}\{(x_1 - m)^2 + (x_2 - m)^2 + (x_3 - m)^2 + (x_4 - m)^2\}$

⇐$\dfrac{x^2}{16} + \dfrac{x^2}{16} + x + 4 + \dfrac{x^2}{16} - \dfrac{5}{2}x$

$+ 25 + \dfrac{9}{16}x^2 - \dfrac{9}{2}x + 9 = 26$

$\dfrac{1 + 1 + 1 + 9}{16}x^2 + \left(1 - \dfrac{5}{2} - \dfrac{9}{2}\right)x$

$+ (4 + 25 + 9) = 26$

§2. 2変数データの分析にもチャレンジしよう！

● 2変数データの相関関係を調べよう！

1変数データ $X = x_1, x_2, \cdots, x_N$ の分析手法については前回解説したので、これから、2変数データの分析の仕方について教えよう。

たとえば、N 人のクラスの生徒が受けた数学と英語の試験の得点結果を、

$$\begin{cases} 数学の得点\ X = x_1, x_2, \cdots, x_N \\ 英語の得点\ Y = y_1, y_2, \cdots, y_N \end{cases} \quad とおいたとき、$$

これらをそれぞれ (x_1, y_1), (x_2, y_2), $\cdots$, (x_N, y_N) のように対にした形で表されるデータのことを2変数データというんだね。

これら2変数データ (x_1, y_1), (x_2, y_2), $\cdots$, (x_N, y_N) は、N 個の点の座標とみなせるので、これらは、図6に示すように、XY 座標平面上の N 個の点として表すことができる。このように、N 個の点が散りばめられた図のことを散布図というんだね。

ここで、典型的な例として、2つの変量 X と Y の間に、

(Ⅰ) **正の相関がある**、

(Ⅱ) **負の相関がある**、

(Ⅲ) **相関がない**、

の3つの場合を、順に図6の(ⅰ)、(ⅱ)、(ⅲ)に示そう。

(Ⅰ) 図6(ⅰ)のように、X と Y の一方が増加すると他方も増加する傾向があるとき、"X と Y の間に正の相関がある"といい、

図6　散布図と相関関係

(ⅰ) 正の相関がある

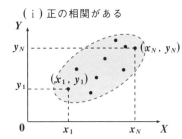

(ⅱ) 負の相関がある

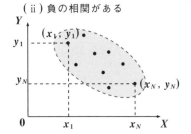

(ⅲ) 相関がない

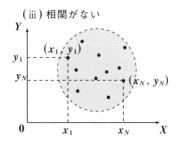

142

(Ⅱ) 図 **6**(ⅱ) のように，X と Y の一方が増加すると他方が減少する傾向があるとき，"X と Y の間に負の相関がある" といい，

(Ⅲ) 図 **6**(ⅲ) のように，正の相関も負の相関も認められないとき，"X と Y の間には相関がない" という。

以上の相関関係の有無は散布図を描くことによって，直感的に分かるわけだけれど，これを数値で表す指標として，**共分散 S_{XY}** や**相関係数 r_{XY}** があるんだね。これから解説しよう。

● 共分散と相関係数を求めよう！

2 変数データ (x_1, y_1)，(x_2, y_2)，…，(x_N, y_N) の相関関係の指標である共分散 S_{XY} と相関係数 r_{XY} の定義式を下に示そう。

共分散 S_{XY} と相関係数 r_{XY}

$$\begin{cases} \text{変量 } X = x_1, x_2, \cdots, x_N \text{ の平均値を } m_X, \text{ 標準偏差を } S_X \text{ とおき，} \\ \text{変量 } Y = y_1, y_2, \cdots, y_N \text{ の平均値を } m_Y, \text{ 標準偏差を } S_Y \text{ とおく。} \end{cases}$$

このとき，**2** 変数データ (x_1, y_1)，(x_2, y_2)，…，(x_N, y_N) の
(Ⅰ) 共分散 S_{XY} と (Ⅱ) 相関係数 r_{XY} は次式で求められる。

(Ⅰ) 共分散 $S_{XY} = \dfrac{1}{N}\{(x_1 - m_X)(y_1 - m_Y) + (x_2 - m_X)(y_2 - m_Y)$
$$+ \cdots + (x_N - m_X)(y_N - m_Y)\} \quad \cdots\cdots\cdots(*1)$$

(Ⅱ) 相関係数 $r_{XY} = \dfrac{S_{XY}}{S_X \cdot S_Y}$ $\quad\cdots\cdots\cdots\cdots\cdots\cdots\cdots\cdots\cdots\cdots\cdots\cdots(*2)$

$$\left[\begin{array}{l} \text{ただし，} \cdot m_X = \dfrac{1}{N}(x_1 + x_2 + \cdots + x_N) \\[2mm] \quad\quad \cdot S_X = \sqrt{\dfrac{1}{N}\{(x_1 - m_X)^2 + (x_2 - m_X)^2 + \cdots + (x_N - m_X)^2\}} \\[2mm] \quad\quad \cdot m_Y = \dfrac{1}{N}(y_1 + y_2 + \cdots + y_N) \\[2mm] \quad\quad \cdot S_Y = \sqrt{\dfrac{1}{N}\{(y_1 - m_Y)^2 + (y_2 - m_Y)^2 + \cdots + (y_N - m_Y)^2\}} \end{array}\right]$$

まず，共分散 S_{XY} の定義式：

$$S_{XY} = \frac{1}{N}\{(x_1 - m_X)(y_1 - m_Y) + \cdots + \underline{(x_i - m_X)(y_i - m_Y)} + \cdots + (x_N - m_X)(y_N - m_Y)\} \cdots (*1)$$

$\boxed{i = 1, 2, 3, \cdots, N \text{ と変化させることにより，これは \{ \} 内のすべての項を表せる一般項なんだね。}}$

の $\{\ \}$ 内の一般項 $(x_i - m_X)(y_i - m_Y)$ $(i = 1, 2, 3, \cdots, N)$ の符号について考えてみよう。

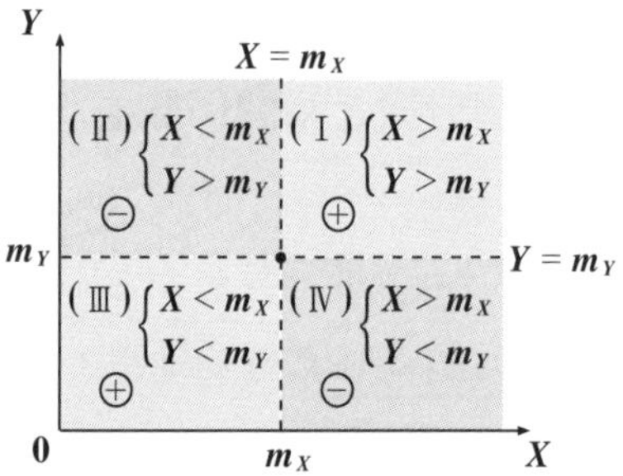

図7に示すように，XY 座標平面 $(X > 0, Y > 0)$ をさらに，点 (m_X, m_Y) を通る2直線 $X = m_X$ と $Y = m_Y$ により，4つの領域に分割して考えてみると，

図7　$(x_i - m_X)(y_i - m_Y)$ の符号

(I) $X > m_X$，$Y > m_Y$ の領域内に点 (x_i, y_i) が存在するとき，

$x_i - m_X > 0$ かつ $y_i - m_Y > 0$ より，

$\underset{\oplus}{(x_i - m_X)}\underset{\oplus}{(y_i - m_Y)} > 0$ となる。

(II) $X < m_X$，$Y > m_Y$ の領域内に点 (x_i, y_i) が存在するとき，

$x_i - m_X < 0$ かつ $y_i - m_Y > 0$ より，$\underset{\ominus}{(x_i - m_X)}\underset{\oplus}{(y_i - m_Y)} < 0$ となる。

(III) $X < m_X$，$Y < m_Y$ の領域内に点 (x_i, y_i) が存在するとき，

$x_i - m_X < 0$ かつ $y_i - m_Y < 0$ より，$\underset{\ominus}{(x_i - m_X)}\underset{\ominus}{(y_i - m_Y)} > 0$ となる。

(IV) $X > m_X$，$Y < m_Y$ の領域内に点 (x_i, y_i) が存在するとき，

$x_i - m_X > 0$，$y_i - m_Y < 0$ より，$\underset{\oplus}{(x_i - m_X)}\underset{\ominus}{(y_i - m_Y)} < 0$ となる。

　以上より，(I)(III)の領域に点がたくさん存在すれば，つまり正の相関が強ければ，$\{\ \}$ 内の $(x_i - m_X)(y_i - m_Y)$ の項は $\oplus$ が多くなって，正の値をとる。逆に(II)，(IV)の領域に点がたくさん存在すれば，つまり負の相関が強ければ，$\{\ \}$ 内は負の値をとるようになる。しかし，これだと，データの個数 N が大きい程，正・負いずれの絶対値も大きくなる可能性が高

いので，これを N で割って平均として求めたものが，共分散 S_{XY} の定義式 (* 1) なんだね。納得いった？

そして，理論的な証明は高校数学の範囲では難しいんだけれど，この共分散 S_{XY} を，X と Y の標準偏差の積 $S_X \cdot S_Y$ で割ったものを，相関係数 r_{XY} $\left(= \dfrac{S_{XY}}{S_X \cdot S_Y} \right)$ とおくと，これは，$-1 \leqq r_{XY} \leqq 1$ の範囲しか変化できないように限定することができる。したがって，この相関係数 r_{XY} が正または負の相関関係を示す指標として，最も洗練されたものと言えるんだね。この r_{XY} の値と散布図との関係を，図 8 (i) ～ (v) と共に以下に示そう。

(i) $r_{XY} = -1$ のとき，すべてのデータ (x_i, y_i) は，点 (m_X, m_Y) を通る負の傾きの直線上に並ぶ。(最も負の相関が強い。)

(ii) $-1 < r_{XY} < 0$ のとき，X と Y に負の相関があり，r_{XY} が -1 から 0 に近づく程，負の相関は弱まる。

(iii) $r_{XY} = 0$ のとき，X と Y に相関が認められない。

(iv) $0 < r_{XY} < 1$ のとき，X と Y に正の相関があり，r_{XY} が 0 から 1 に近づく程，正の相関は強まる。

(v) $r_{XY} = 1$ のとき，すべてのデータ (x_i, y_i) は，点 (m_X, m_Y) を通る正の傾きの直線上に並ぶ。(最も正の相関が強い。)

図 8　相関係数 r_{XY} と散布図の関係

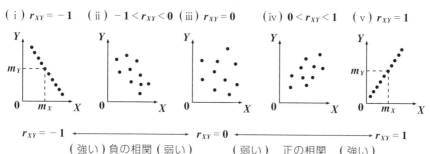

以上で，共分散 S_{XY} と相関係数 r_{XY} の解説は終わったので，次の演習問題で，具体的にこれらの値を求めてみることにしよう。

共分散と相関係数

次の **8** 組の **2** 変数データがある。

(x_1, y_1), $(3, 3)$, $(7, 5)$, $(10, 9)$, $(3, 6)$, $(4, 5)$, $(7, 8)$, $(9, 10)$

ここで, **2** 変量 X, Y を

$$\begin{cases} X = x_1, \ 3, \ 7, \ 10, \ 3, \ 4, \ 7, \ 9 \\ Y = y_1, \ 3, \ 5, \ 9, \ 6, \ 5, \ 8, \ 10 \end{cases} \quad \text{とおく。}$$

X の平均値 $m_X = 6$ であり, Y の平均値 $m_Y = 7$ である。

(1) x_1 と y_1 の値を求めよ。

(2) このデータの散布図を描け。

(3) X と Y の共分散 S_{XY} と相関係数 r_{XY} を求めよ。

ヒント! **(1),(2)** 2 つの変量の平均値 m_X と m_Y の値が与えられているので, x_1 と y_1 はスグに求まるので, 散布図も描けるね。**(3)** の共分散 S_{XY} と相関係数 r_{XY} を求めるためには, X と Y の標準偏差 S_X と S_Y も求めないといけないので, 表を利用することが, 効率よく計算するためのポイントになる。頑張ろう!

解答&解説

(1) 変量 $X = x_1$, 3, 7, 10, 3, 4, 7, 9 の

平均値 $m_X = 6$ より,

$$m_X = \boxed{\frac{1}{8}(x_1 + 3 + 7 + \cdots + 9) = 6}$$

よって, $x_1 + 43 = 48$ より, $x_1 = 5$ ....(答)

変量 $Y = y_1$, 3, 5, 9, 6, 5, 8, 10 の

平均値 $m_Y = 7$ より,

$$m_X = \boxed{\frac{1}{8}(y_1 + 3 + 5 + \cdots + 10) = 7}$$

よって, $y_1 + 46 = 56$ より, $y_1 = 10$ ....(答)

(2) **(1)** の結果より, 8 組の 2 変数データ:

$(5, 10)$, $(3, 3)$, $(7, 5)$, $(10, 9)$, $(3, 6)$,

$(4, 5)$, $(7, 8)$, $(9, 10)$ の散布図は次のよう

になる。

ココがポイント

$\Leftarrow \dfrac{1}{8}(x_1 + 3 + 7 + 10 + 3 + 4 + 7 + 9) = 6$ より

$\dfrac{1}{8}(x_1 + 43) = 6$

$\Leftarrow \dfrac{1}{8}(y_1 + 3 + 5 + 9 + 6 + 5 + 8 + 10) = 7$ より

$\dfrac{1}{8}(y_1 + 46) = 7$

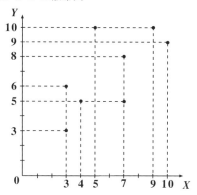

X と Y の散布図

⇦それ程強くはないが
正の相関があること
が分かる。

·········(答)

(3) 変量 X と Y の分散をそれぞれ $S_X{}^2$, $S_Y{}^2$, また標準偏差をそれぞれ S_X, S_Y とおいて，X と Y の共分散 S_{XY} と相関係数 r_{XY} を求めるために，次の表を利用する。

表　S_{XY} と r_{XY} を求めるための表

データ No	データ X	偏差 $x_i - m_X$	偏差平方 $(x_i - m_X)^2$	データ Y	偏差 $y_i - m_Y$	偏差平方 $(y_i - m_Y)^2$	$(x_i - m_X)(y_i - m_Y)$
1	5	-1	1	10	3	9	$-3 \ (=-1 \times 3)$
2	3	-3	9	3	-4	16	$12 \ (=-3 \times (-4))$
3	7	1	1	5	-2	4	$-2 \ (=1 \times (-2))$
4	10	4	16	9	2	4	$8 \ (=4 \times 2)$
5	3	-3	9	6	-1	1	$3 \ (=-3 \times (-1))$
6	4	-2	4	5	-2	4	$4 \ (=-2 \times (-2))$
7	7	1	1	8	1	1	$1 \ (=1 \times 1)$
8	9	3	9	10	3	9	$9 \ (=3 \times 3)$
合計	48	0	50	56	0	48	32
平均	6		$\dfrac{25}{4}$	7		6	4
	m_X		$S_X{}^2$	m_Y		$S_Y{}^2$	S_{XY}

この表より，$S_X{}^2 = \dfrac{25}{4}$ より，$S_X = \sqrt{\dfrac{25}{4}} = \dfrac{5}{2}$, $S_Y{}^2 = 6$ より，$S_Y = \sqrt{6}$

また，共分散 $S_{XY} = 4$ ·······················(答)

相関係数 $r_{XY} = \dfrac{S_{XY}}{S_X \cdot S_Y} = \dfrac{4}{\dfrac{5}{2} \cdot \sqrt{6}} = \dfrac{8}{5\sqrt{6}} = \dfrac{4\sqrt{6}}{15}$ ·······················(答)

$\overset{\text{≒}}{0.65}$

演習問題 45　難易度 ★★★　CHECK1　CHECK2　CHECK3

4組の2変数データ (1 , 4), (2 , 3), (x , 5), (5 , 8) がある。
ここで，2つの変量 X, Y を $X = 1, 2, x, 5$ ，$Y = 4, 3, 5, 8$ とおくと，
X と Y の相関係数 $r_{XY} = \sqrt{\dfrac{5}{7}}$ である。このとき，x の値を求めよ。

ヒント! X と Y の平均値 m_X と m_Y は $m_X = 2 + \dfrac{x}{4}$, $m_Y = 5$ となり，これを基に，X と Y の標準偏差 S_X と S_Y，それに共分散 S_{XY} を求め，相関係数 r_{XY} の公式：$r_{XY} = \dfrac{S_{XY}}{S_X S_Y}$ に代入すればいいんだね。計算はかなり大変だけど，頑張ろう！

解答＆解説

・変量 $X = 1, 2, x, 5$ の平均値を m_X とおくと，

$m_X = \dfrac{1}{4}(1 + 2 + x + 5) = 2 + \dfrac{x}{4}$　……① である。

・変量 $Y = 4, 3, 5, 8$ の平均値を m_Y とおくと，

$m_Y = \dfrac{1}{4}(4 + 3 + 5 + 8) = 5$　…………② である。

ここで，X と Y の共分散と標準偏差をそれぞれ S_X^2, S_Y^2 および S_X, S_Y とおくと，①，②より，

・$S_X^2 = \dfrac{1}{4}(1^2 + 2^2 + x^2 + 5^2) - \underbrace{\left(2 + \dfrac{x}{4}\right)^2}_{m_X^2}$

$= \dfrac{1}{4}(x^2 + 30) - \left(\dfrac{1}{16}x^2 + x + 4\right)$

$= \dfrac{1}{4}\left(x^2 + 30 - \dfrac{1}{4}x^2 - 4x - 16\right)$

$= \dfrac{1}{4}\left(\dfrac{3}{4}x^2 - 4x + 14\right)$　………③

ココがポイント

$\Leftarrow S_X^2 = \dfrac{1}{4}(x_1^2 + x_2^2 + x_3^2 + x_4^2) - m_X^2$

$$\cdot \; S_Y{}^2 = \frac{1}{4}\{\underbrace{(4-5)^2}_{\textcircled{1}} + \underbrace{(3-5)^2}_{\textcircled{4}} + (5-5)^2 + \underbrace{(8-5)^2}_{\textcircled{9}}\} = \frac{7}{2} \quad \cdots \text{\textcircled{4}}$$

⇦ $S_Y{}^2 = \frac{1}{4}\{(y_1 - m_Y)^2 + (y_2 - m_Y)^2 + (y_3 - m_Y)^2 + (y_4 - m_Y)^2\}$

よって，③，④より，

$$S_X = \frac{1}{2}\sqrt{\frac{3}{4}x^2 - 4x + 14} \quad \cdots\cdots \text{\textcircled{5}}, \qquad S_Y = \sqrt{\frac{7}{2}} \quad \cdots\cdots \text{\textcircled{6}}$$

また，X と Y の共分散 S_{XY} は，

$$S_{XY} = \frac{1}{4}(1\cdot 4 + 2\cdot 3 + x\cdot 5 + 5\cdot 8) - \left(2 + \frac{x}{4}\right)\cdot 5$$

⇦ $S_{XY} = \frac{1}{4}(x_1 y_1 + x_2 y_2 + x_3 y_3 + x_4 y_4) - m_X m_Y$

$$= \frac{1}{4}(5x + 50) - \frac{5}{4}x - 10 = \frac{10}{4} = \frac{5}{2} \quad \cdots\cdots \text{\textcircled{7}} \quad \text{となる。}$$

ここで，相関係数 $r_{XY} = \sqrt{\dfrac{5}{7}}$ より，相関係数の公式から

$$r_{XY} = \boxed{\frac{\sqrt{5}}{\sqrt{7}} = \frac{S_{XY}}{S_X \cdot S_Y}}$$

⇦ 相関係数の公式

$$r_{XY} = \frac{S_{XY}}{S_X S_Y}$$

よって，$\sqrt{5} \cdot S_X S_Y = \sqrt{7} \cdot S_{XY} \quad \cdots\cdots \text{\textcircled{8}}$

⑧に⑤，⑥，⑦を代入して，

$$\sqrt{5} \cdot \frac{1}{2}\sqrt{\frac{3}{4}x^2 - 4x + 14} \cdot \frac{\sqrt{7}}{\sqrt{2}} = \sqrt{7} \cdot \frac{5}{2}$$

両辺に $\dfrac{\sqrt{2}}{\sqrt{5}}$ をかけて，

$$\sqrt{\frac{3}{4}x^2 - 4x + 14} = \sqrt{10} \quad \cdots\cdots \text{\textcircled{9}}$$

この両辺を $\overset{\cdot}{2}$ 乗して，

$$\frac{3}{4}x^2 - 4x + 14 = 10 \qquad \frac{3}{4}x^2 - 4x + 4 = 0$$

$$3x^2 - 16x + 16 = 0 \qquad (x-4)(3x-4) = 0$$

$$\begin{matrix} 3 & \diagdown & -4 \\ 1 & \diagup & -4 \end{matrix}$$

$$\therefore x = 4 \text{ , または } \frac{4}{3} \quad \cdots\cdots\cdots\cdots\cdots\cdots\cdots\cdots \text{(答)}$$

$$\left(x = 4, \; \frac{4}{3} \text{ のいずれも，⑨をみたす。}\right)$$

⇦ たとえば，$-1 \neq 1$ であっても 2 乗すると $(-1)^2 = 1^2$ となって等しくなる。よって，⑨を 2 乗して，2 次方程式を解いて求めた答え $\left(\text{この場合，} x = 4 \text{ と } \frac{4}{3}\right)$ は，⑨をみたすことを必ず確認しておく必要があるんだね。

講義 1 数と式
講義 2 集合と論理
講義 3 2次関数
講義 4 図形と計量
講義 5 データの分析

1. N 個のデータ x_1, x_2, x_3, $\cdots$, x_N の平均値 $\overline{X}(=m)$

$$\overline{X} = m = \frac{x_1 + x_2 + x_3 + \cdots + x_N}{N}$$

2. メジアン（中央値）

（ⅰ）$N = 2n+1$（奇数）個のデータを小さい順に並べたもの：

x_1, x_2, $\cdots$, x_n, x_{n+1}, x_{n+2}, x_{n+3}, $\cdots$, x_{2n+1}　のメジアン m_e は，

$m_e = x_{n+1}$ となる。

（ⅱ）$N = 2n$（偶数）個のデータを小さい順に並べたもの：

x_1, x_2, $\cdots$, x_{n-1}, x_n, x_{n+1}, x_{n+2}, $\cdots$, x_{2n}　のメジアン m_e は，

$m_e = \dfrac{x_n + x_{n+1}}{2}$ となる。

3. 箱ひげ図作成の例（データ数 $N = 10$）

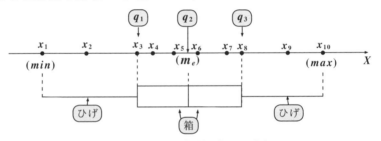

$\begin{pmatrix} q_1 : 第 1 四分位数　（25\%点）\\ q_2 : 第 2 四分位数　（m_e）\\ q_3 : 第 3 四分位数　（75\%点）\end{pmatrix}$

4. 分散 S^2 と標準偏差 S

（ⅰ）分散 $S^2 = \dfrac{(x_1 - m)^2 + (x_2 - m)^2 + \cdots + (x_N - m)^2}{N}$

（ⅱ）標準偏差 $S = \sqrt{S^2}$

5. 共分散 S_{XY} と相関係数 r_{XY}

（ⅰ）共分散 $S_{XY} = \dfrac{1}{N}\{(x_1 - m_X)(y_1 - m_Y) + (x_2 - m_X)(y_2 - m_Y) + \cdots + (x_N - m_X)(y_N - m_Y)\}$

（ⅱ）相関係数 $r_{XY} = \dfrac{S_{XY}}{S_X \cdot S_Y}$ $\begin{pmatrix} m_X : X の平均, \ m_Y : Y の平均 \\ S_X : X の標準偏差, \ S_Y : Y の標準偏差 \end{pmatrix}$

場合の数
と確率

テーマ

▶ 順列の数 $_n\mathbf{P}_r$，同じものを含む順列と円順列

▶ 組合せの数 $_n\mathbf{C}_r$，最短経路数と組分け問題

▶ 確率の加法定理，余事象の確率

▶ 独立試行の確率，反復試行の確率

▶ 条件付き確率と確率の乗法定理

講義6 場合の数と確率

これから "**場合の数と確率**" の "**場合の数**" について解説しよう。これは，前に教えた集合の要素の個数と類似している。集合のことを**事象 A** と考え，要素の個数 $n(A)$ を事象 A の "**場合の数 $n(A)$**" と考えればいい。ちなみに，事象とは "ことがら" のことで，具体的には，サイコロを投げて "3以上の目が出る" ことなどを "**事象**" と呼ぶ。

それでは，この事象の場合の数を求めるためのテーマを下に示す。

・順列の数 $_nP_r$（重複順列，同じものを含む順列，円順列など）
・組合せの数 $_nC_r$（$_nC_r$ の基本・応用公式，組合せの応用）

§1. 順列の数 $_nP_r$ とさまざまな順列を押さえよう！

● 場合の数と集合は兄弟みたい？

集合と事象は概念的には同じものなんだけど，呼び名が変わってくるので，まず，前回やったものと対比して，下に示しておく。

場合の数と集合

（I）場合の数	（II）集合
事象 A，事象 B など	集合 A，集合 B など
全事象 U	全体集合 U
（i）$A \cap B$：**積事象**	（i）$A \cap B$：共通部分
（ii）$A \cup B$：**和事象**	（ii）$A \cup B$：和集合
（iii）$\overline{A}$：**余事象**	（iii）$\overline{A}$：補集合

呼び名が変わるだけで，集合のときに使った公式：

$n(A \cup B) = n(A) + n(B) - n(A \cap B)$

$n(A) = n(U) - n(\overline{A})$

$n(\overline{A \cup B}) = n(\overline{A} \cap \overline{B})$　　　　　　　　などは，すべて同様に使える。

安心した？さらに，これから，場合の数をシッカリ練習しておけば，次の確率計算でもそのまま同様に使えるんだよ。もっと安心した？

● 場合の数では，"かつ"と"または"に注意しよう！

それでは，2つの事象 A と B について，"和の法則"と"積の法則"を書いておこう。

和の法則，積の法則

(1) 和の法則

2つの事象 A, B があり，これらは同時に起こらないものとする。このとき，A の起こり方が m 通り，B の起こり方が n 通りあるとすると，A または B の起こる場合の数は，$m+n$ 通りである。

(2) 積の法則

2つの事象 A, B があり，A の起こり方が m 通りであり，その各々に対して，B の起こり方が n 通りであるとすると，A, B が共に起こる場合の数は，$m \times n$ 通りである。

---

(1) 和の法則が，$A \cap B = \phi$（A, B が同時に起こらない）ならば，$n(A \cup B) = n(A) + n(B) = m + n$ といっているのがわかるね。これは集合のところで勉強したのとまったく同じだね。 「"または"はたし算」

簡単に言えば，**(1)** では，A または B の起こる場合の数が $m + n$ 通り，**(2)** では，A かつ B の起こる場合の数が $m \times n$ 通りになるといってるんだね。 「"かつ"はかけ算」

和の法則の例として，X，Y 2つのサイコロを1回投げて，それぞれの出た目を x, y とおく。このとき，xy が 12 の倍数となる場合の数は，$xy = 12$ または 24 または 36 だから，

(i) $xy = 12$ のとき，$(x, y) = (2, 6), (3, 4), (4, 3), (6, 2)$ の 4 通り

(ii) $xy = 24$ のとき，$(x, y) = (4, 6), (6, 4)$ の 2 通り

(iii) $xy = 36$ のとき，$(x, y) = (6, 6)$ の 1 通り 「"または"はたし算だ！」

以上(i)または(ii)または(iii)となる場合の数は，$4 + 2 + 1 = 7$ 通りだね。

108 の正の約数は全部で何個あるか。また，それらの正の約数の総和を求めよ。 (愛知工大)

解答

$$2, 3, 5, 7, 11, 13, 17, \cdots$$

108 を右のように<u>素数</u>で割って，素因数分解すると，

$$108 = 2^2 \times 3^3 \quad となる。$$

$$
\begin{array}{r}
2)\underline{108} \\
2)\underline{\ 54} \\
3)\underline{\ 27} \\
3)\underline{\ \ 9} \\
3
\end{array}
$$

ここで，108 の約数は，

$$1 \times 1 = 1 \quad 1 \times 3 = 3 \quad 1 \times 3^2 = 9 \quad 1 \times 3^3 = 27 \quad 2 \times 1 = 2 \qquad 4 \times 27 = 108$$

$$\left(2^0 \times 3^0\right), \left(2^0 \times 3^1\right), \left(2^0 \times 3^2\right), \left(2^0 \times 3^3\right), \left(2^1 \times 3^0\right), \cdots\cdots, \left(2^2 \times 3^3\right) と，\ 2^\circ \times 3^\square$$

の指数部の値を変えていくことにより，系統的にすべて求まる。

> これが，**0, 1, 2** に変化する

$$108 = 2^{\boxed{2}} \times 3^{\boxed{3}}$$

> これが，**0, 1, 2, 3** に変化する

よって，(i) 2 の指数部は，**0, 1, 2** の <u>3</u> 通りに変化し，

<u>かつ</u>，(ii) 3 の指数部は，**0, 1, 2, 3** の <u>4</u> 通りに変化するので，

> "かつ" はかけ算

108 の約数の個数は，<u>3 × 4 = 12</u> だね。 ………………………………(答)

次に，この 12 個の約数の総和 S を求めよう。

$$S = 2^0 \cdot 3^0 + 2^0 \cdot 3^1 + 2^0 \cdot 3^2 + 2^0 \cdot 3^3 \quad \longleftarrow 2^0 の系列$$

$$\qquad + 2^1 \cdot 3^0 + 2^1 \cdot 3^1 + 2^1 \cdot 3^2 + 2^1 \cdot 3^3 \quad \longleftarrow 2^1 の系列$$

$$\qquad + 2^2 \cdot 3^0 + 2^2 \cdot 3^1 + 2^2 \cdot 3^2 + 2^2 \cdot 3^3 \quad \longleftarrow 2^2 の系列$$

> 共通因数はくくり出す！

$$= 2^0\left(3^0 + 3^1 + 3^2 + 3^3\right) + 2^1\left(3^0 + 3^1 + 3^2 + 3^3\right) + 2^2\left(3^0 + 3^1 + 3^2 + 3^3\right)$$

$$= \left(2^0 + 2^1 + 2^2\right) \cdot \left(3^0 + 3^1 + 3^2 + 3^3\right)$$

> 約数の総和の計算では必ずこんなキレイな形が出てくるんだよ！

$$= (1 + 2 + 4)(1 + 3 + 9 + 27) = 280 \quad \cdots\cdots\cdots\cdots\cdots\cdots\cdots\cdots(答)$$

● 順列で，場合分け計算がラクになる！

まず，$n!$（これは，"n の**階乗**（かいじょう）"と読む。）について，基本事項を示そう。

■ $n!$ 計算

n 個の異なるものを 1 列に並べる並べ方の総数は，

$$n! = n \times (n-1) \times (n-2) \times \cdots\cdots \times 3 \times 2 \times 1$$

（階段のように値を 1 つずつ小さくしながらかけていくから階乗なんだね。）

例として，$2, 4, 6$ の異なる 3 つの数字を使って，3 桁の数字を作る場合，図 1 より，$3! = 3 \times 2 \times 1 = 6$ 通り出来るのがわかるね。

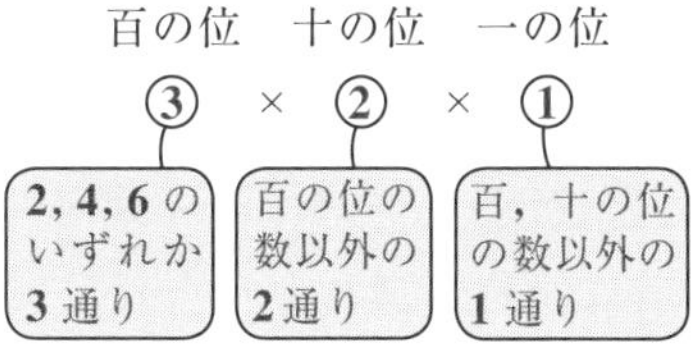

ここで，1 つ注意。$2! = 2 \times 1 = 2$, $1! = 1$ は当然だね。ところが，$0!$ も 1 なんだ。

図 1　2, 4, 6 で 3 桁の数の作り方

百の位　十の位　一の位

③　×　②　×　①

2, 4, 6 の	百の位の	百，十の位
いずれか	数以外の	の数以外の
3 通り	2 通り	1 通り

つまり，$1! = 0! = 1$ となるんだね。また，$4! = 24$, $5! = 120$ 位は，計算でよく出てくるので覚えておくといい。

順序をつけて 1 列に並べた配列のこと

次，**順列**の数 $_n\mathrm{P}_r$ と**重複順列**の数 n^r について，その公式を示す。

■ 順列の数 $_n\mathrm{P}_r$ と重複順列の数 n^r

(1) 順列の数 $_n\mathrm{P}_r = \dfrac{n!}{(n-r)!}$ ：n 個の異なるものから<u>重複を許さず</u>

　　　r 個を選び出し，それを 1 列に並べる並べ方の総数。

(2) 重複順列の数 n^r ：n 個の異なるものから<u>重複を許して</u>

　　　r 個を選び出し，それを 1 列に並べる並べ方の総数。

たとえば，$1, 2, \cdots\cdots, 9$ の 9 個の数字から重複を許さず選び出した 3 つの数字を，一列に並べて 3 桁の数字を作る場合の数は，

$$_9P_3 = \frac{9!}{(9-3)!} = \frac{9!}{6!}$$

$$= \frac{9 \times 8 \times 7 \times \cancel{6 \times 5 \times 4 \times 3 \times 2 \times 1}}{\cancel{6 \times 5 \times 4 \times 3 \times 2 \times 1}}$$

$$= 9 \times 8 \times 7 = 504 \text{ 通りだね。}$$

図2の結果と同じだね。

図2　1～9で3桁の数の作り方

百の位　十の位　一の位

⑨　×　⑧　×　⑦

1～9の いずれか 9 通り	百の位の 数以外の 8 通り	百, 十の位 の数以外 の 7 通り

◆例題 20 ◆

①, ②, ③, ④, ⑤の番号の付いた **5** 個のボールを, **A, B 2** つの箱に入れる方法は何通りあるか。ただし, **A, B** にはいずれも少なくとも **1** 個のボールを入れるものとする。

解答

①のボールが, **A** か **B** のいずれかを選択すると考えて, **2** 通りだね。②, ③, ④, ⑤のボールも, 同様に **A, B** いずれかを選択するものと考えて, トータルで, $\underline{2^5}$ 通りの方法がある。

これは, A, B から重複を許して 5 個選び出し, 1 列に並べるのと同じだ！

このうち, **A** だけに **5** 個, または **B** だけに **5** 個のボールが入る場合を除けば, 求める場合の数だ！　∴ $2^5 - 2 = 30$ 通り ………………………(答)

A だけ 5 個, B だけ 5 個の 2 つの場合を除く。

● **同じものを含む順列の数は, 同じものの階乗で割る！**

たとえば, キミが久池井君とすると, ローマ字では **KUCHII** だね。これを, **K, U, C, H, I, I** の **6** つの文字と考えて, この並べ替えが何通りあるかを計算しよう。ここでポイントは同じ **I** を **2** つ含んでいることだね。この **2** つの **I** が, I_1, I_2 と区別できると考えると, この **6** 文字の並べ替えの総数は, 当然 **6!** 通りだね。

ところが, 本当は, I_1 と I_2 の区別はないわけだから, この並べ替えの場合の数 **2!** 倍だけ, 余分に計算しているはずだ。よって, **6!** を **2!** で割っ

た $\dfrac{6!}{2!} = 6 \times 5 \times 4 \times 3 = 360$ 通りが，今回の並べ替えの総数だったんだよ。納得いった？

それでは，同じものを含む順列の基本公式を下に示すから，マスターしておこう。

図3 K, U, C, H, I, I の並べ替え

6! 通りでは，例えば

$$\text{K, } \underline{I_1}, \text{ C, H, } \underline{I_2}, \text{ U}$$
$$\text{K, } \underline{I_2}, \text{ C, H, } \underline{I_1}, \text{ U}$$

}2! 通り

は別ものとして計算しているから，2! で割る必要があるんだね。

同じものを含む順列の数

一般に，n 個のもののうち，p 個，q 個，r 個，……がそれぞれ同じものであるとき，この n 個のものを 1 列に並べる並べ方の総数は，

$$\dfrac{n!}{p! \cdot q! \cdot r! \cdots} \text{ である。}$$

同じものの階乗で割るんだね。

この要領で，**TANAKA** 君は，6 個中 3 個の **A** が同じものだから，この 6 文字の並べ替えの総数は，$\dfrac{6!}{3!} = \dfrac{6 \cdot 5 \cdot 4 \cdot 3 \cdot 2 \cdot 1}{3 \cdot 2 \cdot 1} = 120$ 通りだ。

TAKASUGI 君は，8 個中 2 個の **A** が同じものだから，この 8 文字の並べ替えの総数は，$\dfrac{8 \cdot 7 \cdot 6 \cdot 5 \cdot 4 \cdot 3 \cdot 2 \cdot 1}{2 \cdot 1} = 20160$ 通り。ちなみに，ボクの名前の **BABA** は，4 個中 2 個の **B** と，2 個の **A** が同じものだから，この並べ替えの総数は，$\dfrac{4!}{2! \cdot 2!} = \dfrac{4 \cdot 3 \cdot 2 \cdot 1}{2 \cdot 1 \times 2 \cdot 1} = 6$ 通りとなる。ウ〜ン少な〜い！

これを実際に並べてみると，**AABB, ABAB, ABBA, BAAB, BABA, BBAA** と，なるほど 6 通りであることが確認できるね。このように，すべて並べ替えを列挙する場合，上記のようにアルファベット順 (辞書式) に並べると，数え忘れやダブルカウント (重複数え上げ) をすることなく調べることができるんだね。同様に，数値の組み合わせをすべて数え上げる場合には，値の小さい順 (または，大きい順) に列挙すればいい。納得いった？

● 円順列は固定法で解こう！

これまで，n 個の異なるものを 1 列に並べる場合を解説してきたけれど，これを円形に並べる場合，次の**円順列**の公式が使える。

円順列の数

n 個の異なるものを円形に並べる並べ方の総数は，

$(n-1)!$ 通りである。

たとえば，a, b, c, d の 4 個を図 4 のように並べるとき，図 4 -（ⅰ），（ⅱ），（ⅲ），（ⅳ）のように，回転させただけのものはすべて，同一のものとみなすんだね。

それであるならば，図 5 のように，特定の 1 個を回転できないように固定すれば，いいんだね。一般に，n 個の異なるものを円形に並べる場合，特定の 1 個を固定すると，残り $n-1$ 個のものを並べ替える問題となるので，この円順列の数は，$(n-1)!$ 通りとなるんだね。

さらに，首飾り（ネックレス）のように，裏返しても変わらない，すなわち，左右対称なものも同一とみなすとき，この並べ方の総数は，$\dfrac{(n-1)!}{2}$ となるね。これを "**首飾りの順列**" という。

図 4 $n=4$ のとき，次の 4 つは同じものとみなす

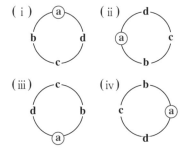

図 5 特定の 1 つを固定する

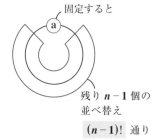

円順列の典型的な問題を 1 題やってみよう。これで，円順列にも自信がもてるようになると思うよ。

◆例題 21 ◆

父母と子供 6 人，計 8 人全員を円形に並ばせる。

(1) 全員を円形に並べる方法は何通りか。

(2) 父と母が向かいあった位置にくる並び方は何通りか。

(3) 父と母の間に丁度 2 人の子供が入る並び方は何通りか。

解答

(1) 8 人を円形に並ばせる方法は，円順列の公式から，

$(8 - 1)! = 7! = 5040$ 通りだね。　……(答)

(2) 固定法を使って，右図のように父の位置
を固定して考えると，母はその向かい側
にくるので，母の位置も決まる。

　よって，残り 6 人の子供の並べ方の総
数が，求めるこの場合の並び方の総数と
なる。

$\therefore 6! = 720$ 通り　…………………………(答)

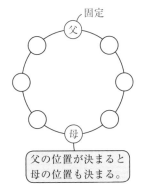

固定

父

母

父の位置が決まると
母の位置も決まる。

(3) 右図に示すように，父の位置を固定して
考えると，(ⅰ) 母は，図の *a*，または，
b の位置に入る。(ⅱ) 残り 6 人の子供は，
父と母の入った場所以外の 6 つの位置に
並ばせればよいから，

$$\underset{(ⅰ)}{\boxed{2!}} \times \underset{(ⅱ)}{\boxed{6!}} = 2 \times 720 = 1440 \text{ 通り} ……(答)$$

（上に 2，720 と書かれている）

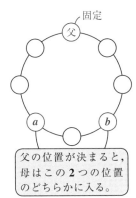

固定

父

a　　*b*

父の位置が決まると，
母はこの 2 つの位置
のどちらかに入る。

同じものを含む順列の数

5 個の文字 a, a, b, b, c を横一列に並べるとき，

(1) この順列の総数を求めよ。

(2) a と a が隣り合わず，かつ b と b も隣り合わない順列の総数を求めよ。

(立命館大 *)

ヒント! (1) 同じものを含む順列の問題だね。(2) は "かつ" ときているから，この余事象として "または" を考えればいい。

解答 & 解説

(1) a, b いずれも同じものが 2 個ずつあるので，同じものを含む順列の公式を用いる。a, a, b, b, c の順列の総数を $n(U)$ とおくと，

$$n(U) = \frac{5!}{2!2!} = \frac{5 \cdot \overset{2}{\cancel{4}} \cdot 3 \cdot \cancel{2} \cdot \cancel{1}}{\cancel{2} \cdot 1 \cdot \cancel{2} \cdot \cancel{1}} = 30 \text{ 通りである。}$$

……(答)

(2) $\begin{cases} \text{事象 } A : a \text{ と } a \text{ が隣り合う} \\ \text{事象 } B : b \text{ と } b \text{ が隣り合う} \end{cases}$ とおく。

事象 A，B の場合の数 $n(A)$，$n(B)$ は，

$$n(A) = \frac{4!}{2!} \leftarrow \boxed{\text{ⓐⓐ}, b, b, c \text{ の 4 個の順列の数}}$$

$$= \frac{4 \cdot 3 \cdot 2 \cdot \cancel{1}}{2 \cdot 1} = 12 \text{ 通り}$$

$$n(B) = \frac{4!}{2!} = 12 \text{ 通り} \leftarrow \boxed{a, a, \text{ⓑⓑ}, c \text{ の 4 個の順列の数}}$$

また，積事象 $A \cap B$ の場合の数 $n(A \cap B)$ は，

$$n(A \cap B) = 3! = 6 \text{ 通り} \leftarrow \boxed{\text{ⓐⓐ}, \text{ⓑⓑ}, c \text{ の 3 個の順列の数}}$$

よって，a と a が隣合わず，かつ b と b も隣り合わない場合の数 $n(\overline{A} \cap \overline{B})$ は， ┌─ **ド・モルガン** ─┐

$$n(\overline{A} \cap \overline{B}) = n(\overline{A \cup B}) = n(U) - n(A \cup B)$$

$$= n(U) - \{n(A) + n(B) - n(A \cap B)\}$$

$$= 30 - (12 + 12 - 6) = 12 \text{ 通りである。}$$

……(答)

ココがポイント

⇦ 同じものを含む順列の公式 : $\dfrac{n!}{p!\,q!\cdots}$ を使う。

⇦ 隣り合う 2 つの a を X とおくと，$n(A)$ は X, b, b, c の順列の数だね。∴ $n(A) = \dfrac{4!}{2!}$ だ。

⇦ 同様に，隣り合う 2 つの b を Y とおくと，a, a, Y, c の順列の数が $n(B)$ より，$n(B) = \dfrac{4!}{2!}$

⇦ $A \cap B : a$ と a が隣り合い，かつ b と b が隣り合う より，$n(A \cap B)$ は，X, Y, c の順列の数となる。∴ $n(A \cap B) = 3!$ だ。

同じものを含む順列の応用

演習問題 47　難易度 ★★★　CHECK1　CHECK2　CHECK3

internet の 8 個の文字を使ってできる順列について，

(1) この順列の総数を求めよ。

(2) この順列のうち，どの **t** も，どの **e** より左側にあるものの総数を求めよ。 (法政大)

ヒント！ (1) **i** 1 個，**r** 1 個，**n** 2 個，**t** 2 個，**e** 2 個の計 8 個の並べ替えだから，同じものを含む順列の計算だね。(2) は，8 個の文字のうち，**t** と **e** だけの 4 個の文字を取り出して考えるといいよ。

解答&解説

(1) **i, n, t, e, r, n, e, t** は，**i** と **r** は 1 個ずつ，**n** と **t** と **e** は 2 個ずつ同じものを含む。よって，この順列の総数は，

$$\frac{8!}{\underset{\text{n 2個}}{2!}\cdot\underset{\text{t 2個}}{2!}\cdot\underset{\text{e 2個}}{2!}} = \frac{8\cdot7\cdot6\cdot5\cdot4\cdot3\cdot2\cdot1}{2\cdot1\times2\cdot1\times2\cdot1} = 5040 \text{ 通り}\cdots(答)$$

(2) (1) の順列の 1 例として，

n, r, e, t, i, t, n, e について考える。**e** と **t** の 4 個の文字に着目すると， ― 6 通り

e, t, t, e を並べ替える総数は，4 個中 2 個ずつの同じものを含む順列より，

$$\frac{4!}{2!\cdot2!} = \frac{4\cdot3\cdot2\cdot1}{2\cdot1\times2\cdot1} = 6 \text{ 通りである。題意より，}$$

これらの配列は，常に次の 1 通りの配列におきかえられるんだね。すなわち，

t, t, e, e の 1 通り。 　2つの t は 2つの e より左側にくる！

これは，1 例であり，(1) で求めたすべての順列に対して，**t** と **e** を **t, t, e, e** の順にするため，

$$\frac{5040}{6} = 840 \text{ 通り} \cdots\cdots(答)$$

ココがポイント

⇦ **n, t, e** は同じものを 2 個ずつ含むので，同じものを含む順列の数の公式を使った！

⇦ この **e, t, t, e** の順列の数は $\frac{4!}{2!2!} = 6$ 通り。これが必ず **t, t, e, e** の 1 通りになる。つまり，(1) の 5040 通りを $\frac{1}{6}$ 倍しないといけない。

⇦ どの **t** も，どの **e** より左側にある。

§2. 組合せの数 $_nC_r$ を使えば，応用問題もスラスラ解ける！

● 組合せは，順列を $r!$ で割ったものだ！

10人の生徒から，3人のリレーの走者を選び，第1，第2，第3走者を決める場合の数は，当然 $_{10}P_3$ となるね。これに対して，ただ10人から3人のリレー走者を選び出すだけで，走る順番（並べ替え）を考えない場合，その選び方の総数が，**組合せの数** $_{10}C_3$ で表されるんだよ。これは，当然3人の走者の並べ替え（走る順番）を考えないので，$_{10}P_3$ を $3!$ で割ったものになるね。つまり，$_{10}C_3 = \dfrac{_{10}P_3}{3!}$ となる。

> 組合せの数 $_nC_r$ は，順列の数 $_nP_r$ を $r!$ で割ったものだ！

これを一般化すると，$_nC_r = \dfrac{_nP_r}{r!} = \dfrac{\dfrac{n!}{(n-r)!}}{r!} = \dfrac{n!}{r! \cdot (n-r)!}$ と表せる。

■ 組合せの数 $_nC_r$

組合せの数 $_nC_r = \dfrac{n!}{r! \cdot (n-r)!}$ ：n 個の異なるものの中から重複を許さずに，r 個を選び出す選び方の総数。 ← $\dfrac{_nP_r}{r!}$ のことだ。

それじゃ，$_nC_r$ の計算練習をいくつか具体的にやってみよう。

(1) $_6C_2 = \dfrac{6!}{2! \cdot (6-2)!} = \dfrac{6!}{2! \cdot 4!} = \dfrac{6 \cdot 5 \cdot 4 \cdot 3 \cdot 2 \cdot 1}{2 \cdot 1 \times 4 \cdot 3 \cdot 2 \cdot 1} = 15$

(2) $_5C_1 = \dfrac{5!}{1! \cdot (5-1)!} = \dfrac{5!}{4!} = \dfrac{5 \cdot 4 \cdot 3 \cdot 2 \cdot 1}{4 \cdot 3 \cdot 2 \cdot 1} = 5$

(3) $_7C_0 = \dfrac{7!}{0! \cdot (7-0)!} = \dfrac{7!}{7!} = 1$ となる。 計算の要領は覚えた？

それでは，組合せの数 $_nC_r$ の基本公式を次に示す。

■ 組合せの数 $_nC_r$ の基本公式

(1) $_nC_n = {}_nC_0 = 1$ （2）$_nC_1 = n$ （3）$_nC_r = {}_nC_{n-r}$

---

(1) $_nC_n = \dfrac{n!}{n!(n-n)!} = \dfrac{n!}{n! \cdot \underset{1}{\boxed{0!}}} = \dfrac{n!}{n!} = 1$ だね。$_nC_0$ も同様だ！

(2) $_nC_1 = \dfrac{n!}{\underset{1}{\boxed{1!}}(n-1)!} = \dfrac{n!}{(n-1)!} = n$ となる。$\therefore {}_{10}C_1 = 10$，$_5C_1 = 5$ だね。

(3) $_nC_r$，すなわち異なる n 個から r 個を選び出す場合の数は，n 個から選ばれない $n-r$ 個のものを選ぶ場合の数に等しいんだね。よって，$_7C_5 = {}_7C_2$，${}_{10}C_8 = {}_{10}C_2$ などとなるんだね。大丈夫？

◆例題 22 ◆

日本人 3 名，外国人 3 名からなる A チームと，日本人 4 名，外国人 2 名からなる B チームの，2 組のバレーボールチームがある。この 12 名から新たに 6 名を選んで新チームを作る。

(1) 外国人を 1 名だけ含む新チームを作る方法は何通りあるか。

(2) A チームから 2 名，B チームから 4 名を選んで，外国人を 1 名だけ含む新チームを作る方法は何通りあるか。　　　　　（東洋大）

解答

(1) 日本人 7 名から 5 名を選び，<u>かつ</u>外国人 5 名から 1 名を選べばいいね。（かけ算）

$\underset{\boxed{_7C_2}}{_7C_5} \underset{\boxed{かつ}}{\times} \underset{\boxed{5}}{_5C_1} = {}_7C_2 \times 5 = \dfrac{7!}{2! \cdot 5!} \times 5 = \dfrac{7 \cdot 6}{2 \cdot 1} \times 5 = 105$ 通り ……………（答）

(2) 1 名の外国人を，（ⅰ）A チームから選ぶか，または，（ⅱ）B チームから選ぶかで，場合分けが必要だ。（ⅰ）と（ⅱ）は，"<u>または</u>"の関係だから当然，それぞれの場合の数の<u>和</u>を求めればいいんだね。

（ⅰ）外国人 1 名を A チームから選ぶ場合

$(\underset{\boxed{3}}{_3C_1} \times \underset{\boxed{3}}{_3C_1}) \times (\underset{\boxed{1}}{_4C_4} \times \underset{\boxed{1}}{_2C_0}) = 3 \times 3 \times 1 \times 1 = \underline{9}$ 通り

A の日本人 3 人から 1 人選ぶ　　A の外国人 3 人から 1 人選ぶ　　B の日本人 4 人から 4 人選ぶ　　B の外国人 2 人から 0 人選ぶ

（ⅱ）外国人 **1** 名を **B** チームから選ぶ場合

$$(\underbrace{_3C_2}_{}\times\underbrace{_3C_0}_{})\times(\underbrace{_4C_3}_{}\times\underbrace{_2C_1}_{})=3\times1\times4\times2=\underline{24}\text{ 通り}$$

$\boxed{_3C_1=3}$　$\boxed{1}$　$\boxed{_4C_1=4}$　$\boxed{2}$

| **A** の日本人 **3** 人から **2** 人選ぶ | **A** の外国人 **3** 人から **0** 人選ぶ | **B** の日本人 **4** 人から **3** 人選ぶ | **B** の外国人 **2** 人から **1** 人選ぶ |

$\boxed{\text{または}}$

以上（ⅰ）（ⅱ）より，求める新チームの作り方は，$\underline{9}\boxed{+}\underline{24}=33$ 通り……(答)

● **組合せの応用，大統領と委員って何？**

　それでは，組合せの数 $_nC_r$ の応用公式を **2** つ書いておく。これらは，その表している意味を具体的に考えると，覚えるのも楽になるはずだ！

組合せの数 $_nC_r$ の応用公式

$\boxed{\text{特定の } a \text{ に着目！}}$　　$\boxed{\text{大統領と委員}}$

(1) $_nC_r = {}_{n-1}C_{r-1} + {}_{n-1}C_r$　　**(2)** $r\cdot{}_nC_r = n\cdot{}_{n-1}C_{r-1}$

　これらの式の意味について，これから詳しく解説していくからね。

(1) 左辺 $= {}_nC_r$ は，n 人から r 人を選び出す場合の数だね。それで，この n 人の中の特定の **1** 人 a 君に着目すると，a 君はこの r 人の中に，（ⅰ）選ばれるか，または，（ⅱ）選ばれないか，のいずれかだね。

（ⅰ）a 君が選ばれる場合，選ばれる r 人のうちの **1** 人は a 君に決まっているので，残りの $n-1$ 人から残りの $r-1$ 人を選ぶことになるんだね。よって，このときの場合の数は，$\underline{{}_{n-1}C_{r-1}}$ だね。

（ⅱ）a 君が選ばれない場合，残りの $n-1$ 人から r 人を選ぶことになる。よって，この場合の数は，$\underline{{}_{n-1}C_r}$ だね。

n 人から r 人を選ぶ $({}_nC_r)$ とき，a 君は（ⅰ）選ばれる $(\underline{{}_{n-1}C_{r-1}})$ か，または，（ⅱ）選ばれない $(\underline{{}_{n-1}C_r})$ のいずれかだから，

$\boxed{a \text{ が選ばれる}}$　$\boxed{\text{または}}$　$\boxed{a \text{ が選ばれない}}$

(1) $_nC_r = \underline{{}_{n-1}C_{r-1}} + \underline{{}_{n-1}C_r}$ の公式が成り立つ。数式でも確認しよう。

$$(\text{右辺}) = \frac{(n-1)!}{(r-1)! \cdot \underbrace{(n-r)!}} + \frac{(n-1)!}{r! \cdot (n-r-1)!}$$

$$\underbrace{n-1-(r-1)}$$

$$= \frac{r \cdot (n-1)!}{\underbrace{r \cdot (r-1)!} \cdot (n-r)!} + \frac{(n-r)(n-1)!}{r! \underbrace{(n-r)(n-r-1)!}}$$

$$\underbrace{r!} \qquad \underbrace{(n-r)!} \qquad \boxed{n!}$$

$$= \frac{r \cdot \cancel{(n-1)!}}{r! \cdot (n-r)!} + \frac{(n-r) \cdot (n-1)!}{r! \cdot (n-r)!} = \frac{\overbrace{n \cdot (n-1)!}}{r! \cdot (n-r)!} = \frac{n!}{r! \cdot (n-r)!} = {}_nC_r = (\text{左辺})$$

このように，特定の **1** 人 **(1** 個 **)** に着目すると，式が立てやすくなるんだ。

次，**(2)** に入ろう。ある国で，

(ⅰ) n 人の国民から r 人の委員を選び，さらに，その r 人の委員から **1**

人の大統領を選び出すとする。このときの場合の数は，

$$\underbrace{{}_nC_r} \times \underbrace{{}_rC_1}^{r} = r \cdot {}_nC_r \quad \text{となるね。}$$

$$\boxed{(\text{イ})\ r \text{人の委員から 1 人の大統領を選ぶ}} \qquad \boxed{r \text{人のうち 1 人は大統}}$$
$$\boxed{(\text{ア})\ n \text{人の国民から } r \text{人の委員を選ぶ}} \qquad \boxed{\text{領になっている！}}$$

この結果，n 人の国民から，**1** 人の大統領と $r-1$ 人の委員が誕生して

いるわけだから，これは，つまり，

(ⅱ) n 人の国民から **1** 人の大統領を選び，残り $n-1$ 人の国民から $r-1$

人の委員を選び出すことと結果的には一緒だね。よって，このとき

の場合の数は，

$$\underbrace{{}_nC_1}^{n} \times \underbrace{{}_{n-1}C_{r-1}} = n \cdot {}_{n-1}C_{r-1}$$

$$\boxed{(\text{イ})\ \text{残り } n-1 \text{人の国民から } r-1 \text{人の委員を選ぶ}}$$
$$\boxed{(\text{ア})\ n \text{人の国民から 1 人の大統領を選ぶ}}$$

以上 **(ⅰ)**，**(ⅱ)** より，**(2)** の公式 $\underset{(ⅰ)}{\underline{r \cdot {}_nC_r}} = \underset{(ⅱ)}{\underline{n \cdot {}_{n-1}C_{r-1}}}$ が導ける！これを

数式でも確認しておこう。

$$(\text{右辺}) = n \cdot {}_{n-1}C_{r-1} = n \cdot \frac{(n-1)!}{(r-1)! \cdot \underbrace{(n-r)!}} = r \cdot \frac{\overbrace{n \cdot (n-1)!}^{n!}}{\underbrace{r \cdot (r-1)!} \cdot (n-r)!}$$

$$= r \cdot {}_nC_r = (\text{左辺}) \qquad \underbrace{n-1-(r-1)} \qquad \underbrace{r!}$$

● 組合せの応用，最短経路をマスターしよう！

最短経路の問題も，組合せ $(_nC_r)$ の典型的な問題といえるんだ。次の
図6を見てくれ。横に4区画，縦に3区画あ
る碁盤目状の道を，A地点からB地点まで
行く最短経路の数を求めるのに，組合せの数
$_nC_r$ が威力を発揮するんだね。

この最短経路の例として，(i)(ii)(iii)の3
つを示しておいた。最短経路はいずれも，右
に行く (→) か，上に行く (↑) かのいずれかで，
経路 (i)，(ii)，(iii)のそれぞれを次のように記号化して表すことができ
るんだね。

図6 最短経路の問題

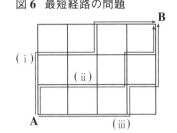

経路 (i) ↑ ↑ → → ↑ → →
経路 (ii) ↑ → → → ↑ → ↑ ← ┃ 上向き，右向きの矢印で記号化して考えることがポイントなんだ！
経路 (iii) → → → ↑ → ↑ ↑

これから，この最短経路は，○○○○○○○の7つの○のうち4つを選ん
で，そこに4つの→（または3つを選んでそこに3つの↑）を入れる方法
の数 $_7C_4$（または $_7C_3$）だけあるのがわかるね。つまり，AからBまで行
く最短経路の総数は，$_7C_4 = \dfrac{7!}{4! \cdot 3!} = \dfrac{7 \cdot 6 \cdot 5}{3 \cdot 2 \cdot 1} = 35$ 通りだ。

◆例題 23 ◆

図のような街路の町で，A地点からB地点
に行く最短の道すじは何通りあるか。

（東京女子医大）

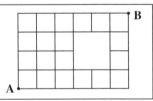

解答

図のように，穴のあいた部分にも仮想的に道があると考え，C地点をおく。

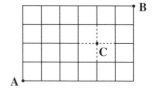

このとき，仮の道も含めて，A 地点から B 地点に向かう全経路数から，C 地点を通るものを除いたものが，求める経路数となるのがわかるね。

（ⅰ）仮想道路も含めた全経路数：$n(U)$ は，

$$n(U) = {}_{10}C_6 = \frac{10!}{6! \cdot 4!} = \frac{10 \cdot 9 \cdot 8 \cdot 7}{4 \cdot 3 \cdot 2 \cdot 1} = \underline{\underline{210}} \text{ 通り}$$

たて，横 10 区画から横に行く 6 区画を選ぶ！

（ⅱ）C 地点を経由して，A 地点から B 地点に向かう経路の数：$n(C)$ は，

$$n(C) = {}_6C_4 \times {}_4C_2 = \frac{6!}{4! \cdot 2!} \times \frac{4!}{2! \cdot 2!} = 15 \times 6 = \underline{\underline{90}} \text{ 通り}$$

（イ）C → B：たて，横 4 区画から横に行く 2 区画を選ぶ！

（ア）A → C：たて，横 6 区画から横に行く 4 区画を選ぶ！

以上（ⅰ）（ⅱ）より，求める最短経路の数は，

$$n(U) - n(C) = \underline{\underline{210}} - \underline{\underline{90}} = 120 \text{ 通りとなる。} \quad \cdots\cdots\cdots\cdots\cdots\cdots\cdots\cdots\text{(答)}$$

● 組分け問題では，組の区別の有無が鍵だ！

次，組分け問題に入ろう。これも，組合せの応用として，頻出典型問題の 1 つなんだ。この問題のポイントは，組分けする組に区別があるかないかなんだ。早速，次の例題で練習してみよう。

◆例題 24 ◆

9 個の異なるものを次のように分ける方法は何通りあるか。

(1) 3 個ずつ，A, B, C 3 つの組に分ける。

(2) 3 個ずつ 3 つの組に分ける。

(3) 5 個と 2 個と 2 個の 3 つの組に分ける。

組に区別あり

(1)（ⅰ）**9** 個の異なるものから **3** 個を選んで **A** 組とし，　　　　　：$_9C_3$ 通り

（ⅱ）残り **6** 個の異なるものから **3** 個を選んで **B** 組とし，　　：$_6C_3$ 通り

（ⅲ）最後に残った **3** 個を **C** 組とする。　　　　　　　　　：$_3C_3$ 通り

この（ⅰ）かつ（ⅱ）かつ（ⅲ）の操作により，**9** 個の異なるものを **A**，**B**，**C** **3** つの組に分けることができるので，この分け方の総数は，

$$_9C_3 \times _6C_3 \times _3C_3 = \frac{9!}{3! \cdot 6!} \times \frac{6!}{3! \cdot 3!} = 1680 \text{ 通りだね。} \quad \cdots\cdots\cdots\cdots\text{(答)}$$

(2) **(1)** では，**A**，**B**，**C** と，組に区別がある場合だったけど，今回は，ただ **3** 個ずつ **3** つの組に分けるだけなので，**(1)** の結果を，**A**，**B**，**C** <u>3</u> つの並べ替えの総数 <u>3!</u> で，割らないといけないんだね。

よって，この場合の分け方の総数は，

組に区別なし

$$\frac{_9C_3 \times _6C_3 \times _3C_3}{3!} = \frac{1680}{6} = 280 \text{ 通り} \quad \cdots\cdots\cdots\cdots\cdots\cdots\cdots\text{(答)}$$

(3) **5** 個と **2** 個と **2** 個に分ける場合，別に組に名称はなくても，**5** 個の組と **2** 個の組の区別はつく。でも，<u>2</u> つの **2** 個の組の区別はつかないので，"区別あり" として計算した総数を <u>2!</u> で割らないといけない。

"組に区別あり" として **5** 個，**2** 個，**2** 個の **3** 組に分ける場合の数

$$\therefore \frac{(_9C_5 \times _4C_2 \times _2C_2)}{2!} = \frac{1}{2} \times \frac{9!}{5! \cdot 4!} \times \frac{4!}{2! \cdot 2!} \times 1 = 378 \text{ 通り} \quad \cdots\cdots\cdots\text{(答)}$$

2 つの **2** 個の組に区別がないので **2!** で割る！

この例題をやっておけば，組分け問題の要領もつかめたはずだ。

● 重複組合わせは，○と仕切り板で考える！

最後に，重複組み合わせ（$_nH_r$）についても解説しよう。これも応用問題を解くのに役に立つんだ。公式を次に書くから，まず頭に入れてくれ。

重複組合せの数 $_n\mathrm{H}_r$

> 重複組合せの数 $_n\mathrm{H}_r = _{n+r-1}\mathrm{C}_r$：$n$ 個の異なるものの中から重複を許して，r 個を選び出す選び方の総数。

例題として，a, b, c 3 つの異なるものから重複を許して 5 個を選び出す $\underset{\underset{\scriptstyle 3\mathrm{H}_5}{\uparrow}}{}$ 場合の数を求めてみよう。選び出された 5 個のものの順列は考えなくていいわけだから，これを a, b, c の順にキレイに並べてもいいよね。たとえば，$aabbc$，$aaabc$，$aaaab$，$bbccc$，$bbbbb$，$ccccc$，……などだね。

このように順序正しく並べる場合，a と b，b と c の間に仕切り板をおくことにすれば，a や b や c を○におきかえて，次のように記号化して表すことが可能になるだろう。

- $aabbc \longrightarrow$ ○○ | ○○ | ○
- $aaabc \longrightarrow$ ○○○ | ○ | ○
- $aaaab \longrightarrow$ ○○○○ | ○ |
- $bbccc \longrightarrow$ | ○○ | ○○○
- $bbbbb \longrightarrow$ | ○○○○○ |
- $ccccc \longrightarrow$ | | ○○○○○
  ……… ……………………

> $_3\mathrm{H}_5$ は，7 つの場所から○を入れる 5 つ（または，仕切り板を入れる 2 つ）を選ぶ方法の数 $_7\mathrm{C}_5$（または $_7\mathrm{C}_2$）に等しい！

これから，この重複組合わせの数 $_3\mathrm{H}_5$ は，7 つの場所から○を入れる 5 つ（または，仕切り板を入れる 2 つ）を選ぶ方法の数 $_7\mathrm{C}_5$（または $_7\mathrm{C}_2$）に等しいことがわかるね。つまり，$_3\mathrm{H}_5 = _7\mathrm{C}_5$（または $_7\mathrm{C}_2$）$= 21$ 通りだ。

これは，公式 $_n\mathrm{H}_r = _{n+r-1}\mathrm{C}_r$ の $n = 3$，$r = 5$ の場合に相当するんだね。この公式に，$n = 3$，$r = 5$ を代入すると，なるほど，$_3\mathrm{H}_5 = _{3+5-1}\mathrm{C}_5 = _7\mathrm{C}_5$ が出てくるだろう。

このように，○と仕切り板で考えると，重複組合わせも楽にわかるんだね。後は，演習問題 53 で実践的に練習するといい。

最短経路の数

図のような道路において，**A** 地点から **B** 地

点に向かう最短経路について考える。

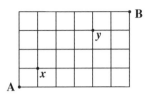

(1) 最短経路の総数を求めよ。

(2) x 地点を通り，かつ y 地点を通らない最

短経路の総数を求めよ。

(3) x 地点を通らないか，または y 地点を通

る最短経路の総数を求めよ。

ヒント! (1) の最短経路の総数を $n(U)$ とおき，(3) の総数を $n(A)$ とおくと，(2) は (3) の余事象より，$n(A) = n(U) - n(\overline{A})$ だ。

解答&解説

ココがポイント

(1) **A → B** に向かう最短経路の総数を $n(U)$ とおく

と，これは，全 10 区画のうち右に行く 6 区画

を選ぶ場合の数に等しいので，

$$n(U) = {}_{10}C_6 = 210 \text{ 通り} \quad \cdots\cdots\cdots(答)$$

⇦ 全 10 区画のうち上に行く 4 区画を選んでもいい。

(2) 事象 X：x 地点を通って **A** から **B** に行く

事象 Y：y 地点を通って **A** から **B** に行く，とおく。

$\boxed{(\mathrm{i})\ \mathbf{A} \to x}$　$\boxed{(\mathrm{ii})\ x \to \mathbf{B}}$

$$n(X) = \boxed{{}_2C_1} \times \boxed{{}_8C_5} = 112 \text{ 通り}$$

$\boxed{(\mathrm{i})\ \mathbf{A} \to x}$　$\boxed{(\mathrm{ii})\ x \to y}$　$\boxed{(\mathrm{iii})\ y \to \mathbf{B}}$

$$n(X \cap Y) = \boxed{{}_2C_1} \times \boxed{{}_5C_3} \times \boxed{{}_3C_2} = 60 \text{ 通り}$$

∴ 求める $n(X \cap \overline{Y})$ は，

$$n(X \cap \overline{Y}) = n(X) - n(X \cap Y)$$

$\boxed{\text{ド・モルガン}}$ $\quad = 112 - 60 = \underline{52} \text{ 通り} \quad \cdots\cdots(答)$

⇦ x 地点を通るとき
(ⅰ) **A**→x かつ (ⅱ) x→**B**
の場合の数を求める。

⇦ x, y 両地点を通るとき
(ⅰ) **A**→x かつ (ⅱ) x→y
かつ (ⅲ) y→**B** として求める。

⇦ $X \cap \overline{Y} = X - X \cap Y$

$\left[\text{◖} = \text{◯} - \text{◊} \right]$

(3) 求める事象 $\overline{X} \cup Y$ の余事象は ⟶ $\boxed{\overline{\overline{X}} = X \text{ だ}}$

$\overline{\overline{X} \cup Y} = \overline{\overline{X}} \cap \overline{Y} = X \cap \overline{Y}$ より，求める事象の場合

の数 $n(\overline{X} \cup Y)$ は $\boxed{n(A) = n(U) - n(\overline{A})}$

$$n(\overline{X} \cup Y) = n(U) - n(X \cap \overline{Y})$$

$$= 210 - \underline{52} = 158 \text{ 通り} \quad \cdots\cdots(答)$$

⇦ $A = \overline{X} \cup Y$ とおくと
$\overline{A} = X \cap \overline{Y}$
より，公式：
$n(A) = n(U) - n(\overline{A})$
を使った!

最短経路の数の応用

図のような道路をもつ町がある。次のような場合，経路は何通りあるか。ただし，東方向，北方向，北東方向にしか進めないものとする。

(1) O 地点から A 地点に行く場合

(2) O 地点から A 地点を通らずに B 地点に行く場合　　　（広島修道大）

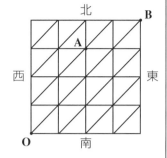

ヒント！ 東, 北, 北東に 1 区画進むことをそれぞれ a, b, c で表すといいよ。

解答＆解説

東, 北, 北東に 1 区画進むことをそれぞれ a, b, c で表すことにする。

⇦ $a(\rightarrow)$, $b(\uparrow)$, $c(\nearrow)$

(1) O→A の経路の組として，次の 3 つの場合がある。

(i)(a, a, b, b), (ii)(a, b, b, c), (iii)(b, c, c)

よって，O → A の経路の総数は，

$$\underset{(\text{i})}{\frac{5!}{2! \cdot 3!}} + \underset{(\text{ii})}{\frac{4!}{2!}} + \underset{(\text{iii})}{\frac{3!}{2!}} = 10 + 12 + 3 = \underline{25}\,通り\cdots(答)$$

ココがポイント

⇦ (i)(a, a, b, b) の並べ替えは同じものを含む順列なので，$\dfrac{5!}{2! \cdot 3!}$ だね。(ii)(iii) も同様だ。

(2) O→B の経路の組として，次の 5 つの場合がある。

(i)(a, a, a, a, b, b, b, b), (ii)(a, a, a, b, b, b, c)

(iii)(a, a, b, b, c, c), (iv)(a, b, c, c, c)

(v)(c, c, c, c)

よって，O → B の経路の総数は，

$$\underset{(\text{i})}{\frac{8!}{4! \cdot 4!}} + \underset{(\text{ii})}{\frac{7!}{3! \cdot 3!}} + \underset{(\text{iii})}{\frac{6!}{2! \cdot 2! \cdot 2!}} + \underset{(\text{iv})}{\frac{5!}{3!}} + \underset{(\text{v})}{\frac{1}{}}$$

$$= 70 + 140 + 90 + 20 + 1 = 321\,通り$$

これから O → A → B の通り数 $\underline{25} \times \underline{5}$ 通りを引いて，A を通らずに O から B に行く経路の総数は，

$$321 - 25 \times 5 = 196\,通り \cdots\cdots(答)$$

⇦ (i)の並べ替えの数は $\dfrac{8!}{4! \cdot 4!}$ だね。他も同様だ。

⇦ ・O→A は,(1) より $\underline{25}$ 通り
・A→B は,
(i)(a, a, b) (ii)(a, c)
より, $\dfrac{3!}{2!} + 2! = \underline{5}$ 通り

演習問題 50　　難易度 ★★　　CHECK 1　　CHECK 2　　CHECK 3

色の異なる **7** つの球がある。

(1) **7** 個中 **6** 個の球を取り出し，**A, B, C** の箱に **2** 個ずつ入れる方法は
何通りあるか。

(2) **7** 個の球を，**A, B, C** の箱に分ける方法は何通りあるか。ただし，
各箱には何個入ってもよいが，少なくとも **1** 個は入る。

(3) **(2)** において，箱に **A, B, C** の区別がない場合，**3** つに分ける方法
は何通りあるか。　　　　　　　　　　　　　　　　（長崎技術科学大）

ヒント！ **(1)**，**(2)** は組に区別があり，**(3)** は組に区別がないね。**(3)** では，**(2)**
の結果を **3!** で割ればいいんだね。大丈夫？

解答 & 解説

ココがポイント

(1) 組 (箱) に，**A, B, C** の区別があるので，**A, B,**
C に **2** 個ずつ球を入れる場合の数は，

分けるべき 6個を選ぶ	6個中2個を Aに入れる	4個中2個を Bに入れる	残りの2個を Cに入れる

$${}_7C_6 \times {}_6C_2 \times {}_4C_2 \times {}_2C_2$$

$$= 7 \times 15 \times 6 \times 1 = 630 \text{ 通り} \quad \cdots\cdots(答)$$

⇦ これは組に区別有りだね。

(2) 異なる **7** つの球が，それぞれ **A, B, C** の **3** つの
うちのいずれかを選択して入ると考えて，3^7 通
り。このうち，次の (ⅰ)(ⅱ) の場合を引けばよい。

⇦ 重複順列だ！

（ ⅰ ）**1** つの箱だけにすべての球が入る場合：**3** 通り

⇦ **A** だけ，または **B** だけ，
または **C** だけに球が入る
3 通りだ。

（ ⅱ ）**2** つの箱だけにすべての球が入る場合

3つの箱のう ち球の入る2 つを選ぶ	7個の球がそれ ぞれ2つの箱の いずれかを選ぶ	1つの箱のみ に入る場合 を除く

$${}_3C_2 \times (2^7 - 2) = 3 \times 126 = 378 \text{ 通り}$$

以上より，求める場合の数は，

$$3^7 - 3 - 378 = 1806 \text{ 通り} \quad \cdots\cdots\cdots(答)$$

(3) **(2)** に対して，**A, B, C** の組に区別がないので

$$\frac{1806}{3!} = \frac{1806}{6} = 301 \text{ 通り} \quad \cdots\cdots\cdots(答)$$

⇦ **A, B, C** の区別がないの
で，**3!** で割るんだね。

大統領と委員の問題

演習問題 51　　難易度 ★★　　CHECK1　CHECK2　CHECK3

(1) $k \cdot {}_{10}C_k = 10 \cdot {}_9C_{k-1}$ ……① $(k = 1, 2, \cdots, 10)$ が成り立つことを示せ。

(2) (1) を用いて，次式が成り立つことを示して，この式の値を求めよ。

$$1 \cdot {}_{10}C_1 + 2 \cdot {}_{10}C_2 + 3 \cdot {}_{10}C_3 + \cdots + 10 \cdot {}_{10}C_{10} = 20({}_9C_0 + {}_9C_1 + {}_9C_2 + {}_9C_3 + {}_9C_4) \cdots ②$$

ヒント！　(1) は最終的には，10 人から 1 人の大統領と $k-1$ 人の委員を選ぶ応用公式の証明だね。シッカリ計算して証明してごらん。(2) は (1) の結果を用いれば，スグに証明できるはずだ。

解答 & 解説

(1) $1 \leqq k \leqq 10$ のとき，

①の左辺 $= k \cdot {}_{10}C_k = k \cdot \dfrac{\overbrace{10!}^{10 \times 9!}}{k! \cdot (10-k)!}$

$= 10 \times \underbrace{\dfrac{k}{k!}}_{\frac{k}{k \times (k-1)!} = \frac{1}{(k-1)!}} \times \dfrac{9!}{(10-k)!} = 10 \cdot \underbrace{\dfrac{9!}{(k-1)!(10-k)!}}_{{}_9C_{k-1}}$

$= 10 \cdot {}_9C_{k-1} = $ ①の右辺

$\therefore \underbrace{k}_{{}_kC_1} \cdot {}_{10}C_k \overset{(\text{i})}{=} \underbrace{10}_{{}_{10}C_1} \cdot {}_9C_{k-1}$ ……①は成り立つ。…(終)

(2) $k \cdot {}_{10}C_k = 10 \cdot {}_9C_{k-1}$ …① $(k = 1, 2, \cdots, 10)$ より

与式 $= \underbrace{1 \cdot {}_{10}C_1}_{10 \cdot {}_9C_0} + \underbrace{2 \cdot {}_{10}C_2}_{10 \cdot {}_9C_1} + \underbrace{3 \cdot {}_{10}C_3}_{10 \cdot {}_9C_2} + \cdots + \underbrace{10 \cdot {}_{10}C_{10}}_{10 \cdot {}_9C_9}$

$= 10 \cdot {}_9C_0 + 10 \cdot {}_9C_1 + 10 \cdot {}_9C_2 + \cdots + 10 \cdot {}_9C_9$

$= 10({}_9C_0 + {}_9C_1 + {}_9C_2 + {}_9C_3 + {}_9C_4 + \underbrace{{}_9C_5}_{{}_9C_4} + \underbrace{{}_9C_6}_{{}_9C_3} + \underbrace{{}_9C_7}_{{}_9C_2} + \underbrace{{}_9C_8}_{{}_9C_1} + \underbrace{{}_9C_9}_{{}_9C_0})$

$= 20({}_9C_0 + {}_9C_1 + {}_9C_2 + {}_9C_3 + {}_9C_4)$

となって，②が成り立つ。……………(終)

$\therefore$ 与式 $= 20\left(1 + 9 + \underbrace{\dfrac{9!}{2! \cdot 7!}}_{36} + \underbrace{\dfrac{9!}{3! \cdot 6!}}_{84} + \underbrace{\dfrac{9!}{4! \cdot 5!}}_{126}\right)$

$= 20(10 + 36 + 84 + 126) = 5120 \cdots$(答)

ココがポイント

$\Leftarrow$ ${}_9C_{k-1} = \dfrac{9!}{(k-1)!\{9-(k-1)\}!} = \dfrac{9!}{(k-1)!(10-k)!}$

$\Leftarrow$ (i) 10 人から k 人の委員，k 人から 1 人の大統領を選ぶ。

(ii) 10 人から 1 人の大統領，9 人から $k-1$ 人の委員を選ぶ。

$\Leftarrow$ ①の $k = 1, 2, 3, \cdots, 10$ のときに対応している！

$\Leftarrow$ $\dfrac{9!}{3! \cdot 6!} = \dfrac{9 \cdot \overset{4}{\cancel{8}} \cdot 7}{\cancel{3} \cdot \cancel{2} \cdot 1} = 84$

$\dfrac{9!}{4! \cdot 5!} = \dfrac{9 \cdot 8 \cdot 7 \cdot \overset{2}{\cancel{6}}}{\cancel{4} \cdot \cancel{3} \cdot \cancel{2} \cdot 1} = 126$

グループ分けの応用

異なる n 個の数字を k 個のグループに分ける方法の総数を $_nS_k$ と表す。($1 \leq k \leq n$)　ただし，各グループは少なくとも 1 つの数字を含むものとする。ここで，$2 \leq k \leq n$ のとき，$_{n+1}S_k = {_nS_{k-1}} + k\,{_nS_k}$ が成り立つことを示せ。

(早稲田大)

ヒント！　組合せの公式：$_nC_r = {_{n-1}C_{r-1}} + {_{n-1}C_r}$ と同様に，特定の 1 個に着目して，(ⅰ) その 1 個だけで 1 グループを作るか，(ⅱ) そうでないか，の 2 つに場合分けして考えるといいんだよ。頑張れ！

解答＆解説

n 個の異なる数を，k 個のグループに分ける方法の総数を $_nS_k$ と表す。

ここで，$n+1$ 個の異なる数で k 個のグループを作るときの場合の数 $_{n+1}S_k$ は，特定の 1 個に着目して考えると，

(ⅰ) 特定の 1 個で 1 つのグループを作る

　　場合：$\underline{1 \times {_nS_{k-1}}}$ 通り

(ⅱ) 特定の 1 個で 1 つのグループを作らない

　　場合：$_kC_1 \times {_nS_k} = \underline{k\,{_nS_k}}$ 通り

の 2 つに分類できる。

以上より，求める場合の数 $\underline{_{n+1}S_k}$ は，

$\underline{_{n+1}S_k} = {_nS_{k-1}} + \underline{k\,{_nS_k}}$ と表せる。………………(終)

ココがポイント

(ⅰ) 特定の 1 個で 1 つのグループを作る場合

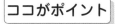

特定の 1 個	n 個の数

1 個のグループ	$k-1$ 個のグループ
特定の 1 個で 1 個のグループを作る。 1 通り	n 個の数で $k-1$ 個のグループを作る。 $_nS_{k-1}$ 通り

(ⅱ) 特定の 1 個で 1 つのグループを作らない場合

特定の 1 個	n 個の数

k 個のグループ
n 個の数で k 個のグループを作る。 $_nS_k$ 通り

特定の 1 個はすでに出来ている k 個のグループのどこかに入る。
$_kC_1 = k$ 通り

これは早稲田の理工の問題だったんだ。組合せの数 $_nC_r$ の応用公式と同じような考え方で解けるんだね。

◯と仕切り板の重複組み合わせ

方程式 $x + y + z = 28$ をみたす 0 以上の整数 x, y, z の値の組は何通りあるか。その中で，z が 7 の倍数である場合の値の組は何通りあるか。

（慶応大＊）

ヒント！　$x + y + z = 28$ をみたす 0 以上の整数 x, y, z が例えば，$x = 10$，$y = 11$，$z = 7$ だったとすると，これは，

$$\underbrace{xx\cdots\cdots x}_{10\text{個}} \quad \underbrace{yy\cdots\cdots y}_{11\text{個}} \quad \underbrace{zz\cdots\cdots z}_{7\text{個}}$$

の列とみて，x, y, z の 3 つの異なるものから重複を許して 28 個選び出す重複組み合わせの問題になってるんだね。28 個の◯と 2 枚の仕切り板で，

$$\underbrace{\bigcirc\bigcirc\cdots\bigcirc}_{10\text{個}} | \underbrace{\bigcirc\bigcirc\cdots\bigcirc}_{11\text{個}} | \underbrace{\bigcirc\bigcirc\cdots\bigcirc}_{7\text{個}}$$

の考え方から，${}_3H_{28} = {}_{30}C_{28}\,(={}_{30}C_2)$ となる。

解答＆解説

$x + y + z = 28$　（x, y, z：0 以上の整数）

これをみたす (x, y, z) の値の組の個数は，x, y, z の 3 つの異なるものから重複を許して 28 個選び出す場合の数に等しい。　[${}_{30}C_2$ でもいい。]

$\therefore {}_3H_{28} = {}_{30}C_{28} = \dfrac{30!}{28! \cdot 2!} = 435$ 通り　$\cdots\cdots\cdots\cdots$（答）

z が 7 の倍数，すなわち，$z = 0, 7, 14, 21, 28$ のとき

[x, y の 2 つから重複を許して 28 個選ぶ。以下同様]

- $z = 0$ のとき，　${}_2H_{28} = {}_{29}C_{28} = {}_{29}C_1 = 29$ 通り
- $z = 7$ のとき，　${}_2H_{21} = {}_{22}C_{21} = {}_{22}C_1 = 22$ 通り
- $z = 14$ のとき，　${}_2H_{14} = {}_{15}C_{14} = {}_{15}C_1 = 15$ 通り
- $z = 21$ のとき，　${}_2H_7 = {}_8C_7 = {}_8C_1 = 8$ 通り
- $z = 28$ のとき，　${}_2H_0 = {}_1C_0 = 1$ 通り

以上より，z が 7 の倍数となるときの値の組は

$$29 + 22 + 15 + 8 + 1 = 75 \text{ 通り} \quad \cdots\cdots\cdots\cdots\text{（答）}$$

ココがポイント

⇦公式：${}_nH_r = {}_{n+r-1}C_r$ より，
${}_3H_{28} = {}_{3+28-1}C_{28} = {}_{30}C_{28}$
だね。

⇦x, y から 28 個選ぶ。

⇦x, y から 21 個選ぶ。

⇦x, y から 14 個選ぶ。

⇦x, y から 7 個選ぶ。

⇦x, y から 0 個選ぶ。

§3. 確率の加法定理・余事象の確率を使いこなそう！

さァ，これから，"場合の数と確率"の中の"確率"の解説を始めよう。この確率は，本質的には，"場合の数"の計算の延長ともいえるんだ。だから，これまで学習した内容が，かなりこの確率計算でも利用できるから，比較的スムーズに入っていけると思う。

ただし，"反復試行の確率"など新たな項目も加わるので，気を抜かないで勉強してくれ。下に，確率のメインテーマをまず列挙しておこう。

・ 確率の基本性質 (加法定理，余事象の確率など)
・ 確率の応用 (独立試行の確率，反復試行の確率)
・ 条件付き確率と確率の乗法定理

それではまず，確率の基本性質の講義から始めよう。基本を押さえれば応用は速いので，ここでシッカリ確率の基本事項をマスターしよう。

● $P(A) = n(A) \div n(U)$，これが確率計算の基本だ！

確率の問題では，サイコロを投げたり，コインを投げたりする場合が出てくるけど，このように何度でも同様のことを繰り返すことのできる行為を"試行"と呼び，その結果，偶数の目が出たり表が出たりすることがらのことを"事象"という。そして，前回勉強したように，この事象を大文字のA, Bなどで表す。たとえば，事象Aの起こる確率は，$P(A)$と表し，次のようにこの確率を定義する。

確率 $P(A)$ の定義

すべての**根元事象**が同様に確からしいとき，

$$P(A) = \frac{n(A)}{n(U)} = \frac{\text{事象 } A \text{ の場合の数}}{\text{全事象の場合の数}}$$

事象 A の場合の数 $n(A)$ を全事象の場合の数 $n(U)$ で割ったものが，確率 $P(A)$ だ！

このように，確率 $P(A)$ は，事象 A の場合の数 $n(A)$ を全事象の場合の数 $n(U)$ で割ったものだから，本質的には，前回やった**"場合の数"**の計算の延長ってことになるんだね。

> それ以上簡単なものに分けられない事象のこと
> サイコロでは $1, 2, \cdots\cdots, 6$ の目，コインでは表や裏のこと

ただし，**"すべての根元事象が同様に確からしいとき"** という前提条件を忘れないでくれ。次に，2 つ例を示しておく。

（ⅰ）サイコロを一回投げて，偶数の目が出る事象を A とおくと，

> $2, 4, 6$ の 3 通り

$$確率\ P(A) = \frac{n(A)}{n(U)} = \frac{3}{6} = \frac{1}{2}\ となるのはいいね。$$

> $1, 2, 3, 4, 5, 6$ の 6 通り

（ⅱ）次，2 枚のコインを 1 回投げて，(表，表) の出る事象を B とおくと，2 枚のコインの全事象は (表，表)，(表，裏)，(裏，裏) の 3 通りで，そのうち (表，表) となるのは 1 通りだから

> ホントは，これは次の
> 2 通りに分かれる。

$$確率\ P(B) = \frac{1}{3},\ とやっちゃうと間違いだ！$$

正解は，同様に確からしいすべての根元事象は (表，表)，(表，裏)，(裏，表)，(裏，裏) の 4 つだから，

$$P(B) = \frac{1}{4}\ となるんだね。納得いった？$$

ここで，この確率の値は，その事象の起こる可能性の大小を表しており，$P(A) = 1$ は，事象 A が必ず起こることを，また，$P(A) = 0$ は，事象 A が絶対に起こらないことを表している。したがって，確率 $P(A)$ は，$0 \leqq P(A) \leqq 1$ の範囲で示されることになるんだ。

たとえば，$P(B) = \frac{1}{4}$ では，4 回に 1 回の割合で事象 B が起こるといっているんだけど，これは，試行を 4 回行えばその内必ず 1 回の割合で事象 B が起こるという意味ではないんだ。しかし，この試行回数を 4000 回，40000 回，…と増やしていくと，ナルホドそのうちほぼ 1000 回，10000 回，…は事象 B の起こることが確認できるんだ。これを **"大数の法則"** と呼ぶことも覚えておこう。

177

◆例題 25 ◆

1 から 9 までの整数から異なる 2 つを無作為に取り出す。取り出された 2 つの数 a, b に対して、次の確率を求めよ。

(1) $a+b$ が奇数である確率。　　(2) ab が奇数である確率。

(3) $a+b$ と ab が偶数である確率。　　　　　　　　　　（学習院大）

解答

1 から 9 までの整数から重複を許さずに 2 つを選び出すので、全事象の場合の数 $n(U)$ は、$n(U) = {}_9C_2 = \dfrac{9!}{2! \cdot 7!} = 36$ 通りだね。

(1) 事象 A：“$a+b$ が奇数である”とおくと、a, b のうち一方は奇数で他方は偶数となる。よって、事象 A の場合の数 $n(A)$ は、

$$n(A) = \boxed{{}_5C_1} \times \boxed{{}_4C_1} = 5 \times 4 = 20 \text{ 通り}$$

$\boxed{1, 3, 5, 7, 9 \text{ の } 5 \text{ 個の奇数から } 1 \text{ 個を選ぶ}}$

$\boxed{2, 4, 6, 8 \text{ の } 4 \text{ 個の偶数から } 1 \text{ 個を選ぶ}}$

これらすべての根元事象は同様に確からしいので、求める確率 $P(A)$ は

$$P(A) = \frac{n(A)}{n(U)} = \frac{\text{事象 } A \text{ の場合の数}}{\text{全事象の場合の数}} = \frac{20}{36} = \frac{5}{9} \quad \cdots\cdots\cdots\text{(答)}$$

(2) 事象 B：“ab が奇数である”とおくと、これは a, b が共に奇数といっているのと同じだ。この場合の数 $n(B)$ は、1, 3, 5, 7, 9 の 5 個の奇数から 2 個を選ぶ場合の数に等しいので、

$n(B) = {}_5C_2 = 10$ 通りだ。

∴ 求める確率 $P(B)$ は、$P(B) = \dfrac{n(B)}{n(U)} = \dfrac{10}{36} = \dfrac{5}{18} \quad \cdots\cdots\cdots\text{(答)}$

(3) 事象 C：“$a+b$ と ab が偶数である”とおくと、これは、a, b が共に偶数と同じだね。よって、$n(C) = \boxed{{}_4C_2} = 6$ 通り

$\boxed{2, 4, 6, 8 \text{ の } 4 \text{ 個の偶数から } 2 \text{ 個を選ぶ}}$

∴ 求める確率 $P(C)$ は、$P(C) = \dfrac{n(C)}{n(U)} = \dfrac{6}{36} = \dfrac{1}{6} \quad \cdots\cdots\cdots\text{(答)}$

● $P(A \cup B) = P(A) + P(B) - P(A \cap B)$ も見慣れた公式？

確率計算の本質は，ある事象の数を全事象の数で割っただけのものだから，"集合と論理"でやった"要素(場合)の数"の計算公式がほぼソックリ確率計算の公式としても使えるんだね。 つまり，柿の種の重なる部分がないとき

ここで，1つ新しい言葉を覚えてくれ。$A \cap B = \phi$ のとき，事象 A と事象 B は互いに"排反"というんだ。ちなみに，ϕ を"空事象"といい，当然その確率 $P(\phi) = 0$ だ。また，全事象 U の確率 $P(U) = 1$ となるのもいいね。それじゃ，A, B が排反でないときの確率の基本公式を示す。

$\underline{A \cap B \neq \phi}$ のとき， ⬭=◯+◯-◇ "集合と論理"で見慣れた図だ。

$$n(A \cup B) = n(A) + n(B) - n(A \cap B)$$ この両辺を $n(U)$ で割って，

$$\frac{n(A \cup B)}{n(U)} = \frac{n(A)}{n(U)} + \frac{n(B)}{n(U)} - \frac{n(A \cap B)}{n(U)}$$ より， 結局 $n(U)$ で割るだけだから，"集合と論理"とソックリの公式が出てくるんだ。

$$P(A \cup B) = P(A) + P(B) - P(A \cap B)$$ となるんだね。

同様に考えて，次のような確率計算の基本公式が導かれる。

確率の基本公式 (I)

(I) 確率の加法定理

(i) $A \cap B \neq \phi$ (A と B が排反でない) のとき，

$$P(A \cup B) = P(A) + P(B) - P(A \cap B)$$

(ii) $A \cap B = \phi$ (A と B が排反である) のとき，

$$P(A \cup B) = P(A) + P(B)$$

A と B が排反のとき，"または"はたし算になる！これは確率でも同じだ！(確率の和の法則)

(II) 余事象の確率の利用

$$P(A) = \underline{1} - P(\overline{A})$$
全確率 $P(U)$

$P(A)$ を直接求めるのが難しいときは，$P(\overline{A})$ から攻めるとうまくいく！

また，当然ド・モルガンの法則も確率計算に利用できる。

　以上の公式を組み合わせると，さまざまな問題がテクニカルに解けるようになるんだね。たとえば，$P(\overline{A} \cup \overline{B})$ を求めたかったら，ド・モルガンより，$P(\overline{A} \cup \overline{B}) = P(\overline{\underset{X}{\underline{A \cap B}}})$ だね。また，$X = A \cap B$ とおくと，

$P(\overline{X}) = 1 - P(X)$ だから　←［$P(X) = 1 - P(\overline{X})$ の $P(X)$ と $P(\overline{X})$ を入れ替えたもの！］

$P(\overline{A} \cup \overline{B}) = P(\overline{A \cap B}) = 1 - P(A \cap B)$ と変形できるんだね。大丈夫？

◆例題 26 ◆

箱の中に 1 から 10 までの 10 枚の番号札が入っている。この箱の中から 3 枚の番号札を一度に取り出す。取り出した札の最大の番号を X，最小の番号を x とおく。このとき，次の確率を求めよ。

(1) $X \leqq 7$ かつ $x \geqq 3$ となる確率

(2) $X \geqq 8$ かつ $x \leqq 2$ となる確率　　　　　　　　　（日本女子大）

解答

$\begin{cases} 事象 A：取り出した 3 枚のうちの最大の番号 X が，X \leqq 7 \\ 事象 B：取り出した 3 枚のうちの最小の番号 x が，x \geqq 3 \end{cases}$ とおく。

ここで，全事象 U の場合の数 $n(U)$ は，10 枚の札から 3 枚の札を取り出す場合の数だから，$n(U) = {}_{10}C_3 = \dfrac{10!}{3! \cdot 7!} = \dfrac{10 \cdot 9 \cdot 8}{3 \cdot 2 \cdot 1} = 120$ 通り

(1) $X \leqq 7$ かつ，$x \geqq 3$ より，$A \cap B$ の場合の数 $n(A \cap B)$ を求める。これは，3, 4, 5, 6, 7 の 5 枚の番号札から 3 枚を選び出す場合の数のことだから，

$$\boxed{\frac{5!}{3! \cdot 2!} = \frac{5 \cdot 4}{2 \cdot 1} = 10}$$

$n(A \cap B) = \boxed{{}_5C_3} = 10$ 通り。よって，求める確率 $P(A \cap B)$ は，

$$P(A \cap B) = \frac{n(A \cap B)}{n(U)} = \frac{10}{120} = \underline{\frac{1}{12}} \quad \text{となる。} \cdots\cdots\cdots\cdots\cdots\cdots\text{(答)}$$

(2) この問題は，これまでのキミの理解が本物かどうかを試すのに最適の問題なんだ。

$\begin{cases} 事象 A：X \leqq 7 \text{ より，この余事象 } \overline{A}：X \geqq 8 \\ 事象 B：x \geqq 3 \text{ より，この余事象 } \overline{B}：x \leqq 2 \quad だね。 \end{cases}$

よって，今回求めたい確率は，$P(\overline{A} \cap \overline{B})$ ということになる。

ド・モルガンの法則！

$$P(\overline{A} \cap \overline{B}) = \underwave{P(\overline{A \cup B})} = 1 - \boxed{P(A \cup B)} \quad \leftarrow \boxed{P(\overline{X}) = 1 - P(X) \text{ だね。}}$$

確率の加法定理だ！

$$= 1 - \left\{ \boxed{P(A) + P(B) - P(A \cap B)} \right\} \cdots\cdots ①$$

ここで， $\underbrace{(\,\text{ⅱ}\,)}_{} \quad \underbrace{(\,\text{ⅲ}\,)}_{} \quad \underbrace{(\,\text{ⅰ}\,)}_{}$

(ⅰ) **(1)** の結果より，$P(A \cap B) = \frac{1}{12} = \underline{\frac{10}{120}}$

$\boxed{X \leqq 7 \text{ だから}}$

$\boxed{1, 2, \cdots\cdots, 7 \text{ の } 7 \text{ 枚から } 3 \text{ 枚取り出す。}}$

(ⅱ) $P(A) = \frac{n(A)}{n(U)} = \frac{\boxed{{}_7C_3}}{120} = \underline{\frac{35}{120}} \quad \left(\because {}_7C_3 = \frac{7!}{3! \cdot 4!} = \frac{7 \cdot 6 \cdot 5}{3 \cdot 2 \cdot 1} = 35 \right)$

$\boxed{3 \leqq x \text{ だから}}$

$\boxed{3, 4, \cdots\cdots, 10 \text{ の } 8 \text{ 枚から } 3 \text{ 枚取り出す。}}$

(ⅲ) $P(B) = \frac{n(B)}{n(U)} = \frac{\boxed{{}_8C_3}}{120} = \underline{\frac{56}{120}} \quad \left(\because {}_8C_3 = \frac{8!}{3! \cdot 5!} = \frac{8 \cdot 7 \cdot 6}{3 \cdot 2 \cdot 1} = 56 \right)$

以上 (ⅰ), (ⅱ), (ⅲ) を ① に代入して，求める確率は，

$$P(\overline{A} \cap \overline{B}) = 1 - \left(\underbrace{\frac{35}{120}}_{(\text{ⅱ})} + \underbrace{\frac{56}{120}}_{(\text{ⅲ})} - \underbrace{\frac{10}{120}}_{(\text{ⅰ})} \right)$$

$$= 1 - \frac{81}{120} = 1 - \frac{27}{40} = \underline{\frac{13}{40}} \quad \text{となって，答えだ！} \cdots\cdots\cdots\text{(答)}$$

どう？ この連続技がたまらないだろ？

余事象の確率と円順列

男子 **5** 人と女子 **2** 人が手をつないで **1** つの輪をつくる。このとき，**2** 人の女子同士が隣り合わない確率を求めよ。 （長崎総合科学大）

ヒント！ 女子 **2** 人が隣り合わないように輪になる事象を A とおき，その確率 $P(A)$ を求めるんだね。ここでは，これを直接求めるのではなく，余事象の確率 $P(\overline{A})$ を使って，$P(A) = 1 - P(\overline{A})$ で求める方がいい。

解答＆解説

この全事象の場合の数 $n(U)$ は，男子 **5** 人，女子 **2** 人の計 **7** 人で輪を作る場合の数に等しいので，

　$n(U) = (7 - 1)! = 6!$ 通り

ここで，"**2** 人の女子が隣り合わないように輪を作る" を事象 A とおくと，余事象 $\overline{A}$ は，

　余事象 $\overline{A}$："**2** 人の女子が隣り合うように輪を作る"

ということになる。

　ここで，求める確率 $P(A)$ は，この余事象の確率 $P(\overline{A})$ を用いて表すと，

　$P(A) = 1 - P(\overline{A})$ ……① 　となる。

まず $n(\overline{A})$ を求めて $P(\overline{A})$ を計算し，①から $P(A)$ を求めるんだね。

右図に示すように，余事象 $\overline{A}$ の場合の数 $n(\overline{A})$ は，

固定された女子 **2** 人の並べかえ
残り男子 **5** 人の並べかえ

　$n(\overline{A}) = \boxed{2!} \times \boxed{5!}$ 通り

以上より，求める確率 $P(A)$ は，①を用いて，

$$P(A) = 1 - \boxed{\frac{n(\overline{A})}{n(U)}} = 1 - \boxed{\frac{2! \times 5!}{6!}} \quad \boxed{\frac{2 \times 5 \cdot 4 \cdot 3 \cdot 2 \cdot 1}{6 \cdot 5 \cdot 4 \cdot 3 \cdot 2 \cdot 1}}$$

$$= 1 - \frac{2}{6} = \frac{2}{3} \quad \cdots\cdots\cdots\cdots (答)$$

ココがポイント

⇦ 円順列の公式：$(n-1)!$ を使った！

⇦ $P(A)$ より $P(\overline{A})$ が計算しやすいとき，$P(\overline{A})$ をまず求めて，
　$P(A) = 1 - P(\overline{A})$ から $P(A)$ を求める。

これを固定して考える！　女子 **2** 人の並べかえ **2**！

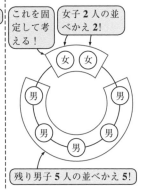

残り男子 **5** 人の並べかえ **5**！

余事象の確率の応用

| 演習問題 55 | 難易度 ★★ | CHECK 1 | CHECK 2 | CHECK 3 |

1 から **6** までの目が等しい確率で出るサイコロを **4** 回投げる試行を考える。

(1) 出る目の最小値が **1** である確率を求めよ。

(2) 出る目の最小値が **1** で，かつ最大値が **6** である確率を求めよ。(北海道大)

ヒント！ (1) 最小値が **1** であるということは，**4** 回中少なくとも **1** 回は **1** の目が出るということだから，**1** 回も **1** の目が出ない余事象の確率から求めるといいんだね。(2) も同様だ。

解答 & 解説

(1) 事象 A：「出る目の最小値が **1** である。」とおくと，

余事象 $\overline{A}$：「**4** 回とも **1** の目が出ない。」となる。

よって，求める確率 $P(A)$ は，　2,3,4,5,6 の目

$$P(A) = 1 - P(\overline{A}) = 1 - \left(\frac{5}{6}\right)^4$$

$$= 1 - \frac{625}{1296} = \frac{671}{1296} \quad \cdots\cdots\cdots\cdots (答)$$

(2) 事象 B：「出る目の最大値が **6** である。」とおくと，

余事象 $\overline{B}$：「**4** 回とも **6** の目が出ない。」となる。

よって，出る目の最小値が **1** で，かつ最大値が **6** となる確率 $P(A \cap B)$ も余事象の確率から求めると，

$$P(A \cap B) = 1 - P(\overline{A \cap B}) = 1 - P(\overline{A} \cup \overline{B})$$

$$= 1 - \{P(\overline{A}) + P(\overline{B}) - P(\overline{A} \cap \overline{B})\}$$

4回とも 1 の目が出ない。　4回とも 6 の目が出ない。　4回とも 1 と 6 の目が出ない。

2,3,4,5,6 の目　1,2,3,4,5 の目　2,3,4,5 の目

$$= 1 - \left\{\left(\frac{5}{6}\right)^4 + \left(\frac{5}{6}\right)^4 - \left(\frac{4}{6}\right)^4\right\}$$

$$= 1 - \frac{625 + 625 - 256}{1296}$$

$$= \frac{302}{1296} = \frac{151}{648} \quad \cdots\cdots\cdots\cdots (答)$$

ココがポイント

⇦ A：「少なくとも **1** 回は **1** の目が出る。」
ということだから，
$\overline{A}$：「**4** 回とも **1** の目が出ない。」
ということになるんだね。
そして，
$P(\overline{A}) = \left(\frac{5}{6}\right)^4$ とすぐ計算できる。

⇦ B：「少なくとも **1** 回は **6** の目が出る。」
ということだから，
$\overline{B}$：「**4** 回とも **6** の目が出ない。」
ということになる。

⇦ ド・モルガンの法則：
$\overline{A \cap B} = \overline{A} \cup \overline{B}$

⇦ 確率の加法定理

§4. 独立・反復試行の確率で応用力をみがける！

● 独立試行でないものまでマスターしよう！

サイコロを 1 回投げて偶数の目が出ることと，コインを 1 回投げて表が出ることとは，まったく無関係だね。このように 2 つ以上の試行を行っても，互いに他に影響を及ぼさない場合，これらを "**独立な試行**" という。それでは，独立な試行の確率の定理を下に示すから，まず頭に入れてくれ。

■ 独立な試行の確率

2 つの独立な試行 T_1, T_2 がある。T_1 で事象 A が起こり，かつ T_2 で事象 B の起こる確率は：$P(A) \times P(B)$ である。

さっきの例でいくと，サイコロを 1 回投げて偶数の目の出ることを事象 A，コインを 1 回投げて表が出ることを事象 B とおくと，

$$P(A) = \underbrace{\frac{3}{6}}_{\boxed{2,4,6\text{の目}}} = \frac{1}{2}, \quad P(B) = \underbrace{\frac{1}{2}}_{\boxed{\text{表}}}$$

だね。これらは独立な試行より，この 2 つの事象 A, B が共に起こる確率は，$P(A) \times P(B) = \dfrac{1}{2} \times \dfrac{1}{2} = \dfrac{1}{4}$ となる。

これは，3 つ以上の独立な試行の確率においても，まったく同様だ。それぞれの事象が共に起こる確率は，それら事象の確率の積になるだけだ。簡単だね。

次，例題として，赤球 2 個，白球 2 個，青球 3 個，黄球 3 個の入った袋から，球を 1 個ずつ 2 回取り出す。このとき，赤球が 2 個取り出される確率を，次の 2 通りの場合について計算しよう。

（ⅰ）1 回目に取り出した球を元に戻す場合

$$\frac{{}_2C_1}{{}_{10}C_1} \times \frac{{}_2C_1}{{}_{10}C_1} = \underbrace{\frac{2}{10}}_{\boxed{1\text{回目}}} \times \underbrace{\frac{2}{10}}_{\boxed{2\text{回目}}} = \frac{1}{25}$$

1 回目に赤球を取り出しても，元に戻すので 2 回目の試行に影響しない。よって，独立な試行だね。

10 個中，2 個の赤球のいずれかを取り出す。

(ⅱ) **1** 回目に取り出した球を元に戻さない場合

| **1** 回目 | **2** 回目 |

$$\frac{_2C_1}{_{10}C_1} \times \frac{_1C_1}{_9C_1} = \frac{2}{10} \times \frac{1}{9} = \frac{1}{45}$$

1 回目に赤球を取り出して, 元に戻さないので, その影響が **2** 回目の確率に出てる。したがって, これは独立な試行の確率計算ではない！

10 個中, **2** 個の赤球の いずれかを取り出す。

9 個中, **1** 個の赤球を 取り出す。

どう？ （ⅰ）と（ⅱ）の違いはわかった？ （ⅱ）は独立な試行の確率ではなく条件付き確率の問題になるんだね。これについては, **P194** 以降でまた詳しく解説しよう。

◆例題 **27** ◆

赤球 **2** 個, 白球 **2** 個, 青球 **3** 個, 黄球 **3** 個の計 **10** 個の球の入った袋から, 球を **1** 個ずつ **2** 回取り出す。次の **2** 通りの場合に対して, 取り出した **2** 個の球の色が異なる確率を求めよ。
（ⅰ）**1** 回目に取り出した球を元に戻す場合
（ⅱ）**1** 回目に取り出した球を元に戻さない場合

解答

事象 A : "**2** 個の球の色が異なる" とおくと, これは, **4** 色中 **2** 色を選ぶ組合わせ $_4C_2 = 6$ 通りもある。よって, **2** 個とも同色である余事象 $\overline{A}$ の確率を求めて, $P(A) = 1 - P(\overline{A})$ の公式を使う方が得策だね。
（ⅰ）**1** 回目に取り出した球を元に戻す場合, 独立な試行の確率より,

2 個が同色の確率 $P(\overline{A})$

$$P(A) = 1 - \left(\frac{2}{10} \times \frac{2}{10} + \frac{2}{10} \times \frac{2}{10} + \frac{3}{10} \times \frac{3}{10} + \frac{3}{10} \times \frac{3}{10} \right)$$

(赤, 赤) (白, 白) (青, 青) (黄, 黄)

この **4** 通りはすべて排反だから, ただたすだけでいい。

$$= 1 - \frac{4 + 4 + 9 + 9}{100} = \frac{74}{100} = \frac{37}{50} \quad \cdots\cdots\cdots\cdots\cdots\cdots\cdots\cdots\text{(答)}$$

(ii) 1 回目に取り出した球を元に戻さない場合，これは独立な試行の確率
ではない。

$$P(A) = 1 - \left(\underbrace{\frac{2}{10} \times \frac{1}{9}}_{(\text{赤},\text{赤})} + \underbrace{\frac{2}{10} \times \frac{1}{9}}_{(\text{白},\text{白})} + \underbrace{\frac{3}{10} \times \frac{2}{9}}_{(\text{青},\text{青})} + \underbrace{\frac{3}{10} \times \frac{2}{9}}_{(\text{黄},\text{黄})} \right)$$

2 個が同色の確率 $P(\overline{A})$

この 4 通りはすべて排反

$$= 1 - \frac{2+2+6+6}{90} = \frac{74}{90} = \frac{37}{45} \quad \text{………………………(答)}$$

● 反復試行の確率は公式通りに解ける！

　同じ試行を n 回繰り返し，そのうち r 回だけ事象 A の起こる確率を "**反復試行の確率**" という。これには，さまざまな応用があるんだけれど，実際に問題を解く際は，次の公式に従えばいいだけだ。覚えてくれ！

反復試行の確率

　ある試行を 1 回行って，事象 A の起こる確率を p とおく。

$P(\overline{A})$：余事象の確率のこと

$P(A)$

（ここで，$q = 1 - p$ とおく。）

　この試行を n 回行って，そのうち r 回だけ事象 A の起こる確率は，

$$_{n}C_{r}\,p^{r}q^{n-r} \quad (r = 0, 1, 2, \cdots\cdots, n)$$

　これだけじゃ，よくわからない？　いいよ，例題で示そう。サイコロを 7 回投げて，そのうち 3 回だけ，1 または 2 の目の出る確率を求めてみよう。サイコロを 1 回投げて 1 または 2 の目の出る事象 A の起こる確率 p は，

$P(A)$　1, 2 の目

$$p = \frac{2}{6} = \frac{1}{3} \text{ であり，よって } q = 1 - p = \frac{2}{3} \text{ だね。}$$

$P(\overline{A})$

7 回中 3 回だけ，事象 A の起こる確率を求めるので，$\underline{n = 7}$，$\underline{r = 3}$ だね。

$p = \dfrac{1}{3}$，$q = \dfrac{2}{3}$，$n = 7$，$r = 3$ より，反復試行の確率の公式通り求めると，

$_nC_r p^r q^{n-r} = {}_7C_3 \left(\frac{1}{3}\right)^3 \left(\frac{2}{3}\right)^4 = \frac{7!}{3! \cdot 4!} \times \frac{2^4}{3^7} = \frac{560}{2187}$ となって，答えだ！

A が 3 回，$\overline{A}$ が 4 回起こる場合の数は，A を ○，$\overline{A}$ を × と記号化して表すと，右図のように $_7C_3$ 通りになるね。そして，このそれぞれの確率は，$\left(\frac{1}{3}\right)^3 \cdot \left(\frac{2}{3}\right)^4$ で等しいから，これを $_7C_3$ 倍して，反復試行の公式通りになるんだね。

○××○××○
○×××○○×
××○××○○
······················

どの確率もすべて $\left(\frac{1}{3}\right)^3 \cdot \left(\frac{2}{3}\right)^4$ だ！

これが $_7C_3$ 通りある！

◆例題 28 ◆

xy 座標平面上の点を，次のようにサイコロの出た目に従って移動させる。
・出た目が 1, 2 のとき x 軸方向に 1 だけ進む
・出た目が 3, 4, 5, 6 のとき y 軸方向に 1 だけ進む
このとき，原点 $O(0, 0)$ を出発し，点 $C(2, 2)$ を経由して点 $D(3, 4)$ に到着する確率を求めよ。　　　　　　　　　　（慶応大）

解答

事象 A："1, 2 の目が出る" とおくと，$\underset{P(A)}{\boxed{p}} = \frac{2}{6} = \frac{1}{3}$，$\underset{P(\overline{A})}{\boxed{q}} = 1 - p = \frac{2}{3}$ だね。

(ⅰ) $O \to C$ （4 回中 2 回 A が起こる）

$\therefore {}_4C_2 \cdot \left(\frac{1}{3}\right)^2 \cdot \left(\frac{2}{3}\right)^2 = \frac{6 \cdot 4}{3^4} = \frac{8}{27}$

(ⅱ) $C \to D$ （3 回中 1 回 A が起こる）

$\therefore {}_3C_1 \cdot \left(\frac{1}{3}\right)^1 \cdot \left(\frac{2}{3}\right)^2 = \frac{3 \cdot 4}{3^3} = \frac{4}{9}$

(ⅰ) $O \to C$ かつ (ⅱ) $C \to D$ だから，かけ算

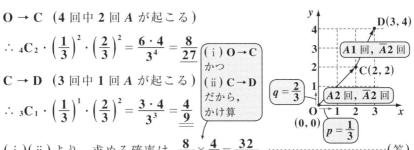

以上 (ⅰ)(ⅱ) より，求める確率は，$\frac{8}{27} \times \frac{4}{9} = \frac{32}{243}$ ·····················（答）

演習問題 56　　難易度 ★★　　CHECK 1　　CHECK 2　　CHECK 3

円周を **6** 等分する点を時計回りの順に **A, B, C, D, E, F** とし，点 **A** を出発点として小石をおく。サイコロを振り，偶数の目が出たときは **2**，奇数の目が出たときは **1** だけ小石を時計回りに分点上を進めるゲームを続け，最初に点 **A** にちょうど戻ったときを上がりとする。ちょうど **1** 周して上がる確率を求めよ。

（北海道大）

ヒント！　ちょうど **1** 周して上がる場合，(ⅰ) 偶数の目が **3** 回，(ⅱ) 偶数の目 **2** 回，奇数の目 **2** 回，(ⅲ) 偶数の目 **1** 回，奇数の目 **4** 回，(ⅳ) 奇数の目が **6** 回の **4** 通りがある。後は，反復試行の確率だね。

解答&解説

ちょうど **1** 周して **A** で上がる場合，次の **4** 通りがある。

(ⅰ) 偶数の目が **3** 回続けて出る。

$$\left(\frac{3}{6}\right)^3 \overset{\text{2, 4, 6 の目}}{=} \left(\frac{1}{2}\right)^3 = \frac{1}{8}$$

(ⅱ) **4** 回中，偶数の目が **2** 回，奇数の目が **2** 回出る。

$$_4C_2\left(\frac{1}{2}\right)^2\left(\frac{1}{2}\right)^2 = 6 \times \left(\frac{1}{2}\right)^4 = \frac{3}{8}$$

（p＝偶数の目 **2** 回，q＝奇数の目 **2** 回）

> $n=4, r=2,$
> $p=\frac{1}{2}, q=\frac{1}{2}$ の
> 反復試行の確率だ！

(ⅲ) **5** 回中，偶数の目が **1** 回，奇数の目が **4** 回出る。

$$_5C_1\left(\frac{1}{2}\right)^1\left(\frac{1}{2}\right)^4 = 5 \times \left(\frac{1}{2}\right)^5 = \frac{5}{32}$$

(ⅳ) 奇数の目が **6** 回続けて出る。

$$\left(\frac{3}{6}\right)^6 \overset{\text{1, 3, 5 の目}}{=} \left(\frac{1}{2}\right)^6 = \frac{1}{64}$$

> $n=5, r=1,$
> $p=\frac{1}{2}, q=\frac{1}{2}$ の
> 反復試行の確率だ！

以上 (ⅰ), (ⅱ), (ⅲ), (ⅳ) は互いに排反なので，求める確率は，各確率の和となる。

$$\therefore \frac{1}{8} + \frac{3}{8} + \frac{5}{32} + \frac{1}{64} = \frac{8 + 24 + 10 + 1}{64} = \frac{43}{64} \quad\cdots\cdots\text{(答)}$$

ココがポイント

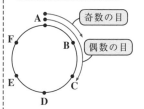

1 周して上がるのは，
(ⅰ) 偶数の目 **3** 回
(ⅱ) { 偶数の目 **2** 回，奇数の目 **2** 回
(ⅲ) { 偶数の目 **1** 回，奇数の目 **4** 回
(ⅳ) 奇数の目 **6** 回
の **4** 通りだ！

反復試行の確率の応用（Ⅰ）

1 枚のコインを 3 回だけ投げて，表が出れば 1，裏が出れば 0 を割り当てることで得られる数の列を，x_1, x_2, x_3 とする。同じ試行により新たに得られる数の列を，y_1, y_2, y_3 とする。

ここで，$z = x_1 y_1 + x_2 y_2 + x_3 y_3$ とおく。$z = 1$，および 2 となるそれぞれの確率を求めよ。　　　　　　　　　　　　　　　　　　　（上智大）

ヒント！ $x_k y_k$ $(k = 1, 2, 3)$ が，（ⅰ）$x_k y_k = 1$ となる確率は $\dfrac{1}{4}$，（ⅱ）$x_k y_k = 0$ となる確率は $\dfrac{3}{4}$ だね。後は，反復試行の確率だ。頑張れ！

解答＆解説

$x_k y_k$ $(k = 1, 2, 3)$ について，

（ⅰ）$x_k y_k = 1$ となるのは，$(x_k, y_k) = (\underline{1}, \underline{1})$ のとき

　　のみなので，このときの確率 p は，$p = \dfrac{1}{4}$

（ⅱ）$x_k y_k = 0$ となるのは，$(x_k, y_k) = (\underline{1}, \underline{0})$, $(\underline{0}, \underline{1})$,

　　$(\underline{0}, \underline{0})$ のときなので，このときの確率 q は，

　　$q = \dfrac{3}{4}$ である。

$z = x_1 y_1 + x_2 y_2 + x_3 y_3$ について，

（ⅰ）$z = 1$ のとき，$x_1 y_1$, $x_2 y_2$, $x_3 y_3$ のいずれか 1 つが 1 で，他の 2 つが 0 より，反復試行の確率を用いて，反復試行の確率 $_nC_r p^r q^{n-r}$

　　$_3C_1 \left(\dfrac{1}{4}\right)^1 \cdot \left(\dfrac{3}{4}\right)^2 = 3 \times \dfrac{1}{4} \times \dfrac{9}{16} = \dfrac{27}{64}$ …………（答）

（ⅱ）$z = 2$ のとき，$x_1 y_1$, $x_2 y_2$, $x_3 y_3$ のいずれか 2 つが 1 で，他の 1 つが 0 より，反復試行の確率を用いて，反復試行の確率 $_nC_r p^r q^{n-r}$

　　$_3C_2 \left(\dfrac{1}{4}\right)^2 \cdot \left(\dfrac{3}{4}\right)^1 = 3 \times \dfrac{1}{16} \times \dfrac{3}{4} = \dfrac{9}{64}$ …………（答）

ココがポイント

⇦（ⅰ）$x_k = 1$, $y_k = 1$ となるのは，コインが（表，表）と出るときのみだね。

⇦（ⅱ）$x_k y_k = 0$ のときは，コインが（表，裏），（裏，表），（裏，裏）の 3 通りだ。

⇦ $p = \dfrac{1}{4}$, $q = \dfrac{3}{4}$, $n = 3$, $r = 1$ より，反復試行の確率の公式 $_nC_r p^r q^{n-r}$ を使った。

⇦ $p = \dfrac{1}{4}$, $q = \dfrac{3}{4}$, $n = 3$, $r = 2$ より，反復試行の確率の公式 $_nC_r p^r q^{n-r}$ を使った！

座標平面上に **2** つの動点 **A, B** がある。時刻 $t = 0$ のとき，**A** の位置は $(0, 0)$，**B** の位置は $(6, 6)$ である。以後，各時刻 $t = 1, 2, \cdots\cdots$ に硬貨を投げてその結果により **A, B** を次のように移動させる。表が出たら，**A** は (x, y) から $(x+1, y)$ へ，**B** は (x, y) から $(x-1, y)$ へ移動させ，裏が出たら，**A** は (x, y) から $(x, y+1)$ へ，**B** は (x, y) から $(x, y-1)$ へ移動させる。ただし，硬貨の表，裏の出る確率はともに $\dfrac{1}{2}$ とする。

(1) **1** 枚の硬貨を投げ，**A, B** をともにその結果に従って移動させていくとき，両者が出会う確率 P を求めよ。

(2) **2** 枚の硬貨 a, b を投げ，**A** は a の結果に，**B** は b の結果に従って移動させていくとき，両者が出会う確率 Q を求めよ。 （一橋大）

ヒント！ **(1)** は，**1** 枚の硬貨を **6** 回投げて，表 **3** 回，裏 **3** 回出ればいいんだね。**(2)** になると，**A, B** は，それぞれ個別の硬貨 a, b により動くので，**7** 通りの場合分けが必要になる。

解答＆解説

硬貨を投げて，表が出たら **H**，裏が出たら **T** と表すことにする。 ⎣**Head（表）**⎦ ⎣**Tail（裏）**⎦

(1) **1** 枚の硬貨を投げて，条件通りに **A, B** を動かすと，**A, B** が出会うのは，右図の **X** 地点のみである。このとき，硬貨は，**6** 回投げて，**H3** 回，**T3** 回が出ることに対応する。

H の出る確率 $p = \dfrac{1}{2}$，**T** の出る確率 $q = \dfrac{1}{2}$ より，反復試行の確率を使って求める確率 P は，

$$P = \boxed{{}_6\mathrm{C}_3} \cdot \left(\dfrac{1}{2}\right)^3 \cdot \left(\dfrac{1}{2}\right)^3 = \dfrac{20}{2^6} = \dfrac{5}{2^4} = \dfrac{5}{16} \cdots\cdots（答）$$

$$\boxed{\dfrac{6!}{3! \cdot 3!} = \dfrac{6 \cdot 5 \cdot 4}{3 \cdot 2 \cdot 1} = 20}$$

ココがポイント

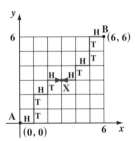

この図は硬貨が，**H, T, T, H, T, H** の順に出たときのものだね。

⇦ **H3** 回，**T3** 回出る確率

(2) 2枚の硬貨 a, b により，それぞれ独立して A, B が移動する場合，A, B が出会う地点は右図のように，$X_1, X_2, \cdots\cdots, X_7$ の 7 点が存在する。

(i) X_1 で出会うとき，

  A：T 6 回，   B：H 6 回

(ii) X_2 で出会うとき，

  A：H 1 回，T 5 回， B：H 5 回，T 1 回

(iii) X_3 で出会うとき，

  A：H 2 回，T 4 回， B：H 4 回，T 2 回

    ……………………………

(vii) X_7 で出会うとき，

  A：H 6 回，   B：T 6 回

以上 (i) 〜 (vii) の確率の総和が，求める確率 Q である。よって，

$$Q = \underbrace{\left(\frac{1}{2}\right)^6 \cdot \left(\frac{1}{2}\right)^6}_{(i)} + \underbrace{{}_6C_1\left(\frac{1}{2}\right)^1 \cdot \left(\frac{1}{2}\right)^5 \cdot \overbrace{{}_6C_5}^{{}_6C_1}\left(\frac{1}{2}\right)^5 \cdot \left(\frac{1}{2}\right)^1}_{(ii)}$$

$$+ \underbrace{{}_6C_2\left(\frac{1}{2}\right)^2 \cdot \left(\frac{1}{2}\right)^4 \cdot \overbrace{{}_6C_4}^{{}_6C_2}\left(\frac{1}{2}\right)^4 \cdot \left(\frac{1}{2}\right)^2}_{(iii)} + \cdots + \underbrace{\left(\frac{1}{2}\right)^6 \cdot \left(\frac{1}{2}\right)^6}_{(vii)}$$

$$= \left(\frac{1}{2}\right)^{12}\{\overbrace{\boxed{1}}^{({}_6C_0)^2} + ({}_6C_1)^2 + ({}_6C_2)^2 + \cdots + ({}_6C_5)^2 + \overbrace{\boxed{1}}^{({}_6C_6)^2}\}$$

$$= \frac{1 + 6^2 + 15^2 + 20^2 + 15^2 + 6^2 + 1}{2^{12}}$$

$$= \frac{924}{2^{12}} = \frac{231}{2^{10}} = \frac{231}{1024} \quad \cdots\cdots\cdots\cdots\cdots\cdots(答)$$

⇦ ${}_6C_2 = \dfrac{6!}{2! \cdot 4!} = \dfrac{6 \cdot 5}{2} = 15$

 ${}_6C_3 = \dfrac{6!}{3! \cdot 3!} = \dfrac{6 \cdot 5 \cdot 4}{3 \cdot 2 \cdot 1} = 20$

⇦ $2^5 = 32$，$2^{10} = 1024$
は覚えておくといいよ！

演習問題 59　難易度 ★★★　CHECK1　CHECK2　CHECK3

10 本のクジの中に **2** 本の当たりクジがある。当たりクジを **3** 回引くまで繰り返しクジを引くものとする。ただし，**1** 度引いたクジは毎回元に戻す。n 回目で終わる確率を P_n とする。

(1) P_n を求めよ。

(2) P_n が最大となる n を求めよ。　　　　　　　　　　（名古屋市立大）

レクチャー　　試行を何回か行い，n 回目に事象 A の起こる確率 P_n を求め，さらに，この P_n を最大にする n の値を決定させる問題も受験では頻出だ。この場合

（ⅰ）$P_n < P_{n+1}$　（ⅱ）$P_n = P_{n+1}$　（ⅲ）$P_n > P_{n+1}$ の不等式から，それぞれの n の値の範囲を出せばいい。でも，$P_n > 0$ より，（ⅰ）（ⅱ）（ⅲ）の各辺を P_n で割って，

（ⅰ）$\dfrac{P_{n+1}}{P_n} > 1$　（ⅱ）$\dfrac{P_{n+1}}{P_n} = 1$　（ⅲ）$\dfrac{P_{n+1}}{P_n} < 1$

として計算することを勧める。なぜって？　この形だと分子・分母に打ち消し合う項が沢山あって計算が簡単になるからなんだ。ここで，（ⅰ）$n \leq a-1$，（ⅱ）$n = a$, （ⅲ）$a+1 \leq n$ という結果が出たとすると，次のように解ける。

（ⅰ）$n \leq a-1$ のとき，$P_n < P_{n+1}$ より，$P_1 < P_2 < \cdots\cdots < P_{a-1} < P_a$

$\boxed{n = 1, 2, \cdots, a-1 \text{ を代入}}$

（ⅱ）$n = a$ のとき，$P_n = P_{n+1}$ より，$P_a = P_{a+1}$

$\boxed{n = a \text{ を代入}}$

（ⅲ）$a+1 \leq n$ のとき，$P_n > P_{n+1}$ より，$P_{a+1} > P_{a+2} > P_{a+3} > \cdots$

$\boxed{n = a+1, a+2, \cdots \text{ を代入}}$

以上（ⅰ）（ⅱ）（ⅲ）より，$\boxed{\text{これが最大値だ！}}$

$P_1 < P_2 < \cdots < \boxed{P_a = P_{a+1}} > P_{a+2} > P_{a+3} > \cdots$　となる！

解答＆解説　　　　　　　　　　　　ココがポイント

(1) 引いたクジは毎回元に戻すので，くじを **1** 回引いて当たる確率 p と，当たらない確率 q は常に一定で，$p = \dfrac{{}_2C_1}{{}_{10}C_1} = \dfrac{2}{10} = \dfrac{1}{5}$, $q = 1 - p = \dfrac{4}{5}$ である。

n 回目に，**3** 回目の当たりクジを引いて終了するということは，次の **2** つのステップに分けて，

　（ⅰ）$n-1$ 回目までに，当たりクジを **2** 回，ハズレクジを $n-3$ 回引き，

(ⅱ) n 回目に当たりクジを引くこと，だから，求める確率 P_n は，

$\boxed{\text{(ⅰ) はじめの } n-1 \text{ 回目までに，当たり 2 回，ハズレ } n-3 \text{ 回}}$

$$P_n = \underbrace{{}_{n-1}C_2 \cdot p^2 q^{n-3}}_{} \times \underbrace{p}_{} \qquad \boxed{\text{(ⅱ) } n \text{ 回目に当たり !}}$$

$$\therefore P_n = \frac{(n-1)(n-2)4^{n-3}}{2 \cdot 5^n} \quad (n \geqq 3) \quad \cdots\cdots (\text{答})$$

⇦ $P_n = {}_{n-1}C_2 \left(\dfrac{1}{5}\right)^2 \left(\dfrac{4}{5}\right)^{n-3} \times \dfrac{1}{5}$

$= \dfrac{(n-1)!}{2!(n-3)!} \times \dfrac{4^{n-3}}{5^2 \times 5^{n-3} \times 5}$

$= \dfrac{(n-1)(n-2) \times (n-3)!}{(n-3)!}$

$= \dfrac{(n-1)(n-2)4^{n-3}}{2 \cdot 5^n}$ だ !

(2) (1) の結果より，P_n を最大とする n の値を求める。

(ⅰ) $\dfrac{P_{n+1}}{P_n} > 1$ のとき，

$\boxed{\text{つまり，} P_n < P_{n+1} \text{ となる } n \text{ の範囲を求める。}}$

$\dfrac{4n}{5(n-2)} > 1$ より，$4n > 5(n-2)$ $(\because n \geqq 3)$

$4n > 5n - 10 \quad \therefore n < 10 \quad$ つまり，$n \leqq 9$

よって，$n = 3, 4, \cdots, 9$ のとき $P_n < P_{n+1}$ より，

$$\underbrace{P_3 < P_4}_{} \underbrace{< P_5 <}_{} \cdots\cdots \underbrace{< P_9 < P_{10}}_{}$$

$\boxed{n = 3 \text{ のとき}} \quad \boxed{n = 4 \text{ のとき}} \quad \boxed{n = 9 \text{ のとき}}$

⇦ $P_n = \dfrac{(n-1)(n-2)4^{n-3}}{2 \cdot 5^n}$ より，

$P_{n+1} = \dfrac{(n+1-1)(n+1-2)4^{n+1-3}}{2 \cdot 5^{n+1}}$

$= \dfrac{n(n-1)4^{n-2}}{2 \cdot 5^{n+1}}$

となるので，

(ⅱ) $\dfrac{P_{n+1}}{P_n} = 1$ のとき，

$\boxed{\text{等号になるだけ !} \atop \text{後は (ⅰ) と同じ !}}$

(ⅰ) と同様に，$4n = 5(n-2) \quad \therefore n = 10$

よって，$n = 10$ のとき $P_n = P_{n+1}$ より，

$$P_{10} = P_{11}$$

$\dfrac{P_{n+1}}{P_n} = \dfrac{\dfrac{n(n-1)4^{n-2}}{2 \cdot 5^{n+1}}}{\dfrac{(n-1)(n-2)4^{n-3}}{2 \cdot 5^n}}$

$= \dfrac{n \cdot 4^{n-2} \cdot 5^n}{(n-2) \cdot 4^{n-3} \cdot 5^{n+1}}$

$= \dfrac{4n}{5(n-2)}$

と，スッキリ計算できる。

(ⅲ) $\dfrac{P_{n+1}}{P_n} < 1$ のとき，$\boxed{\text{不等号の向きが変わるだけ !}}$

(ⅰ) と同様に，$4n < 5(n-2) \quad \therefore n > 10$

つまり，$n \geqq 11$

よって，$n = 11, 12, 13, \cdots$ のとき $P_n > P_{n+1}$ より，

$$\underbrace{P_{11} > P_{12}}_{} \underbrace{> P_{13} > P_{14}}_{} > \cdots\cdots$$

$\boxed{n = 11 \text{ のとき}} \quad \boxed{n = 12 \text{ のとき}} \quad \boxed{n = 13 \text{ のとき}}$

⇦ (ⅱ)(ⅲ) の場合，(ⅰ) の不等号が変わるだけなので，ほとんど計算が省略できるんだよ。
楽できるときには楽するのが一番だね。

以上 (ⅰ)(ⅱ)(ⅲ) より，$\boxed{\text{これが最大値だ !}}$

$$P_3 < P_4 < \cdots < P_9 < \boxed{P_{10} = P_{11}} > P_{12} > P_{13} > \cdots$$

$\therefore P_n$ を最大にする n の値は 10 と 11 $\cdots\cdots$(答)

§5. 条件付き確率で，解ける問題の幅が広がる！

● 条件付き確率をマスターしよう！

1から10までの数字を1つずつ書いた10枚のカードから，1枚のカードを引くとき，事象 A："偶数のカードを引く"，事象 B："3の倍数のカードを引く" とおく。このとき，事象 A が起こったとしたときの事象 B の起こる確率のことを，"**条件付き確率**" といい，これを $P_A(B)$ で表す。

A の場合の数 $n(A) = 5$ ← 2, 4, 6, 8, 10 の5枚から1枚：$_5C_1$

B の場合の数 $n(B) = 3$ ← 3, 6, 9 の3枚から1枚：$_3C_1$

積事象 A∩B の場合の数 $n(A∩B) = 1$ ← 6 の1枚から1枚：$_1C_1$

事象 A と B がともに起こる事象のこと

となるのはいいね。それでは，A が起こったという条件の下で B の起こる確率 $P_A(B)$ を求めよう。まず，A は起こったといっているわけだから，$n(A) = 5$　これが分母だね。その条件の下，B が起こるのは，$n(A∩B) = 1$　よって，

$$P_A(B) = \frac{n(A∩B)}{n(A)} = \frac{1}{5}　となる。$$

一般に，事象 A が起こったという条件の下で，事象 B が起こる条件付き確率は，

$$P_A(B) = \frac{n(A∩B)}{n(A)}　となる。$$

右辺の分子・分母を全事象の場合の数 $n(U)$ で割ると，

$$P_A(B) = \frac{\dfrac{n(A∩B)}{n(U)}}{\dfrac{n(A)}{n(U)}} = \frac{P(A∩B)}{P(A)}$$

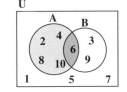

∴ $P_A(B) = \dfrac{P(A∩B)}{P(A)}$ だね。これは重要公式なので，覚えておこう。

講義 場合の数と確率 6

講義 整数の性質 7

講義 図形の性質 8

条件付き確率

事象 A が起こったという条件の下で事象 B が起こる条件付き確率は,	事象 B が起こったという条件の下で事象 A が起こる条件付き確率は,

$$P_A(B) = \frac{P(A \cap B)}{P(A)}$$

$$P_B(A) = \frac{P(A \cap B)}{P(B)}$$

> 分子は, $P(B \cap A)$ でも構わない。

では, 次の例題で練習しておこう。

◆例題 29 ◆

サイコロを 2 回振るとき, 1 回目の目の数が 2 回目の目の数より小さいという事象を A, そして目の数の積が奇数であるという事象を B とするとき, 条件付き確率 $P_A(B)$ を求めよ。

解答

1 回目の目の数を a, 2 回目の目の数を b とすると, 事象 A の目の出方は,

$(a, b) = (1, 2),\ (1, 3),\ (1, 4),\ \underline{(1, 5)},\ (1, 6),\ (2, 3),\ (2, 4),$

$(2, 5),\ (2, 6),\ (3, 4),\ \underline{(3, 5)},\ (3, 6),\ (4, 5),\ (4, 6),$

$(5, 6)$ の 15 通りがある。

> 1, 2, ……, 6 から 2 個を選ぶと, 大小関係が 1 通りに定まる。∴ $_6C_2 = 15$ 通りとしてもいいよ。

∴ $P(A) = \dfrac{15}{6^2}$ ……① この 15 通りのうち, 事象 B の目の出方は,

> 2 つのサイコロの目の出方の総数

$(a,\ b) = (1, 3),\ \underline{(1, 5)},\ \underline{(3, 5)}$ の 3 通りだ。

> 3 つの奇数 1, 3, 5 から 2 つを選ぶから, $_3C_2 = 3$ 通りとしてもいい。

∴ $P(A \cap B) = \dfrac{3}{6^2}$ ……② ② ÷ ① より, 求める条件付き確率は,

$$P_A(B) = \frac{P(A \cap B)}{P(A)} = \frac{\dfrac{3}{6^2}}{\dfrac{15}{6^2}} = \frac{3}{15} = \frac{1}{5} \quad \cdots\cdots\cdots\cdots\cdots\cdots (答)$$

● 乗法定理を使いこなそう！

条件付き確率:

$$P_A(B) = \frac{P(A \cap B)}{P(A)} \quad \text{の両辺に } P(A) \text{ をかけると,}$$

$$P(A \cap B) = P(A) \cdot P_A(B)$$

となる。これを, **乗法定理**という。

> $P_B(A) = \dfrac{P(A \cap B)}{P(B)}$ の両辺に $P(B)$ をかけて得られる。

乗法定理

$$P(A \cap B) = P(A) \cdot P_A(B) \qquad [\,P(A \cap B) = P(B) \cdot P_B(A) \text{ としてもいい。}\,]$$

赤球 5 個, 白球 3 個が入っている袋から, 球を 1 個ずつ取り出す試行を 2 回行う。ただし, 1 回目に取り出した球は, 袋に戻さないものとする。このとき, 赤球が 2 個取り出される確率を求めよう。

この確率は,

1回目　　　2回目

$$\frac{{}_5C_1}{{}_8C_1} \times \frac{{}_4C_1}{{}_7C_1} = \boxed{\frac{5}{8}} \times \boxed{\frac{4}{7}} = \frac{5}{14} \quad \text{だね。}$$

> 1 回目に赤球を取り出した後, それを袋に戻さないので, その影響が 2 回目の確率に出ている。

> 8 個中, 5 個の赤球のいずれかを取り出す。

> 残り 7 個中, 4 個の赤球のいずれかを取り出す。

これは, 事象 **A**："1 回目に赤球を取り出す"

事象 **B**："2 回目に赤球を取り出す"　とおくと,

$$P(A) = \frac{{}_5C_1}{{}_8C_1} = \frac{5}{8} \quad \cdots\cdots ①$$

1 回目に赤球が取り出されたという条件の下で, 2 回目に赤球が取り出される条件付き確率 $P_A(B) = \dfrac{{}_4C_1}{{}_7C_1} = \dfrac{4}{7} \quad \cdots\cdots ②$

よって, 乗法定理により, ①, ②から,

$$P(A \cap B) = P(A) \cdot P_A(B) = \frac{5}{8} \times \frac{4}{7} = \frac{5}{14} \quad \text{と計算したんだね。}$$

ここで, 1 回目に取り出した球を袋に戻す場合, 1 回目に取り出す試行の結果は, 2 回目に取り出す試行の結果に何も影響を及ぼさないから, こ

れらの試行は互いに独立だね。"独立な試行の確率"より，赤球が **2** 個取り出される確率は，

$$P(A \cap B) = P(A) \cdot P(B) = \underbrace{\frac{5}{8}}_{\text{1回目}} \times \underbrace{\frac{5}{8}}_{\text{2回目}} = \frac{25}{64}$$

> 1 回目に赤球を取り出した後，それを袋に戻すので，2 回目の試行の結果には何の影響も出ないね。

> 8 個中，5 個の赤球のいずれかを取り出す。

となる。

ところで，$P(A \cap B) = P(A) \times P(B)$ ……(*) を **A** と **B** がみたすとき，事象 **A** と **B** は "**互いに独立**" であるといい，みたさないとき，事象 **A** と **B** は "**互いに従属**" であるという。

A と **B** が独立のとき，条件付き確率の公式より，

$$P_A(B) = \frac{P(A \cap B)}{P(A)} = \frac{\cancel{P(A)} \times P(B)}{\cancel{P(A)}} = P(B)$$

$$P_B(A) = \frac{P(A \cap B)}{P(B)} = \frac{P(A) \times \cancel{P(B)}}{\cancel{P(B)}} = P(A)$$

> A と B が独立より，$P(A \cap B) = P(A) \times P(B)$

よって，$P_A(B) = P(B)$，$P_B(A) = P(A)$ のいずれも，**A** と **B** が独立となるための条件なんだね。この**事象の独立**の定義をまとめて覚えておこう。

事象の独立の定義

2 つの事象 **A** と **B** が独立であるための条件：

> この **3** つはどれを使ってもいい。

$$P(A \cap B) = P(A) \cdot P(B) \iff P_A(B) = P(B) \iff P_B(A) = P(A)$$

それでは，次に少し骨のある例題にチャレンジしてみよう。

◆例題 30 ◆

ある **1** 回の試行によって起こる **2** つの事象 **A**，**B** について，**A** と **B** は独立であり，

$$P(\overline{A} \cup \overline{B}) = \frac{3}{4} \quad \cdots\cdots ①, \quad P_A(B) = \frac{1}{3} \quad \cdots\cdots ② \quad である。$$

このとき，$P(A \cup B)$ を求めよ。 （日本大）

$$P(A \cap B) = 1 - P(\overline{A \cap B}) \quad \longleftarrow \boxed{\text{余事象の確率：} P(X) = 1 - P(\overline{X}) \text{ より}}$$

$$= 1 - P(\overline{A} \cup \overline{B}) \quad \longleftarrow \boxed{\text{ド・モルガンの法則：} P(\overline{A \cap B}) = P(\overline{A} \cup \overline{B}) \text{ より}}$$

$$= 1 - \frac{3}{4} = \frac{1}{4} \quad \cdots\cdots ③ \quad (\because ①)$$

乗法定理：$P(A \cap B) = P(A) \cdot \underset{\frac{1}{3}}{\boxed{P_A(B)}}$ に②と③を代入して，

$$\frac{1}{4} = P(A) \times \frac{1}{3} \quad \therefore P(A) = \frac{3}{4} \quad \cdots\cdots ④$$

A と B が独立より，$P(B) = P_A(B) = \frac{1}{3} \quad \cdots\cdots ⑤ \quad (\because ②)$

加法定理：$P(A \cup B) = \underline{P(A)} + \underline{P(B)} - P(A \cap B)$

に③，④，⑤を代入して，

$$P(A \cup B) = \frac{3}{4} + \frac{1}{3} - \frac{1}{4} = \frac{1}{2} + \frac{1}{3} = \frac{5}{6} \quad \cdots\cdots\cdots\cdots\cdots\cdots (答)$$

2つの事象 A, B について，同様に次のような条件付き確率を定義できる。

$$P_{\overline{A}}(B) = \frac{P(\overline{A} \cap B)}{P(\overline{A})}$$

$\boxed{A \text{ が起こらなかったという} \\ \text{条件の下で，} B \text{ が起こる確率}}$

$$P_A(\overline{B}) = \frac{P(A \cap \overline{B})}{P(A)}$$

$\boxed{A \text{ が起こったという条件の} \\ \text{下で，} B \text{ が起こらない確率}}$

$$P_{\overline{B}}(A) = \frac{P(A \cap \overline{B})}{P(\overline{B})}$$

$\boxed{B \text{ が起こらなかったという条} \\ \text{件の下で，} A \text{ が起こる確率}}$

$$P_B(\overline{A}) = \frac{P(\overline{A} \cap B)}{P(B)}$$

$\boxed{B \text{ が起こったという条件の下} \\ \text{で，} A \text{ が起こらない確率}}$

さらに，**3**つの事象 A, B, C については，次のような条件付き確率も定義できる。

$$P_{A \cap B}(C) = \frac{P(A \cap B \cap C)}{P(A \cap B)}$$

$\boxed{A, B \text{ が共に起こったという} \\ \text{条件の下で，} C \text{ が起こる確率}}$

$$P_{A \cap B}(\overline{C}) = \frac{P(A \cap B \cap \overline{C})}{P(A \cap B)}$$

$\boxed{A, B \text{ が共に起こったという条} \\ \text{件の下で，} C \text{ が起こらない確率}}$

このように，様々な条件付き確率を自由に定義できるんだね。面白い？

それでは，次の例題で練習しておこう。

◆ 例題 31 ◆

2 つの独立な事象 A，B があり，それぞれが起こる確率は
$P(A) = \dfrac{1}{3}$，$P(B) = \dfrac{1}{4}$ である。このとき，次の条件付き確率を求めよ。

(1) A が起こらなかったという条件の下で，B の起こる確率 $P_{\overline{A}}(B)$

(2) B が起こらなかったという条件の下で，A が起こらない確率 $P_{\overline{B}}(\overline{A})$

解答 & 解説

$P(A) = \dfrac{1}{3}$ より，$P(\overline{A}) = 1 - P(A) = 1 - \dfrac{1}{3} = \dfrac{2}{3}$

$P(B) = \dfrac{1}{4}$ より，$P(\overline{B}) = 1 - P(B) = 1 - \dfrac{1}{4} = \dfrac{3}{4}$

ここで，A と B は独立な事象より，

$P(A \cap B) = P(A) \cdot P(B) = \dfrac{1}{3} \cdot \dfrac{1}{4} = \dfrac{1}{12}$

$P(A \cap \overline{B}) = P(A) \cdot P(\overline{B}) = \dfrac{1}{3} \cdot \dfrac{3}{4} = \dfrac{1}{4}$

$P(\overline{A} \cap B) = P(\overline{A}) \cdot P(B) = \dfrac{2}{3} \cdot \dfrac{1}{4} = \dfrac{1}{6}$

$P(\overline{A} \cap \overline{B}) = P(\overline{A}) \cdot P(\overline{B}) = \dfrac{2}{3} \cdot \dfrac{3}{4} = \dfrac{1}{2}$

	B	$\overline{B}$	
A	$\dfrac{1}{12}$	$\dfrac{1}{4}$	$\dfrac{1}{3}$
$\overline{A}$	$\dfrac{1}{6}$	$\dfrac{1}{2}$	$\dfrac{2}{3}$
	$\dfrac{1}{4}$	$\dfrac{3}{4}$	

このように表にすると便利！

よって，求める条件付き確率は，

(1) $P_{\overline{A}}(B) = \dfrac{P(\overline{A} \cap B)}{P(\overline{A})} = \dfrac{\dfrac{1}{6}}{\dfrac{2}{3}} = \dfrac{3}{12} = \dfrac{1}{4}$ であるし，

(2) $P_{\overline{B}}(\overline{A}) = \dfrac{P(\overline{A} \cap \overline{B})}{P(\overline{B})} = \dfrac{\dfrac{1}{2}}{\dfrac{3}{4}} = \dfrac{4}{6} = \dfrac{2}{3}$ となる。

実は，A と B は独立なので，A と B が起こる起こらないに関わらず，
$P_{\overline{A}}(B) = P(B)$
となるし，
$P_{\overline{B}}(\overline{A}) = P(\overline{A})$
となるんだね。
大丈夫？

これで，条件付き確率の計算にも自信がもてるようになっただろう？

演習問題 60　　難易度 ★★　　CHECK1　CHECK2　CHECK3

送信側は，A，B 2 種類の信号をそれぞれ確率 $\frac{4}{7}$ と $\frac{3}{7}$ で送る。送信側が A を送ったとき，受信側がこれを正しく A と受信する確率は $\frac{4}{5}$ で誤って B と受け取る確率は $\frac{1}{5}$ である。また，送信側が B を送ったとき受信側がこれを正しく B と受信する確率は $\frac{9}{10}$ で，誤って A と受け取る確率は $\frac{1}{10}$ である。受信側が受け取った信号が A のとき，それが正しい信号である確率を求めよ。

(富山県立大)

ヒント! 送信側が A を送る事象を X，受信側が A を受け取る事象を Y とおいて，条件付き確率 $P_Y(X)$ を求めればいいんだね。頑張ろう！

解答＆解説

次のように 2 つの事象 X，Y を定義する。

事象 X：送信側が A を送る。
事象 Y：受信側が A を受け取る。

すると，$P(X) = \frac{4}{7}$，$P(\overline{X}) = \frac{3}{7}$ となる。

また，確率 $P(Y)$ は，

$$P(Y) = \underline{P(X) \cdot P_X(Y)} + \underline{P(\overline{X}) \cdot P_{\overline{X}}(Y)}$$

送信側が A を送り，受信側が A を受け取る　｜　送信側が B を送り，受信側が A を受け取る

$$= \frac{4}{7} \times \frac{4}{5} + \frac{3}{7} \times \frac{1}{10} = \frac{32+3}{70} = \frac{1}{2}$$

よって，求める条件付き確率 $P_Y(X)$ は，

$$P_Y(X) = \frac{P(X \cap Y)}{P(Y)} = \frac{\frac{16}{35}}{\frac{1}{2}} = \frac{32}{35} \quad \cdots\cdots (答)$$

ココがポイント

⇦ 条件付き確率の問題では，このように 2 つの事象を定義するところから始める。

⇦ 受信側が A を受け取る場合
(ⅰ) 送信側が A を送ってる
(ⅱ) 送信側が B を送ってる
の 2 つの場合について考えないといけない。

⇦ 受信側が A を受けとったという条件の下で，送信側が A を送っていたという条件付き確率 $P_Y(X)$ を求めるんだね。
ここで，
$$P(X \cap Y) = P(X) \cdot P_X(Y) = \frac{4}{7} \times \frac{4}{5} = \frac{16}{35}$$
だね。

条件付き確率の問題 (Ⅱ)

演習問題 61　　難易度 ★★　　CHECK 1　CHECK 2　CHECK 3

A の箱には赤玉 **2** 個，白玉 **3** 個，**B** の箱には赤玉 **3** 個，白玉 **3** 個，**C** の箱には赤玉 **4** 個，白玉 **3** 個が入っている。今，無作為に一箱選んで **1** 個の玉を取り出したところ，赤玉であった。このとき，選んだ箱が **A** の箱であった確率を求めよ。

(旭川医大)

ヒント！ **2** つの事象 **X**, **Y** を **X**：箱 **A** を選ぶ，**Y**：赤玉を **1** 個取り出す，とおき，条件付き確率の公式：$P_Y(X) = \dfrac{P(X \cap Y)}{P(Y)}$ を使えばいいんだね。

解答 & 解説

事象 **X**，**Y** を次のように定める。

　X："箱 **A** を選ぶ"　**Y**："赤玉を **1** 個取り出す"

求める確率は，**1** 個の赤玉を取り出したという条件の下で，選んだ箱が **A** であった条件付き確率なので，

$$P_Y(X) = \frac{P(X \cap Y)}{P(Y)} \quad \cdots\cdots ①$$

ここで，**P(X ∩ Y)** は，**1** 個の赤玉を箱 **A** から取り出す確率だから，

A, B, C から A を選ぶ確率

$$P(X \cap Y) = \frac{1}{3} \times \frac{2}{5} = \frac{2}{15} \quad \cdots\cdots ②$$

A の 5 個中，2 個の赤玉のいずれか

A の 5 個中，2 個の赤玉のいずれか　B の 6 個中，3 個の赤玉のいずれか

また，$P(Y) = \dfrac{1}{3} \times \dfrac{2}{5} + \dfrac{1}{3} \times \dfrac{3}{6} + \dfrac{1}{3} \times \dfrac{4}{7} = \dfrac{103}{210}$ …③

箱 A を選ぶ　箱 B を選ぶ　箱 C を選ぶ　C の 7 個中，4 個の赤玉のいずれか

∴ 求める確率は，①に②，③を代入して，

$$P_Y(X) = \frac{\dfrac{2}{15}}{\dfrac{103}{210}} = \frac{2 \times \overset{14}{210}}{103 \times \underset{1}{15}} = \frac{28}{103} \quad \cdots\cdots\cdots (答)$$

ココがポイント

赤2 白3	赤3 白3	赤4 白3
A	B	C

⇦ 事象 **Y** が起こったという条件の下で，事象 **X** が起こる条件付き確率の公式：
$$P_Y(X) = \frac{P(X \cap Y)}{P(Y)}$$
を使う。

⇦ 乗法定理より
$$P(X \cap Y) = P(X) \cdot P_X(Y)$$
$$= \frac{1}{3} \times \frac{2}{5} \text{ だ。}$$

⇦ $P(Y) = \dfrac{1}{3}\left(\dfrac{2}{5} + \dfrac{3}{6} + \dfrac{4}{7}\right)$
$$= \frac{1}{3}\left(\frac{2}{5} + \frac{1}{2} + \frac{4}{7}\right)$$
$$= \frac{1}{3} \cdot \frac{28 + 35 + 40}{70}$$
$$= \frac{103}{210} \text{ だね。}$$

初めに赤玉 **2** 個と白玉 **2** 個が入った袋がある。その袋に対して以下の試行を繰り返す。

（ⅰ）まず同時に **2** 個の玉を取り出す。

（ⅱ）その **2** 個の玉が同色であればそのまま袋に戻し，色違いであれば赤玉 **2** 個を袋に入れる。

（ⅲ）最後に白玉 **1** 個を袋に追加してかき混ぜ，**1** 回の試行を終える。

n 回目の試行が終わった時点での袋の中の赤玉の個数を X_n とする。

(1) $X_1 = 3$ となる確率を求めよ。

(2) $X_2 = 3$ となる確率を求めよ。

(3) $X_2 = 3$ であったとき，$X_1 = 3$ である条件付き確率を求めよ。（北海道大）

ヒント! **1** 回の試行で，取り出した **2** 個の玉が，（ⅰ）同色であれば，それを戻して，白玉を **1** 回入れ，（ⅱ）色違いならば，それを戻さずに，代わりに赤玉 **2** 個と白玉 **1** 個入れる。ということは，袋の中の玉は **1** 回の試行で，取り出した **2** 個が，（ⅰ）同色ならば，白玉が **1** 個増え，（ⅱ）色違いならば，赤玉が **1** 個増える，ということになるんだね。

解答＆解説

初め赤，白 **2** 個ずつの玉が入った袋から **2** 個の玉を取り出し，それが，

$\begin{cases} （ⅰ）同色ならば，白玉が **1** 個増え， \\ （ⅱ）色違いならば，赤玉が **1** 個増える。\end{cases}$

この試行を n 回行った後，袋の中の赤玉の個数を X_n とおく。　$(n = 1, 2, 3, \cdots)$

(1) $X_1 = 3$ となる確率 $P(X_1 = 3)$ は，

　　1 回目の試行で，色違いの玉を取り出す確率に等しい。

$$\therefore P(X_1 = 3) = \frac{\overbrace{{}_2C_1}^{白2から1個} \times \overbrace{{}_2C_1}^{赤2から1個}}{{}_4C_2} = \frac{2 \times 2}{6} = \frac{2}{3} \cdots\cdots ① \cdots (答)$$

ココがポイント

$\begin{cases} （ⅰ）同色 ○○(●●) \\ （ⅱ）色違い ○● \end{cases}$

$\Leftarrow {}_2C_1 = 2$

$\quad {}_4C_2 = \dfrac{4!}{2! \cdot 2!} = \dfrac{4 \cdot 3}{2 \cdot 1} = 6$

(2) $X_2 = 3$ となる確率 $P(X_2 = 3)$ は，

$\begin{cases} (\mathrm{i})\ 1\,\text{回目が色違いで，}\ 2\,\text{回目が同色であるか，または，} \\ (\mathrm{ii})\ 1\,\text{回目が同色で，}\ 2\,\text{回目が色違いになる確率に等しい。} \end{cases}$

⇦ $\begin{cases} (\mathrm{i})\ X_1 = 3,\ X_2 = 3 \\ (\mathrm{ii})\ X_1 = 2,\ X_2 = 3 \end{cases}$
のいずれかだね。

よって，

赤3から2個 白2から2個

$P(X_2 = 3) = \dfrac{2}{3} \times \left(\dfrac{{}_3\mathrm{C}_2}{{}_5\mathrm{C}_2} + \dfrac{{}_2\mathrm{C}_2}{{}_5\mathrm{C}_2} \right)$

⇦ ${}_5\mathrm{C}_2 = \dfrac{5!}{2! \cdot 3!} = \dfrac{5 \cdot 4}{2 \cdot 1} = 10$

${}_3\mathrm{C}_2 = {}_3\mathrm{C}_1 = 3$
${}_2\mathrm{C}_2 = 1$
${}_2\mathrm{C}_1 = 2$

(ⅰ) 1回目は色違いで，赤は3個になる。　2回目は，同色（赤赤または白白）になる。

（①より）

赤2から1個　白3から1個

$+ \left(1 - \dfrac{2}{3} \right) \times \dfrac{{}_2\mathrm{C}_1 \times {}_3\mathrm{C}_1}{{}_5\mathrm{C}_2}$

(ⅱ) 1回目は同色で，白が3個になる。　2回目は色違い（赤，白）になる。

$= \dfrac{2}{3} \left(\dfrac{3}{10} + \dfrac{1}{10} \right) + \dfrac{1}{3} \times \dfrac{2 \times 3}{10} = \dfrac{7}{15} \ \cdots ② \ \cdots (\text{答})$

⇦ $\dfrac{2}{3} \times \dfrac{4}{10} + \dfrac{1}{3} \times \dfrac{6}{10} = \dfrac{14}{30} = \dfrac{7}{15}$

(3) 2つの事象 A, B を次のようにおく。

$A : X_2 = 3$ である。　　$B : X_1 = 3$ である。

このとき，事象 A が起こったという条件の下で，事象 B の起こる条件付き確率 $P_A(B)$ は，

$P_A(B) = \dfrac{P(A \cap B)}{P(A)} \ \cdots\cdots ③$ である。

ここで，$P(A) = P(X_2 = 3) = \dfrac{7}{15}$ （②より）$\cdots\cdots ②$

⇦ $P(A) = P(X_2 = 3) = \dfrac{7}{15}$
（②より）

$P(A \cap B) = P(X_1 = 3 \text{ かつ } X_2 = 3) = \dfrac{4}{15} \ \cdots ④$

(2)の(ⅰ)1回目は色違い，2回目は同色。

②，④を③に代入して，

$P_A(B) = \dfrac{\dfrac{4}{15}}{\dfrac{7}{15}} = \dfrac{4}{7}$ である。　$\cdots\cdots\cdots (\text{答})$

$P(A \cap B)$
$= P(X_1 = 3 \text{ かつ } X_2 = 3)$
$= \dfrac{2}{3} \left(\dfrac{{}_3\mathrm{C}_2}{{}_5\mathrm{C}_2} + \dfrac{{}_2\mathrm{C}_2}{{}_5\mathrm{C}_2} \right)$

(2)の(ⅰ)の確率のこと。

1回目が色違い，2回目が同色。

$= \dfrac{2}{3} \left(\dfrac{3}{10} + \dfrac{1}{10} \right) = \dfrac{8}{30}$
$= \dfrac{4}{15}$

講義6 ● 場合の数と確率　公式エッセンス

1. 順列の数 $_nP_r = \dfrac{n!}{(n-r)!}$

2. 同じものを含む順列の数 $\dfrac{n!}{p! \cdot q! \cdot r! \cdots}$

3. 円順列の数 $(n-1)!$

4. 組合せの数 $_nC_r = \dfrac{n!}{r!(n-r)!}$

5. 組合せの数の公式

   $(\text{i})_nC_n = 1$ 　　$(\text{ii})_nC_1 = n$ 　　$(\text{iii})_nC_r = {}_nC_{n-r}$ 　　など

6. 確率の加法定理

   (i) $A \cap B = \phi$（A と B が互いに排反）のとき,

   $$P(A \cup B) = P(A) + P(B)$$

   (ii) $A \cap B \neq \phi$（A と B が互いに排反でない）のとき,

   $$P(A \cup B) = P(A) + P(B) - P(A \cap B)$$

7. 余事象の確率

   (1) $P(A) + P(\overline{A}) = 1$ 　　(2) $P(A) = 1 - P(\overline{A})$

8. 独立な試行の確率

   互いに独立な試行 T_1, T_2 について, 試行 T_1 で事象 A が起こり,
   かつ試行 T_2 で事象 B が起こる確率は, $P(A) \times P(B)$

9. 反復試行の確率

   ある試行を1回行って事象 A の起こる確率を p とおくと, この独
   立な試行を n 回行って, その内 r 回だけ事象 A の起こる確率は,
   $_nC_r p^r q^{n-r}$ $(r = 0, 1, 2, \cdots, n)$（ただし, $q = 1-p$）

10. 条件付き確率

    事象 A が起こったという条件の下で, 事象 B が起こる条件付き
    確率 $P_A(B)$ は, 　$P_A(B) = \dfrac{P(A \cap B)}{P(A)}$

11. 確率の乗法定理

    $$P(A \cap B) = P(A) \cdot P_A(B)$$

⑦ 整数の性質

テーマ

▶ $A \cdot B = n$ 型，範囲を押さえる型の整数問題

▶ 最大公約数 g と最小公倍数 L
（互除法と，1 次不定方程式 $ax + by = n$）

▶ n 進法（記数法）

講義⑦ 整数の性質

さァ，これから"**整数の性質**"の講義に入ろう。一般に整数問題は，様々な大学で出題されることが多いんだけど，その考え方の多様性から，これを苦手とする人は多いと思う。でも，これも体系立ててキチンと学習しておけば，不安も解消され，むしろ整数問題を解く楽しみも湧いてくると思う。頑張ろうね！

では，"**整数の性質**"で扱う主要テーマを下に示しておこう。

・$A \cdot B = n$ 型，範囲を押さえる型の整数問題
・最大公約数 g と最小公倍数 L
・ユークリッドの互除法と 1 次不定方程式
・n 進法表示の数の計算

§1. $A \cdot B = n$ 型，範囲を押さえる型の整数問題を解こう！

● まず，整数の約数と倍数の関係を押さえよう！

整数とは，…，-3，-2，-1，0，1，2，3，…のことで，特に正の整数 1，2，3，…のことを**自然数**と呼ぶ。ではまず，整数の**約数**と**倍数**の関係を下に示そう。

> ### 整数の約数と倍数
>
> 整数 b が，0 以外の整数 a で割り切れるとき，つまり，
> $b = m \cdot a$ ……(*) となる整数 m が存在するとき，
> - 「a は，b の約数である。」といい，また
> - 「b は，a の倍数である。」という。

ここで，まず与えられた整数が 2，3，4，5，9 のいずれの倍数であるか，右の判定法を用いてスグに判断できるようにしておこう。

> 2 の倍数 ⇔ 一の位の数が 0, 2, 4, 6, 8
> 3 の倍数 ⇔ 各位の数の和が 3 の倍数
> 4 の倍数 ⇔ 下 2 桁が 4 の倍数
> 5 の倍数 ⇔ 一の位の数が 0, 5
> 9 の倍数 ⇔ 各位の数の和が 9 の倍数

次の例を使って，練習してごらん。

(i) **492** は，$\underset{\sim}{\textbf{3}}$ と $\underline{\textbf{4}}$ の
倍数である。

・各位の数の和 $4+9+2=15$ で $\underset{\sim}{\textbf{3}}$ の倍数
・下 2 桁の **92** が $\underline{\textbf{4}}$ の倍数

(ii) **8055** は，$\underset{\sim}{\textbf{5}}$ と $\underline{\textbf{9}}$ の
倍数である。

・一の位の数が 5 で $\underset{\sim}{\textbf{5}}$ の倍数
・各位の数の和 $8+0+5+5=18$ で $\underline{\textbf{9}}$ の倍数

(iii) **11790** は，$\underset{\sim}{\textbf{2}}$ と $\underline{\textbf{5}}$ と $\underline{\textbf{9}}$
の倍数である。

・一の位の数が 0 で，$\underset{\sim}{\textbf{2}}$ と $\underline{\textbf{5}}$ の倍数
・各位の数の和 $1+1+7+9+0=18$ で $\underline{\textbf{9}}$ の倍数

どう？これで，比較的大きな整数でも，その約数が簡単に求められることが分かっただろう？

● **自然数は素数と合成数に分類できる！**

では次，**1** を除く自然数 (正の整数) **2**，**3**，$\underset{2^2}{\underline{\textbf{4}}}$，**5**，$\underset{2\cdot3}{\underline{\textbf{6}}}$，**7**，$\underset{2^3}{\underline{\textbf{8}}}$，$\underset{3^2}{\underline{\textbf{9}}}$，$\underset{2\cdot5}{\underline{\textbf{10}}}$，

11，… は，**2**，**3**，**5**，**7**，**11**，**13**，… のように，**1** と自分自身以外に正の約数をもたない数と，**4**，**6**，**8**，**9**，**10**，… のように，そうでない数とに分類できる。前者を "**素数**" といい，一般に $\underline{p}$ で表す。また，後者を "**合成数**" という。

"**素数**" (*prime number*) の頭文字の p をとった！

そして，合成数は，たとえば $4=2^2$，$6=2\times3$，$8=2^3$，$9=3^2$，$10=2\times5$，… のように素数の積の形で表すことができる。これを "**素因数分解**" というんだね。先ほどの例 (i) **492**，(ii) **8055**，(iii) **11790** も素因数分解で

3 と 4 の倍数　**5 と 9 の倍数**　**2 と 5 と 9 の倍数**

きて，それぞれ次のように素因数分解できる。

(i) $492 = \underline{2}^2 \times \underline{3} \times \underline{41}$

2，3，41 は素数

(ii) $8055 = \underline{3}^2 \times \underline{5} \times \underline{179}$

3，5，179 は素数

(iii) $11790 = \underline{2} \times \underline{3}^2 \times \underline{5} \times \underline{131}$

2，3，5，131 は素数

$$
\begin{array}{ll}
(i) \; 2\,)\overline{492} & (ii) \; 3\,)\overline{8055} \\
\quad\;\; 2\,)\overline{246} & \qquad 3\,)\overline{2685} \\
\quad\;\; 3\,)\overline{123} & \qquad 5\,)\overline{\;895} \\
\qquad\;\; 41 & \qquad\quad 179
\end{array}
$$

(iii) も同様に計算できる。自分でやってみよう！

一般に，約数のことを "**因数**" と呼び，さらにその因数が素数であるとき "**素因数**" というので，整数を素因数の積の形で表すことを "**素因数分解**" というんだね。

207

また，（i）$492 = 2^{②} \times 3^{①} \times 41^{①}$ より，例題 **19**（**P154**）で解説したように，**492** の正の約数の個数は，（ア）**2** の指数部は，**0, 1, 2** の **3** 通りに，（イ）**3** の指数部は，**0, 1** の **2** 通りに，そして（ウ）**41** の指数部は，**0, 1** の **2** 通りに変化するので，これから $3 \times 2 \times 2 = 12$ 個だと分かるんだね。また，これら **12** 個の約数の総和を S とおくと，これも例題 **19**（**P154**）と同様に計算できて，

$$S = (2^0 + 2^1 + 2^2) \times (3^0 + 3^1) \times (41^0 + 41^1) \longleftarrow$$

$\boxed{1}$ $\boxed{1}$ $\boxed{1}$

$$= (1 + 2 + 4) \times (1 + 3) \times (1 + 41)$$

$$= 7 \times 4 \times 42 = 1176 \text{ となるのもいいね。}$$

> $S = 2^0 \cdot 3^0 \cdot 41^0 + 2^0 \cdot 3^0 \cdot 41^1$
> $+ 2^0 \cdot 3^1 \cdot 41^0 + 2^0 \cdot 3^1 \cdot 41^1 +$
> $\cdots\cdots\cdots\cdots + 2^2 \cdot 3^1 \cdot 41^1$
> をまとめたもの

● $A \cdot B = n$ 型の整数問題にチャレンジしよう！

では，準備も整ったので，整数問題にチャレンジしてみよう。

たとえば，未知の整数 x, y に対して方程式：

$xy = 6$ ……① が与えられたとしよう。

一般の方程式では，未知数が x, y の $\dot{2}$ つの場合，この解を求めるためには $\dot{2}$ つの方程式が必要なんだけれど，x と y が正の整数という条件が付けば①から，その積が **6** となる自然数の組を求めればいいだけだから，解として，$(x, y) = (1, 6), (2, 3), (3, 2), (6, 1)$ の **4** 組が存在することがスグに分かるんだね。

これをより一般化したものが，$A \cdot B = n$ 型の整数問題なんだ。まず，この解法パターンを下に示そう。

$A \cdot B = n$ 型

$A \cdot B = n$ （A, B：整数の式，n：整数）

ここで，A, B は整数より，次の表にもち込んで解く。

A	1	$\cdots$	n	-1	$\cdots$	$-n$
B	n	$\cdots$	1	$-n$	$\cdots$	-1

よく意味がわからないって？　いいよ，例題で説明しよう。

◆例題 32 ◆

$\dfrac{1}{x} + \dfrac{1}{y} = \dfrac{1}{2}$ をみたす整数 x, y の値の組をすべて求めよ。

解答

未知数は x, y 2 つあるのに，方程式はこの 1 つだけだ！

$\dfrac{1}{x} + \dfrac{1}{y} = \dfrac{1}{2}$ ……① $\quad (x, y:整数)$ $\quad$ ①より，$x \neq 0$, $y \neq 0$

分母 $\neq 0$ だ！

①を変形して，$\quad \dfrac{y + x}{xy} = \dfrac{1}{2}$ $\quad 2(x + y) = xy$

$xy - 2x - 2y = 0, \quad \underline{x(y - 2)} - 2\underline{(y - 2)} = 0 + 4$

$(x - 2)(y - 2) = 4$

$[\quad A \quad \cdot \quad B \quad = n \text{ 型}]$

$A = x - 2$, $B = y - 2$ とおくと，$A \cdot B = 4$ の形だ。A, B は共に整数より，かけて 4 となる値の組み合わせは有限だね。よって表にまとめるといいんだ。

$x - 2$, $y - 2$ は共に整数より，

$x - 2$	1	2	4	-1	-2	-4
$y - 2$	4	2	1	-4	-2	-1

このとき，$x = 0$, $y = 0$ となって，$x \neq 0$, $y \neq 0$ の条件に反するので除く。

よって，$x - 2 = 1$, $y - 2 = 4$ のとき，$(x, y) = (3, 6)$

$\qquad\quad x - 2 = 2$, $y - 2 = 2$ のとき，$(x, y) = (4, 4)$

以下同様に計算して，求める整数 x, y の値の組は，

$(x, y) = (3, 6), \ (4, 4), \ (6, 3), \ (1, -2), \ (-2, 1)$ の 5 組だ！

これで，$A \cdot B = n$ 型の整数問題の解法パターンも理解できたと思う。ここで，この方程式の右辺が 2 や 3 など…の素数 p であり，かつ A, B が共に正の整数であった場合，つまり

$A \cdot B = p$（A, B：正の整数の式，p：素数）の場合，素数 p は 1 と自分自身以外に約数をもたないので，$(A, B) = (1, p)$ または $(p, 1)$ の 2 通りのみにしぼられて非常に解きやすくなるんだね。これも，頻出パターンの 1 つだから，シッカリ頭に入れておこう。

注意 自然数の中で 2 以外の偶数，4, 6, 8, …などは，すべて自分以外に約数 2 をもつので素数にはなり得ない。つまり，素数 p の内，偶数は 2 だけなんだね。

● 範囲を押さえる型もマスターしよう！

　整数問題の場合，未知数の範囲を押さえて解く解法パターンは非常に重要だ。これは共通テストでも出題されるかもしれないが，2次ではさらにレベルアップしたタイプのものが出題される可能性がある。これも慣れが大切だから，これから出す例題と，演習問題でシッカリ練習したらいい。

◆ 例題 33 ◆

$\dfrac{1}{x} + \dfrac{1}{y} + \dfrac{1}{z} = 1$ をみたす正の整数 x, y, z の値の組をすべて求めよ。

ただし，$x \leqq y \leqq z$ とする。

解答　　未知数は x, y, z と 3 つあるのに方程式はたった 1 つだ！

自然数 x, y, z $(x \leqq y \leqq z)$ で，$\dfrac{1}{x} + \dfrac{1}{y} + \dfrac{1}{z} = 1$ ……① をみたす (x, y, z) の値の組を求める際に，未知数のとり得る値の範囲をしぼり込むことが大切だ。ここで，$x \leqq y \leqq z$ より，①から，

$$\boxed{1} = \frac{1}{x} + \frac{1}{y} + \frac{1}{z} \leqq \frac{1}{x} + \frac{1}{x} + \frac{1}{x} = \boxed{\frac{3}{x}} \quad \text{より，} \quad \boxed{1 \leqq \frac{3}{x}} \text{だね。}$$

（上に $\dfrac{1}{y} \leqq \dfrac{1}{x}$，$\dfrac{1}{z} \leqq \dfrac{1}{x}$）

∴ $x \leqq 3$　　よって，$x = 1, 2, 3$ の 3 通りにしぼれた。

> うまく範囲のしぼれない失敗例も出しておこう。
>
> $$\boxed{1} = \frac{1}{x} + \frac{1}{y} + \frac{1}{z} \geqq \frac{1}{z} + \frac{1}{z} + \frac{1}{z} = \boxed{\frac{3}{z}} \quad \text{よって} \quad \boxed{1 \geqq \frac{3}{z}} \text{より，} z \geqq 3$$
>
> とナルホド z の範囲は出てきたけれど，z はいくらでも大きくなり得るわけで，こんな式が出てきても，うれしくもなんともないよね。今のうちに，こんな失敗をしておくこともいいと思う。

210

ここで，$x=1$ のとき①式は成り立たないので，$x=2, 3$ のときのみを調べ
ればいいんだね。

$$\frac{1}{1}+\boxed{\frac{1}{y}+\frac{1}{z}}=1 \quad \cdots\cdots ① \quad こんなの成り立たないね。$$
これは正の数

(i) $\underline{x=2}$ のとき，①は，$\frac{1}{2}+\frac{1}{y}+\frac{1}{z}=1$ より，$\frac{1}{y}+\frac{1}{z}=\frac{1}{2}$ $\cdots\cdots②$

$\underline{y \leqq z}$ より，②を使って，

$$\boxed{\frac{1}{2}}=\frac{1}{y}+\frac{1}{z} \boxed{\leqq} \frac{1}{y}+\frac{1}{y}=\boxed{\frac{2}{y}} \qquad \therefore \boxed{\frac{1}{2} \leqq \frac{2}{y}} より，y \leqq 4$$

以上より，$x=2 \leqq y \leqq 4$ だから，$y=2, 3, 4$ のいずれかだ。

でも，$y=2$ のとき，②は成り立たないので，$y=3$ または 4 だ。

(ア) $\underline{y=3}$ のとき，②より，$\frac{1}{3}+\frac{1}{z}=\frac{1}{2}$,　$\frac{1}{z}=\frac{1}{6}$　　$\therefore \underline{\underline{z=6}}$

(イ) $\underline{y=4}$ のとき，②より，$\frac{1}{4}+\frac{1}{z}=\frac{1}{2}$,　$\frac{1}{z}=\frac{1}{4}$　　$\therefore \underline{\underline{z=4}}$

(ii) $\underline{x=3}$ のとき，①は，$\frac{1}{3}+\frac{1}{y}+\frac{1}{z}=1$ より，$\frac{1}{y}+\frac{1}{z}=\frac{2}{3}$ $\cdots\cdots③$

$\underline{y \leqq z}$ より，③を使って，

$$\boxed{\frac{2}{3}}=\frac{1}{y}+\frac{1}{z} \boxed{\leqq} \frac{1}{y}+\frac{1}{y}=\boxed{\frac{2}{y}} \qquad \therefore \boxed{\frac{2}{3} \leqq \frac{2}{y}} より，y \leqq 3$$

以上より，$x=3 \leqq y \leqq 3$ だから，$\underline{y=3}$　　これを③に代入して，

$$\frac{1}{3}+\frac{1}{z}=\frac{2}{3}, \quad \frac{1}{z}=\frac{1}{3} \qquad \therefore \underline{\underline{z=3}}$$

以上 (i)(ii) より，求める (x, y, z) の値の組は，全部で，

$(x, y, z)=(2, 3, 6)$, $(2, 4, 4)$, $(3, 3, 3)$ の 3 通りだ！

　これで少しは自信がついた？　後は，演習問題でさらに腕だめしをする
といい。ますます自信がつくはずだ。

$A \cdot B = n$ 型の整数問題（Ⅰ）

x の 2 次方程式 $x^2 + (2m + 5)x + m + 3 = 0$ が，整数解 α と β をもつような m の値をすべて求めよ。

（神戸薬科大）

ヒント！　解と係数の関係より，$\alpha + \beta = -2m - 5$，$\alpha\beta = m + 3$ だね。この 2 式から m を消去してまとめると，$A \times B = n$ 型の整数問題に帰着する。頑張ろう！

解答 & 解説

$\underset{\substack{\| \\ a}}{1} x^2 + \underset{\substack{\| \\ b}}{(2m + 5)} x + \underset{\substack{\| \\ c}}{(m + 3)} = 0 \cdots \text{①}$　の 2 つの整数

解が α，β より，解と係数の関係を用いて，

$$\begin{cases} \alpha + \beta = -2m - 5 & \cdots\cdots \text{②} \\ \alpha\beta = m + 3 & \cdots\cdots\cdots\cdots \text{③} \end{cases}$$

② $+ 2 \times$ ③より m を消去して，

$2\alpha\beta + \alpha + \beta = 1$　　両辺を 2 倍してまとめると，

$4\alpha\beta + 2\alpha + 2\beta = 2$

$(2\alpha + 1)(2\beta + 1) = 3 \cdots\cdots \text{④}$

$[\quad A \quad \times \quad B \quad = n \quad]$

ここで，α，β は共に整数より，④から，

$2\alpha + 1$ と $2\beta + 1$ の組み合わせは右表のようになる。

表

$2\alpha + 1$	1	3	-1	-3
$2\beta + 1$	3	1	-3	-1

以上より，(α, β) の値の組は，

$(\alpha, \beta) = (0, 1),\ (1, 0),\ (-1, -2),\ (-2, -1)$

の 4 通りである。

これらを③に代入して，求める m の値は，

$m = -3$，または，-1 である。　　$\cdots\cdots\cdots\cdots$（答）

ココがポイント

⇦解と係数の関係
$$\begin{cases} \alpha + \beta = -\dfrac{b}{a} \\ \alpha\beta = \dfrac{c}{a} \end{cases}$$
を用いた！

⇦ $\cdot 2\alpha(2\beta + 1) + (2\beta + 1)$
$\qquad = 2 + 1$
$(2\alpha + 1)(2\beta + 1) = 3$
となって，
$A \cdot B = n$ の形にもち込めた！

⇦ $\cdot (\alpha, \beta) = (0, 1), (1, 0)$
のとき，
$m = \alpha\beta - 3 = -3$
$\cdot (\alpha, \beta) = (-1, -2)$,
$(-2, -1)$ のとき，
$m = \alpha\beta - 3 = -1$

$A \cdot B = n$ 型の整数問題 (II)

(1) $x^2 - y^2 + 2y - 2 = 0$　……①　をみたす整数 x, y の値の組をすべて求めよ。

(2) 正の整数 k と素数 p が，$k^2 + 2k - p - 3 = 0$　……②　をみたす。
このとき，k と p の値を求めよ。

ヒント！ (1), (2) 共に，$A \cdot B = n$ 型の整数問題だ。(2) では，p が素数であることから，$A \cdot B = p$ の形にもち込むといいよ。

解答 & 解説

ココがポイント

(1) ①を変形して，　$\alpha^2 - \beta^2$ だね。

$x^2 - (y^2 - 2y + 1) = 1$　　$x^2 - (y-1)^2 = 1$

$\{x + (y-1)\}\{x - (y-1)\} = 1$

　　　　　　$A \cdot B = n$ 型だ！

$(x + y - 1)(x - y + 1) = 1$

x, y は整数より，

$(x + y - 1, x - y + 1) = (1, 1)$ または $(-1, -1)$

(i) $x + y - 1 = 1$, $x - y + 1 = 1$ のとき，

　　$(x, y) = (1, 1)$

(ii) $x + y - 1 = -1$, $x - y + 1 = -1$ のとき，

　　$(x, y) = (-1, 1)$

以上より，$(x, y) = (1, 1), (-1, 1)$ ………(答)

(2) ②を変形して，

　　$k^2 + 2k - 3 = p$, $(k-1)(k+3) = p$

k は正の整数，p は素数より，

　　$(k-1, k+3) = (1, p)$ または $(p, 1)$　矛盾

ここで，$k - 1 = p$, $k + 3 = 1$ とすると，$k = -2$

となって，$k > 0$ の条件に反する。よって，

　　$k - 1 = 1$, $k + 3 = p$ より，

　　$k = 2$　$p = 5$ ………………………(答)

どう？ $A \cdot B = n$ 型の整数問題にも慣れた？

⇦ $\alpha^2 - \beta^2 = (\alpha + \beta)(\alpha - \beta)$ だ！

⇦ $A \cdot B = 1$ より，
$(A, B) = (1, 1)$
または $(-1, -1)$ だ。

⇦ $\begin{cases} x + y = 2 & \cdots ⑦ \\ x - y = 0 & \cdots ⑦ \end{cases}$
⑦ + ⑦ より，$2x = 2$
$x = 1$　∴ $y = 1$

⇦ $\begin{cases} x + y = 0 & \cdots ⑦ \\ x - y = -2 & \cdots ⑦ \end{cases}$
⑦ + ⑦ より，$2x = -2$
$x = -1$　∴ $y = 1$

⇦ $A \cdot B = p$（素数）型だ！

⇦ $k + 3 > 0$ より，
$(-1, -p)$ や
$(-p, -1)$ は考えなくていいね。

$A \cdot B = n$ 型の整数問題（Ⅲ）

x, y を自然数，p を 3 以上の素数とするとき，次の各問いに答えよ。

(1) $x^2 - y^2 = p$ が成り立つとき，x, y を p で表せ。

(2) $x^3 - y^3 = p$ が成り立つとき，p を 6 で割った余りが 1 となることを証明せよ。

(3) $x^3 - y^3 = p$ が自然数の解の組 (x, y) をもつような p を，小さい数から順に p_1, p_2, p_3 …… とするとき，p_5 の値を求めよ。　　（早稲田大）

> **ヒント！** (1)は，$A \cdot B = p$(素数) の形にして解けばいいね。(2)も，$A \cdot B = p$(素数) の形から $x = y + 1$ が導けるので，これから，p を y の式で表せば話が見えてくるはずだ。(3)は，(2)が導入となっているので，(2)の結果を使って解けばいいんだね。頑張ろう！

解答＆解説

(1) $x^2 - y^2 = p$ ……① とおく。

$(x, y：自然数，p：3 以上の素数)$

①を変形して，

$$\underset{\oplus}{(x+y)}\underset{\oplus}{(x-y)} = \underset{\oplus}{p} \quad ……①'$$

> $A \cdot B = p$(素数)
> 型ができた！

ここで，x, y は自然数，p は 3 以上の素数なので $x + y > 0$，$p > 0$ となる。よって，$x - y > 0$

さらに，$0 < x - y < x + y$ が成り立つので，①' より

$x - y = 1$ ……② かつ，$x + y = p$ ……③ となる。

$\dfrac{③+②}{2}$ より　$x = \dfrac{p+1}{2}$ …………………………(答)

$\dfrac{③-②}{2}$ より　$y = \dfrac{p-1}{2}$ …………………………(答)

(2) $x^3 - y^3 = p$ ……④ とおく。

$(x, y：自然数，p：3 以上の素数)$

④を変形して，

$$\underset{\oplus (3以上の数)}{(x-y)}\underset{}{(x^2+xy+y^2)} = \underset{\oplus}{p} \quad ……④'$$

> $A \cdot B = p$(素数)
> 型ができた！

ココがポイント

⇦素数は，2, 3, 5, 7, 11, 13… より，2 以外の 3 以上の素数はすべて奇数になる。

⇦今回，$x - y$ と $x + y$ が負の場合は考えなくていいので，この 1 組だけだね。

⇦p は素数より，x, y 共に自然数となって，条件をみたす。

⇦因数分解公式
$a^3 - b^3$
$= (a-b)(a^2+ab+b^2)$

⇦$x^2 + xy + y^2$
$\geqq 1^2 + 1 \cdot 1 + 1^2 = 3$

ここで，x, y は自然数，p は 3 以上の素数より，同様に

$0 < x - y < x^2 + xy + y^2$ となるので，④′ より

$x - y = 1 \cdots\cdots$ ⑤　$x^2 + xy + y^2 = p \cdots\cdots$ ⑥ となる。

⑤より，$x = y + 1 \cdots\cdots$ ⑤′

⑤′ を ⑥ に代入して，まとめると，

$p = 3\underline{y \cdot (y+1)} + 1 \cdots\cdots$ ⑦　となる。
$\quad\quad\quad$ [2の倍数]

⇦ 今回も，$(x-y, \ x^2+xy+y^2)$
$= (1, \ p)$ の 1 組だけだ。

⇦ $p = (y+1)^2 + y(y+1) + y^2$
$\quad = 3y^2 + 3y + 1$
$\quad = 3y(y+1) + 1$

ここで，連続する 2 つの整数の積 $y \cdot (y+1)$ は 2 の倍数より，$3 \cdot y(y+1)$ は 6 の倍数である。よって，⑦ より，素数 p を 6 で割った余りは 1 となる。$\cdots\cdots\cdots\cdots\cdots\cdots\cdots\cdots\cdots\cdots$（答）

⇦ y または $y+1$ のいずれか
が，必ず偶数となるから，
$y(y+1)$ は必ず 2 の倍数
になる。

(3) $x^3 - y^3 = p \cdots\cdots$ ④ をみたす素数 p は，⑦式で計算できる。

よって，$y = 1, 2, 3, \cdots$ を順次 ⑦ に代入して，小さい順に素数 p を $p_1, p_2, p_3 \cdots$ と求めると，

(i) $y = 1$ のとき，$p = 3 \cdot 1 \cdot (1+1) + 1 = 7$（素数）

$\quad\quad \therefore p_1 = 7$

(ii) $y = 2$ のとき，$p = 3 \cdot 2 \cdot (2+1) + 1 = 19$（素数）

$\quad\quad \therefore p_2 = 19$

(iii) $y = 3$ のとき，$p = 3 \cdot 3 \cdot (3+1) + 1 = 37$（素数）

$\quad\quad \therefore p_3 = 37$

(iv) $y = 4$ のとき，$p = 3 \cdot 4 \cdot (4+1) + 1 = 61$（素数）

$\quad\quad \therefore p_4 = 61$

(v) $y = 5$ のとき，$p = 3 \cdot 5 \cdot (5+1) + 1 = 91$

$\quad\quad$ 91 は素数ではない。よって，不適

(vi) $y = 6$ のとき，$p = 3 \cdot 6 \cdot (6+1) + 1 = 127$（素数）

$\quad\quad \therefore p_5 = 127$

⇦ $91 = 7 \times 13$ と素因数分解
できるので，91 は素数で
はない。よって，$p_5 \neq 91$
だね。

$\therefore$ 求める p_5 の値は，$p_5 = 127$ である。$\cdots\cdots$（答）

演習問題 66	難易度 ★★★	CHECK 1	CHECK 2	CHECK 3

自然数 a, b, c, d が，$a + b + c + d = abcd$ ……① をみたすとき，
(a, b, c, d) の値の組をすべて求めよ。ただし，$a \leq b \leq c \leq d$ とする。

（東京女子大）

ヒント！ この問題では，a, b, c, d の大小関係が与えられているけれど，そうでない場合でも，自分で $a \leq b \leq c \leq d$ とおいて，範囲を押さえて解くんだ。後は，解の数値を並べ替えればいいだけだからね。今回は，大小関係があるので，これをフルに活かして解いていこう。

解答＆解説

$a + b + c + d = abcd$ ……① と，

$a \leq b \leq c \leq d$ の大小関係を用いて，

$$\boxed{a \leq d} \quad \boxed{b \leq d} \boxed{c \leq d}$$

$$\boxed{abcd} = \underset{\sim}{a} + \underset{\sim}{b} + \underset{\sim}{c} + d \boxed{\leq} \underset{\sim}{d} + \underset{\sim}{d} + \underset{\sim}{d} + d = \boxed{4d}$$

$\boxed{d > 0 \text{ より，両辺を } d \text{ で割る！}}$

$abc\cancel{d} \leq 4\cancel{d}$ ∴ $abc \leq 4$

よって，$abc = 1, 2, 3, 4$ の 4 通りを調べればよい。

(ⅰ) $abc = 1$ のとき，

$(a, b, c) = (1, 1, 1)$

このとき，①は，$1 + 1 + 1 + d = 1 \cdot d$

∴ $3 = 0$ となって，不適。

(ⅱ) $abc = 2$ のとき，

$(a, b, c) = (1, 1, 2)$

このとき，①は，$1 + 1 + 2 + d = 2d$

よって，$d = 4$

∴ $(a, b, c, d) = \underline{(1, 1, 2, 4)}$

(ⅲ) $abc = 3$ のとき，

$(a, b, c) = (1, 1, 3)$

このとき，①は，$1 + 1 + 3 + d = 3d$

ココがポイント

⇦ 未知数は a, b, c, d の 4 つもあるのに，方程式はたった 1 つだけだね。でも，解けるよ。

⇦ これで，abc のとり得る値の範囲を押さえた！

⇦ $abc = 1$ と，a, b, c が $a \leq b \leq c$ の自然数より，$a = 1, b = 1, c = 1$ だ！

⇦ $abc = 2$ と，a, b, c が $a \leq b \leq c$ の自然数より，$a = 1, b = 1, c = 2$ だ！

⇦ $abc = 3$ と，a, b, c が $a \leq b \leq c$ の自然数より，$a = 1, b = 1, c = 3$ だ！

$2d = 5$ $\therefore d = \dfrac{5}{2}$ となって，不適。 ⟸d は自然数じゃないので不適！

(iv) $abc = 4$ のとき， ⟸$abc = 4$ と，a, b, c が $a \leqq b \leqq c$ の自然数より，(ア) $a = 1$, $b = 1$, $c = 4$ (イ) $a = 1$, $b = 2$, $c = 2$ だ！

$$\begin{cases} (ア)\ (a, b, c) = (1, 1, 4)，または \\ (イ)\ (a, b, c) = (1, 2, 2)\ の\ 2\ 通りがある。 \end{cases}$$

$(ア)\ (a, b, c) = (1, 1, 4)$ のとき，①は，

$1 + 1 + 4 + d = 4d$

$3d = 6$ $\therefore d = 2$ となって，不適。 ⟸$c > d$ となって不適！

$(イ)\ (a, b, c) = (1, 2, 2)$ のとき，①は，

$1 + 2 + 2 + d = 4d$

$3d = 5$ $\therefore d = \dfrac{5}{3}$ となって，不適。 ⟸d は自然数じゃないので不適！

以上 (i) 〜 (iv) より，求める (a, b, c, d) の値の組は

$(a, b, c, d) = \underline{(1, 1, 2, 4)}$ ……………………(答)

　この問題と例題 33(P210) の 2 題を繰り返し練習すれば，"範囲を押さえる" タイプの整数問題にも自信がついてくると思う。要は，良問の反復練習が，実力アップの一番の近道なんだね。

　この問題についても，範囲を押さえる失敗例をやっておこう。

(失敗例)

$a + b + c + d = abcd$ ……① と，$a \leqq b \leqq c \leqq d$ より，

$b \geqq a$　$c \geqq a$　$d \geqq a$

$abcd = a + b + c + d \geqq a + a + a + a = 4a$

　$abcd \geqq 4a$ より，$bcd \geqq 4$ と bcd の値の範囲は出てきたけど，この値はいくらでも大きくなり得るわけだから，問題を解く上で意味のない式だったんだね。

演習問題 67	難易度 ★★★	CHECK 1	CHECK 2	CHECK 3

次の等式と不等式を同時に満たす整数 x, y, z の値を求めよ。

$$\begin{cases} x + y + z = 5 \quad\cdots\cdots\cdots① \\ 2x + 3y + 7z = 32 \cdots\cdots② \\ x < y < z \quad\cdots\cdots\cdots\cdots③ \end{cases}$$

(東北学院大)

ヒント！ ③で，x, y, z の大小関係は与えられているが，x, y, z は整数なので，これらは負の値も取り得ることに注意しよう。①，②より，x と z を共に y で表して，これらを③に代入して，y の不等式を作ると，これから y の取り得る値の範囲が得られるんだね。この範囲内の整数 y の値を①，②に代入して x と z の値を求めればいい。

解答＆解説

$$\begin{cases} x + y + z = 5 \quad\cdots\cdots\cdots① \\ 2x + 3y + 7z = 32 \cdots\cdots② \\ x < y < z \quad\cdots\cdots\cdots\cdots③ \quad (x,\ y,\ z：整数) \end{cases}$$

について，

(ⅰ) ②－2×① より， $y + 5z = 22$

$$\therefore z = \frac{22 - y}{5} \ \cdots\cdots④ \quad となる。$$

(ⅱ) 7×①－② より， $5x + 4y = 3$

$$\therefore x = \frac{3 - 4y}{5} \ \cdots\cdots⑤ \quad となる。$$

(ⅰ)(ⅱ)の④と⑤を③に代入すると，

$$\frac{3 - 4y}{5} < y < \frac{22 - y}{5} \ \cdots\cdots⑥ \quad となる。よって，$$

(ⅰ) $\dfrac{3 - 4y}{5} < y$ より， $\dfrac{1}{3} < y$ $\cdots\cdots⑥'$

(ⅱ) $y < \dfrac{22 - y}{5}$ より， $y < \dfrac{11}{3}$ $\cdots\cdots⑥''$ となる。

⑥′，⑥″ より，

ココがポイント

⇐①，②より，
(ⅰ) x を消去して，
$z = (y \text{の式})$ とし，
(ⅱ) z を消去して，
$x = (y \text{の式})$ として，
これらを③に代入して，整数 y の取り得る値の範囲を押さえる。

⇐⑥の不等式は，(ⅰ) と (ⅱ) の 2 つに分けて y の範囲を押さえよう。

⇐$3 - 4y < 5y$, $3 < 9y$
$\therefore \dfrac{1}{3} < y$

⇐$5y < 22 - y$, $6y < 22$
$\therefore y < \dfrac{11}{3}$

$\dfrac{1}{3} < y < \dfrac{11}{3}$ となる。ここで，y は整数より，

$\boxed{0.33\cdots}$　$\boxed{3.66\cdots}$

$y = 1, 2, 3$ となる。

⇦これから，(ⅰ)$y = 1$，(ⅱ)$y = 2$，(ⅲ)$y = 3$ の 3 つの場合について，x, z の値を調べよう。

(ⅰ) $y = 1$ のとき，①，②は，

$$\begin{cases} x + z = 4 & \cdots\cdots\cdots ①' \\ 2x + 7z = 29 & \cdots\cdots ②' \end{cases} \text{ となる。}$$

②$'-2\times$①$'$ より，$5z = 21$ ∴ $z = \dfrac{21}{5}$ となって，不適。

⇦z は，整数ではないので，不適だね。

(ⅱ) $y = 2$ のとき，①，②は，

$$\begin{cases} x + z = 3 & \cdots\cdots\cdots ①'' \\ 2x + 7z = 26 & \cdots\cdots ②'' \end{cases} \text{ となる。}$$

②$''-2\times$①$''$ より，$5z = 20$ ∴ $z = 4$

①$''$ より，$x = -1$

∴ $x = -1$，$y = 2$，$z = 4$ となる。

⇦x は，負でも整数なので，解となる。また，$x < y < z$ もみたしている。

(ⅲ) $y = 3$ のとき，①，②は，

$$\begin{cases} x + z = 2 & \cdots\cdots\cdots ①''' \\ 2x + 7z = 23 & \cdots\cdots ②''' \end{cases} \text{ となる。}$$

②$'''-2\times$①$'''$ より，$5z = 19$ ∴ $z = \dfrac{19}{5}$ となって，不適。

⇦z は，整数ではないので，これも不適になる。

以上(ⅰ)(ⅱ)(ⅲ) より，①，②，③を同時に満たす整数 x, y, z の値は，

$x = -1$，$y = 2$，$z = 4$ の 1 組だけである。……(答)

参考

今回は，x と z を，y で表して，③により，y の値の範囲を押さえたが，(Ⅰ)x と y を，z で表して，③により，z の値の範囲を押さえてもよいし，(Ⅱ)y と z を，x で表して，③により，x の値の範囲を押さえても構わない。同じ結果が得られることを各自確認してみよう。

§2. 互除法を1次不定方程式に利用しよう！

● 最大公約数 g と最小公倍数 L から始めよう！

2つの正の整数 a, b について，**最大公約数** g と**最小公倍数** L は，次のように定義されるんだね。

最大公約数 g と最小公倍数 L

2つの正の整数 a, b について，

（ⅰ）共通の約数（**公約数**）の中で最大のものを**最大公約数** $\underline{g}$ という。

　"**最大公約数**"（*greatest common measure*）の頭文字の g をとった！

（ⅱ）共通の倍数（**公倍数**）の中で最小のものを**最小公倍数** $\underline{L}$ という。

　"**最小公倍数**"（*least common multiple*）の頭文字の L をとった！

ここで，正の整数 a と b の最大公約数 $g = 1$ のとき，つまり，公約数が1しかないとき，a と b は"**互いに素**"ということも覚えておこう。たとえば，8 と 15 は公約数が1のみなので，互いに素と言える。

ここで，例として，$a = 96$, $b = 180$ のとき，右図のような共通の素因数での割り算を行うことにより，

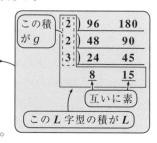

$$\begin{cases} \text{最大公約数 } g = 2^2 \times 3 = 12 \\ \text{最小公倍数 } L = 2^2 \times 3 \times 8 \times 15 \\ \qquad = 2^5 \times 3^2 \times 5 = 1440 \quad \text{が導ける。} \end{cases}$$

これを一般化すると，次のような g と L の公式が導けるのも大丈夫？

最大公約数 g と最小公倍数 L の公式

2つの正の整数 a, b の最大公約数を g，最小公倍数を L とおくと，次の公式が成り立つ。

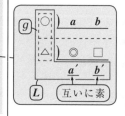

（ⅰ）$\begin{cases} a = g \cdot a' \\ b = g \cdot b' \end{cases}$ ……（＊1)　$\begin{pmatrix} a' \text{ と } b' \text{ は} \\ \text{互いに素} \end{pmatrix}$

（ⅱ）$L = g \cdot a' \cdot b'$ …（＊2）　（ⅲ）$a \cdot b = g \cdot L$ …（＊3）

---

g は a と b の最大公約数より，互いに素な 2 つの正の整数 a'，b' により，$(*1)$ のように表されるのはいいね。また，L 字型のかけ算から最小公倍数 L が $(*2)$ で表されるのも問題ないはずだ。そして，$(*1)$ と $(*2)$ より，$a \cdot b$ は次のように変形できて

$$\underbrace{a \cdot b}_{\underbrace{a' \cdot g}_{}\underbrace{b' \cdot g}_{}} = a' \cdot g \times b' \cdot g = g \times \underbrace{a' \cdot b' \cdot g}_{\boxed{L}} = g \cdot L \quad \cdots\cdots(*3) \quad \text{が導けるんだね。}$$

$\boxed{a' \cdot g}\boxed{b' \cdot g} \leftarrow \boxed{(*1) \text{ より}}$　　　$\boxed{L} \leftarrow \boxed{(*2) \text{ より}}$

それでは，例題を 1 題解いておこう。

◆例題34◆

2 つの正の整数の積が 3174，最小公倍数が 138 であるとき，最大公約数と，これら 2 つの正の整数を求めよ。

解答

2 つの正の整数を a，b（ただし，$a \leq b$ とする。），また，これらの最大公約数を g，最小公倍数を L とおくと，題意より，

$ab = 3174$　……①，　$L = 138$　……②

$\begin{cases} a = g \cdot a' & \cdots\cdots(*1) \\ b = g \cdot b' \end{cases}$
$L = g \cdot a' \cdot b' \cdots\cdots(*2)$
$a \cdot b = g \cdot L \cdots\cdots(*3)$

また，$\begin{cases} a = a' \cdot g \\ b = b' \cdot g \end{cases}$　……③　$\begin{pmatrix} a', b' : \text{互いに素} \\ (a' \leq b') \end{pmatrix}$

より，公式：$\underbrace{ab}_{3174} = \underbrace{gL}_{138}$ に①，②を代入すると，

$3174 = 138 \cdot g$ より，最大公約数 $g = \dfrac{3174}{138} = 23$　……④　となる。　……(答)

また，公式：$ab = gL$　……⑤に③を代入して，

$a' \cdot g \times b' \cdot \not{g} = \not{g} \cdot L$　より，$a'b' = \dfrac{L}{g} = \dfrac{138}{23} = 6$　……⑤　（②，④より）

ここで，a'，b' は互いに素な正の整数で，$a' \leq b'$ なので，⑤より

$(a', b') = (1, 6)$ または $(2, 3)$ の 2 組が求まる。よって，

(i)$(a', b') = (1, 6)$ のとき，③より　$(a, b) = (23, 6 \times 23)$

(ii)$(a', b') = (2, 3)$ のとき，③より　$(a, b) = (2 \times 23, 3 \times 23)$

以上より，求める 2 つの整数の組 (a, b) は，

$(a, b) = (23, 138)$，または $(46, 69)$ である。　……………………(答)

どう？　うまく公式を使いこなせた？

ここで，**3 つの正の整数の最大公約数 g と最小公倍数 L の求め方**について
も，例を使って解説しておこう。

3 つの正の整数 **96，180，72** に
ついて，

（ i ）最大公約数 g は，右図のよ
　　　うに，3 つの数すべてに共
　　　通な素因数で順に割って，
　　　$g = 2^2 \times 3 = 12$　と求まる。

（ ii ）最小公倍数 L は，右図に示
　　　すように，さらに，2 つ以
　　　上の数に共通な素因数で順
　　　に割って，
　　　$L = 2^2 \times 3 \times 2 \times 3 \times 4 \times 5 \times 1$
　　　　$= 2^5 \times 3^2 \times 5 = 1440$
　　　と求めるんだね。

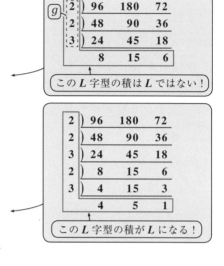

g	2)	96	180	72
	2)	48	90	36
	3)	24	45	18
		8	15	6

この L 字型の積は L ではない！

	2)	96	180	72
	2)	48	90	36
	3)	24	45	18
	2)	8	15	6
	3)	4	15	3
		4	5	1

この L 字型の積が L になる！

特に，この最小公倍数 L の求め方には気を付けよう。

● ユークリッドの互除法もマスターしよう！

ではまた，2 つの正の整数の最大公約数に話を戻そう。たとえば，**2109**
と **1425** の最大公約数 g を求めよと
言われたら右のように計算して，
$g = 3 \times 19 = 57$ となるわけだけれど，
実際の計算では，因数の **19** を見出す
のがなかなか大変かもしれないね。

3)	2109	1425
19)	703	475
g	37	25

このような場合でも，機械的に最大公約数 g を求める方法が，これから
解説する"**ユークリッドの互除法**"，または，単に"**互除法**"と呼ばれる
ものなんだ。

この互除法の基礎となる定理をまず次に示そう。

ユークリッドの互除法の基礎定理

2つの自然数 a, b $(a > b)$ について, a を b で割ったときの商を q,
余りを r とおくと,

$a = b \times q + r$ ……① $(0 \leq r < b)$ となる。このとき,
a と b の最大公約数 g は, b と r の最大公約数と等しい。

この証明をしておこう。

a と b の最大公約数は g より,

$\begin{cases} a = a' \cdot g \\ b = b' \cdot g \end{cases}$ ……② $(a'$ と b' は, 互いに素 $)$ とおける。

②を①に代入して変形すると, $a' \cdot g = b' \cdot g \cdot q + r$ より,

$r = \underbrace{(a' - b' \cdot q)}_{\text{整数}} \cdot g$ となる。よって,

r も g を約数にもつので, g は b と r の公約数であることが分かった。

ここで, b と r の最大公約数は g より大きい $k \cdot g$ $(k : 2$ 以上の整数 $)$ と仮定すると, b と r は, ←[背理法を使う！]

$\begin{cases} b = b'' \cdot kg \\ r = r' \cdot kg \end{cases}$ ……③ $(b''$ と r' は, 互いに素 $)$ とおける。

よって, ③を①に代入すると,

$a = b'' kg \cdot q + r' \cdot kg = \underbrace{(b'' q + r')}_{\text{整数}} kg$ となるので,

a も kg を約数にもち, kg は a と b の公約数となる。ところが, a と b の
最大公約数は g であり, これより大きな公約数 kg をもつことはない。よって, 矛盾だね。←[背理法の成立！]

これから, $k = 1$ でなければならず, a と b の最大公約数 g は, b と r の
最大公約数でもあることが示せたんだね。大丈夫？

　そして, この基礎定理を, 割り切れる(余りが0となる)まで繰り返し
用いて, 2つの数 a と b の最大公約数 g を求める方法をユークリッドの互
除法(または, 互除法)というんだね。

では，先程の例の **2109** と **1425** の最大公約数 g をユークリッドの互除法により求めてみよう。

(i) **2109** を **1425** で割って，

$$2109 = \underline{1425} \times 1 + \underline{684}$$

> **2109** と **1425** の最大公約数は，**1425** と **684** の最大公約数と等しい。

(ii) 次に，**1425** を **684** で割って，

$$\underline{1425} = \underline{684} \times 2 + \underline{57}$$

> **1425** と **684** の最大公約数は，**684** と **57** の最大公約数と等しい。

(iii) さらに，**684** を **57** で割って，

$$\underline{684} = \underline{57} \times 12 + 0$$

> **684** と **57** の最大公約数は，**57** になる。

最大公約数 g

最後の (iii) は，形式的には，「**684** と **57** の最大公約数は，**57** と **0** の最大公約数と等しい。」と言えるわけだけれど，**0** については，$0 = \underline{0} \times n$ と表

整数　任意の整数

せるので，すべての整数 n を約数にもつんだね。よって，**57** と **0** の最大公約数は当然 **57** になるんだね。そして，この操作を逆に (iii)，(ii)，(i) とたどっていけば，**2109** と **1425** の最大公約数 $g = 57$ であることが分かるんだね。納得いった？

　また，このユークリッドの互除法を実際に計算する場合，右図のように表記すると便利で早いかもしれない。この意味は上の (i)(ii)(iii) と同じだから大丈夫だね。

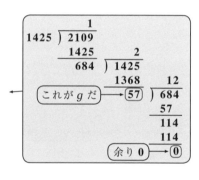

これが g だ → **57**

余り **0** → **⓪**

では，次の例題でさらに練習しておこう。

◆例題35◆

次の **2** つの正の整数の最大公約数を求めよ。

(1) 959 と **2329**　　**(2) 67** と **223**

(1) 959 と 2329 の最大公約数 g を
互除法によって求めると，

・$2329 = 959 \times 2 + 411$

・$959 = 411 \times 2 + 137$

・$411 = 137 \times 3 + 0$ よって，最大公約数 $g = 137$ である。

最大公約数 g　余り 0

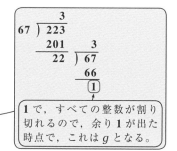

これが g だ

余り 0

(2) 67 と 223 の最大公約数 g を
互除法によって求めると，

・$223 = 67 \times 3 + 22$

・$67 = 22 \times 3 + 1$

・$22 = 1 \times 22 + 0$ よって，最大公約数 $g = 1$ である。

最大公約数 g　余り 0

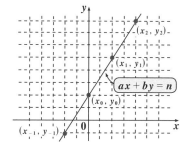

1 で，すべての整数が割り切れるので，余り 1 が出た時点で，これは g となる。

このように最大公約数 $g = 1$ であるということは，67 と 223 が互いに素であることを意味する。これは，次に解説する 1 次不定方程式の解法でも重要なポイントとなるので，シッカリ頭に入れておこう。

● 1 次不定方程式を解いてみよう！

1 **次不定方程式**とは $ax + by = n$ ……①
(a, b, n : 整数)の形をした方程式のことで，これは xy 座標平面上の直線の式に他ならない。

そして，この①の整数解 (x, y) を求めることが，1 次不定方程式を解くということであり，その解のイメージを示すと，図 1 のような①の直線上の

図 1　1 次不定方程式の解

こうしてん

↑

（x座標，y座標共に整数の点のこと。）

では，この1次不定方程式を解くためのポイントを下に示そう。

> 互いに素な整数 a, b と，2つの整数 X, Y について，
>
> $aX = bY$ ……（＊）が成り立つとき，
>
> X は b の倍数であり，かつ Y は a の倍数である。すなわち，
>
> $X = b \cdot k$, $Y = a \cdot k$ （k：整数）と表せる。

（＊）の右辺は b の倍数なので，当然，（＊）の左辺の aX も b の倍数でなければならない。でも，a と b は互いに素なので，a は b の倍数には成り得ないね。よって，X が b の倍数になるんだね。よって，

$X = b \cdot k$ ……① （k：整数）と表せる。

そして，この①を（＊）に代入すると

$a \cdot b \cdot k = b \cdot Y$ より $Y = a \cdot k$ となって，Y は a の倍数となるんだね。

つまり，（＊）より，$X = b \cdot k$, $Y = a \cdot k$ （k：整数）が導ける。

では，次の例題で1次不定方程式を実際に解いてみよう。

◆例題36◆

次の1次不定方程式の整数解 (x, y) の組をすべて求めよ。

(1) $2x + 3y = 5$ ……① (2) $67x + 223y = 1$ ……②

解答

1次不定方程式：$ax + by = n$ ……（＊） $\begin{pmatrix} a, & b：互いに素の整数 \\ n：整数 \end{pmatrix}$

の整数の一般解を求めるためには，まず，（＊）をみたす1組の解 (x_1, y_1) を見つけることなんだね。(x_1, y_1) は解より，（＊）に代入して成り立つので，

$ax_1 + by_1 = n$ ……（＊）′ となる。

よって，（＊）−（＊）′ を実行すると，

$a(x - x_1) + b(y - y_1) = 0$ より，

$\underbrace{a(x - x_1)}_{X（整数）} = \underbrace{b(y_1 - y)}_{Y（整数）}$

> $aX = bY$ (a, b：互いに素)
> よって，$\begin{cases} X = b \cdot k \\ Y = a \cdot k \end{cases}$ （k：整数)
> にもち込める。

ここで，$x - x_1$ と $y_1 - y$ は整数で，かつ a と b は互いに素な整数より，

$$\begin{cases} x - x_1 = b \cdot k \\ y_1 - y = a \cdot k \end{cases}$$

$(k：整数)$ とおける。よって，整数解 (x, y) の組は，

$(x, y) = (x_1 + bk, y_1 - ak)$ $(k：整数)$ と求められるんだね。

では，(1) から解いてみよう。

(1) $2x + 3y = 5$ …① $(x, y：整数)$ について，

①をみたす 1 組の解は，$(x_1, y_1) = (1, 1)$ であることが分かるので，

$2 \cdot 1 + 3 \cdot 1 = 5$ ……①′

ここで，① $-$ ①′より， $2(x - 1) + 3(y - 1) = 0$

$\underset{\boxed{X(整数)}}{2(x - 1)} = \underset{\boxed{Y(整数)}}{3(-y + 1)}$ ……①″ となる。 ← $aX = bY$ の形だ！ $(a, b：互いに素)$

ここで，$x - 1$ と $-y + 1$ は整数で，かつ，2 と 3 は互いに素より，①″から

$$\begin{cases} x - 1 = 3k \\ -y + 1 = 2k \end{cases}$$

よって，$x = 3k + 1$ ，$y = 1 - 2k$ より，①をみたす整数解の組は，

$(x, y) = \underline{(3k + 1, 1 - 2k)}$ $(k：整数)$ となるんだね。大丈夫？

> $k = \cdots, -1, 0, 1, 2, \cdots$ のときの，(x, y) の解の組を具体的に示すと，
> $\cdots, (-2, 3), (1, 1), (4, -1), (7, -3), \cdots$ となる。

(2) $67x + 223y = 1$ …② $(x, y：整数)$ について，

これは，②をみたす 1 組の解を求めるのが大変だって !?…，そうだね。でも，67 と 223 の最大公約数 $g = 1$ となることは，実は，互除法を用いて，例題 35(2)(P224 と P225) で既に教えている。そして，右の互除法の式(a)と(b)の 223，67，そして $g = 1$ をうまく活かして，右のように変形すると，②の 1 組の解として，$(10, -3)$ が求

$$\begin{cases} 223 = 67 \times 3 + 22 \cdots \text{(a)} \\ 67 = 22 \times 3 + \underline{\underline{1}} \cdots \text{(b)} \end{cases}$$

$22 = 1 \times 22$ ← これは不要！

(a)より，$\underset{\sim\sim}{22} = 223 - 3 \times 67$ …(a)′

(b)より，$67 - 3 \times \underset{\sim\sim}{22} = \underline{\underline{1}}$ …(b)′

(a)′を(b)′に代入して，

$67 - 3 \cdot (223 - 3 \times 67) = \underline{\underline{1}}$

$67 \times 10 + 223 \times (-3) = \underline{\underline{1}}$

②の 1 組の解 $(\underline{10}, \underline{-3})$

まるんだね。これは解だから，②に代入しても成り立つので，

227

$$\begin{cases} 67x + 223y = 1 & \cdots\cdots\cdots ② \\ 67 \cdot 10 + 223 \cdot (-3) = 1 & \cdots ②' \end{cases} \quad となる。$$

後は，簡単だね！②－②′を行って，

$$67(x - 10) + 223 \cdot (y + 3) = 0$$

$$67\underbrace{(x - 10)}_{\boxed{X（整数）}} = 223 \cdot \underbrace{(-y - 3)}_{\boxed{Y（整数）}} \quad \cdots ②''$$

> $aX = bY$ （a, b：互いに素）
> よって，
> $$\begin{cases} X = b \cdot k \\ Y = a \cdot k \end{cases} \quad (k：整数)$$
> にもち込んだ！

ここで，$x - 10$ と $-y - 3$ は整数で，かつ 67 と 223 は互いに素より，②′から，

$$\begin{cases} x - 10 = 223 \cdot k \\ -y - 3 = 67 \cdot k \end{cases} \quad \cdots ②''' \quad (k：整数) \quad となる。$$

よって，$x = 223k + 10$，$y = -67k - 3$ より，②をみたす整数解の組は

$(x, y) = (223k + 10, -67k - 3)$ （k：整数）となる。

どう？ 整数問題も解けるようになると面白いだろう？

　このように，a と b が大きな数でも，ユークリッドの互除法により互いに素（最大公約数 $g = 1$）が導ければ，1 次不定方程式：

$ax + by = 1$　$\cdots\cdots(*)$　の 1 組の解 (x_1, y_1) が求まるので，

$ax_1 + by_1 = 1$　$\cdots\cdots(*)'$　が導ける。

後は，$(*) - (*)'$ を実行して解けばいいだけなんだね。

エッ？ では，$(*)$ の右辺が 1 以外の整数 n だったら，つまり

$ax + by = n$　$\cdots\cdots(**)$　$(n \neq 1)$ だったら，どうするのかって？

それは，右辺 $= 1$ のときの $(*)$ の解 (x_1, y_1) を代入した $(*)'$ の式があるので，この $(*)'$ の両辺に n をかけて，

$a \cdot nx_1 + b \cdot ny_1 = n$　$\cdots\cdots(**)'$　とすれば，$(**)$ の 1 組の解として，(nx_1, ny_1) が自動的に求められるんだね。どう？ 面白いだろう？ では，以上の知識をもった上で，例題をもう 1 題やっておこう。

◆例題37◆

次の 1 次不定方程式の整数解の組 (x, y) をすべて求めよ。

$63x - 157y = 3$　$\cdots\cdots③$

解答

右図を参考にして，まず，**157** と **63** の
最大公約数 g を互除法により求めると，

$$157 = 63 \times 2 + 31 \quad \cdots\cdots(a)$$

$$63 = 31 \times 2 + 1 \quad \cdots\cdots(b)$$

$$31 = 1 \times 31 + 0 \quad \leftarrow \boxed{\text{これは不要！}}$$

となって，最大公約数 $g = 1$，すなわち **157** と **63** が互いに素であること
が分かった。次に，(a)，(b)を変形して，

$$\begin{cases} 31 = 157 - 2 \cdot 63 & \cdots\cdots(a)' \\ 63 - 2 \cdot 31 = 1 & \cdots\cdots\cdots(b)' \end{cases} \quad \text{となる。(a)' を(b)' に代入して，}$$

$$63 - 2 \cdot (157 - 2 \cdot 63) = 1$$

$$63 \times 5 - 157 \times 2 = 1 \quad \cdots\cdots(c) \quad \text{が導ける。}$$

> これから，$63x - 157y = 1$
> の 1 組の解 $(5, 2)$ が分かる。
> よって，$63x - 157y = 3 \cdots\cdots③$
> の 1 組の解を求めるために，
> 両辺に **3** をかければいい。

(c)の両辺に **3** をかけて，

$$63 \times 15 - 157 \times 6 = 3 \quad \cdots\cdots③' \quad \text{となる。}$$

$\boxed{\text{これから，③の方程式の 1 組の解が } (15, 6) \text{ であることが分かった！}}$

後は，簡単だね。③ － ③' を実行して，

$$63(x - 15) - 157 \cdot (y - 6) = 0 \quad \text{より，}$$

$$63\underline{(x - 15)} = 157 \cdot \underline{(y - 6)} \quad \cdots③''$$

$\underbrace{}_{X(\text{整数})} \qquad \underbrace{}_{Y(\text{整数})}$

> $aX = bY$ (a, b：互いに素)
> よって，
> $\begin{cases} X = b \cdot k \\ Y = a \cdot k \end{cases}$ (k：整数)
> にもち込めた！

ここで，$x - 15$ と $y - 6$ は整数で，かつ **63** と **157** は互いに素より，

③'' から，$\begin{cases} x - 15 = 157k \\ y - 6 = 63k \end{cases} \quad \cdots\cdots③''' \; (k：整数)$

よって，$x = 157k + 15$, $y = 63k + 6$ より，③をみたす整数解の組は，

$(x, y) = (157k + 15, 63k + 6)$ (k：整数) となるんだね。

納得いった？

以上で，ユークリッドの互除法と **1** 次不定方程式の解説も終了だ。後は，
演習問題でさらに腕を磨くことにしよう！

229

1 次不定方程式

演習問題 68	難易度 ★★★	CHECK *1*	CHECK *2*	CHECK *3*

23 で割ると 17 余り，18 で割ると 14 余るような正の整数のうち，3 桁のものをすべて求めよ。

ヒント！ ユークリッドの互除法を用いる 1 次不定方程式の問題なんだね。計算はかなりメンドウだけれど，やり方の決まった定型問題なので，粘り強く最後の結果まで導けるように，計算力を身に付けることが大事だ！

解答&解説

求める正の整数を n とおくと，n は 23 で割って 17 余り，18 で割って 14 余る数なので，

$$n = \boxed{23x + 17 = 18y + 14} \quad \cdots\cdots① \quad (x, y : 整数)$$

とおける。①を変形して，

$$23x - 18y = -3 \quad \cdots\cdots② \quad となる。$$

ここで，②の左辺の係数 23 と 18 について，ユークリッドの互除法を用いて，最大公約数 g を求めると，次式より，$g = 1$ が分かる。

$$23 = 18 \times 1 + 5 \quad \cdots\cdots③$$
$$18 = 5 \times 3 + 3 \quad \cdots\cdots④$$
$$5 = 3 \times 1 + 2 \quad \cdots\cdots⑤$$
$$3 = 2 \times 1 + 1 \quad \cdots\cdots⑥$$
$$2 = \underset{\uparrow}{1} \times 2 + 0$$

最大公約数 g

⑥，⑤，④，③を変形して，

$$3 - 1 \cdot 2 = 1 \quad \cdots\cdots⑥'$$
$$2 = 5 - 1 \cdot 3 \quad \cdots\cdots⑤'$$
$$3 = 18 - 3 \cdot 5 \quad \cdots\cdots④'$$
$$5 = 23 - 18 \quad \cdots\cdots③'$$

⑥′に⑤′，④′，③′を順次代入してまとめると，

$$23 \cdot (-7) - 18 \cdot (-9) = 1 \quad \cdots\cdots⑦$$

ココがポイント

⇦ $ax + by = n$ $(a, b：互いに素$ の 1 次不定方程式が出てきたが，1 組の解を見つけることが難しいので，互除法を用いる。

	1	
18 $)$	23	

互除法

$$\begin{array}{r} 1 \\ 18 \overline{)23} \\ \underline{18} \quad 3 \\ 5\overline{)18} \\ \underline{15} \quad 1 \\ 3\overline{)5} \\ \underline{3} \quad 1 \\ 2\overline{)3} \\ \underline{2} \\ \boxed{1} \end{array}$$

最小公倍数 g

⇦⑥′に⑤′，④′，③′を順次代入して，

$$3 - (5 - 3) = 1$$
$$2 \cdot 3 - 5 = 1$$
$$2(18 - 3 \cdot 5) - 5 = 1$$
$$2 \cdot 18 - 7 \cdot 5 = 1$$
$$2 \cdot 18 - 7 \cdot (23 - 18) = 1$$

⇦これで，$23x - 18y = 1$ の解 $(-7, -9)$ が分かった。

⑦の両辺に -3 をかけて，

$23 \times 21 - 18 \times 27 = -3$ ……⑧

よって，②$-$⑧を実行して，

$23(x - 21) - 18(y - 27) = 0$

$23(x - 21) = 18(y - 27)$

$\underbrace{}_{X(\text{整数})} \qquad \underbrace{}_{Y(\text{整数})}$

ここで，$x - 21$ と $y - 27$ は共に整数で，かつ 23 と 18 は互いに素（最大公約数 $g = 1$）より，

$\begin{cases} x - 21 = 18k \\ y - 27 = 23k \end{cases}$ ……⑨（k：整数）となる。

⑨より，$x = 18k + 21$

これを，$n = 23x + 17$ ……① に代入して，

$n = 23 \cdot \overbrace{(18k + 21)} + 17$

$\therefore\ n = 414k + 500$ ……⑩（k：整数）

ここで，n が 3 桁の数となる k は，$k = 0,\ 1$ のみである。

$k = 0$ のとき，$n = 500$

$k = 1$ のとき，$n = 914$

以上より，23 で割ると 17 余り，18 で割ると 14 余る 3 桁の正の整数は，500 と 914 の 2 つのみである。………………………………………………(答)

⇦これで，
$23x - 18y = -3$ ……②
の 1 組の解 $(21, 27)$ が求まった！

⇦$aX = bY$
（$a,\ b$：互いに素）
よって，
$\begin{cases} X = b \cdot k \\ Y = a \cdot k \end{cases}$（$k$：整数）
ともち込める。

⇦⑨より，$y = 23k + 27$
これを，
$n = 18y + 14$ ……①
に代入しても，同じ
$n = 414k + 500$ が導ける。

§3. 数は，n 進法でも表示できる！

● 整数の n 進法表示から始めよう！

日頃，ボク達は，数を 10 進法で表示することに慣れているんだけれど，実は，数は 2 進法でも，3 進法でも，…，一般論として n 進法で表すことができるんだね。まず，n 進法の数の基本事項を下に示そう。

---

n 進法

位取りの基を n として数を表す方法を "n **進法**" と呼び，n 進法で表された数を "n **進数**" と呼ぶ。そして，この n を "**底**" という。

$\left(\begin{array}{l} \text{ただし，底 } n \text{ は 2 以上の整数で，} n \text{ 進法の各位の数は，} \\ 0,\ 1,\ 2,\ \cdots,\ n-1 \text{ の } n \text{ 通りで表される。} \end{array} \right)$

具体的に，10 進法の 1，2，…，10 を 2 進法，3 進法，5 進法，8 進法で表したらどうなるか？ 次の表1 にまとめて示そう。

表1 10 進数と他の n 進数との対応関係

10進数	1	2	3	4	5	6	7	8	9	10
2 進数	1	10	11	100	101	110	111	1000	1001	1010
3 進数	1	2	10	11	12	20	21	22	100	101
5 進数	1	2	3	4	10	11	12	13	14	20
8 進数	1	2	3	4	5	6	7	10	11	12

この表が自分でスラスラ言えるようになると，n 進法の基本をマスターしたと言えるんだね。ポイントは，10 進法の n は，n 進法では桁上がりして 10 になる。つまり，$\underline{n_{(10)} = 10_{(n)}}$ ということなんだね。

> これから，n 進法表示であることを明示するときは，右下に添字で "(n)" と表すことにする。

したがって，表1 で $2_{(10)} = 10_{(2)}$ だし，また $3_{(10)} = 10_{(3)}$，$5_{(10)} = 10_{(5)}$，$8_{(10)} = 10_{(8)}$ となっていることに注意してくれ。

したがって，同じ 1101 でも，10 進数の $1101_{(10)}$ と 2 進数の $1101_{(2)}$ では，

まったく異なる数を表すことになるんだね。つまり，

$1101_{(10)} = 1 \times 10^3 + 1 \times 10^2 + 0 \times 10^1 + 1 \times 10^0$ だけれど，

$1101_{(2)} = 1 \times 2^3 + 1 \times 2^2 + 0 \times 2^1 + 1 \times 2^0 = 8 + 4 + 1 = 13_{(10)}$ となる。

└─ これ以降は 10 進法表示！──→

よって，2 進法の $1101_{(2)}$ は，10 進法の $13_{(10)}$ と等しいんだね。

同様の計算により，10 以外の n 進法表示の数を 10 進数に変換できる。

いくつか例題でやっておこう。

・$212_{(3)} = 2 \times 3^2 + 1 \times 3^1 + 2 \times 3^0 = 18 + 3 + 2 = 23_{(10)}$

└─ これ以降は 10 進法表示！──→

・$4134_{(5)} = 4 \times 5^3 + 1 \times 5^2 + 3 \times 5^1 + 4 \times 5^0$
$= 500 + 25 + 15 + 4 = 544_{(10)}$

・$731_{(8)} = 7 \times 8^2 + 3 \times 8^1 + 1 \times 8^0 = 448 + 24 + 1 = 473_{(10)}$ となるんだね。

このようにすれば，(10 以外の n 進数) → (10 進数) への変換ができることが分かったと思う。では，この逆変換 (10 進数) → (10 以外の n 進数) のやり方についても，解説しよう。例として，2 進数 $1101_{(2)} = 13_{(10)}$ を用いると，

$1101_{(2)} = 1 \times 2^3 + 1 \times 2^2 + 0 \times 2^1 + 1$
$= 2(1 \times 2^2 + 1 \times 2^1 + 0) + \underline{1}$

┌─ 13 を 2 で割った余り ─┘

$= 2\{2(\underline{1 \times 2^1 + 1}) + \underline{0}\} + 1$

┌ 3 を 2 で割った商 ┐ ┌ 6 を 2 で割った余り ┐
└ 3 を 2 で割った余り ┘

```
2 ) 13    余り
2 )  6 … 1
2 )  3 … 0
     1 … 1
```

となるので，右上図に示すように，$13_{(10)}$ を順次 2 で割った余りと最後の商を求めて，それを矢印の向きに沿って数字を並べれば，10 進数の $13_{(10)}$ が 2 進数では $1101_{(2)}$ と表されることになるんだね。これも例題でさらに練習しておこう。

◆例題38◆

次の 10 進数を [ ] 内の表し方で表示せよ。

(1) 21 [3 進法]　　　(2) 314 [5 進法]　　　(3) 5726 [8 進法]

(1) 右図のように，$21_{(10)}$ を順次 3 で割ること

により，

$21_{(10)} = 210_{(3)}$　となる。

(2) 右図のように $314_{(10)}$ を順次 5 で割るこ

とにより，

$314_{(10)} = 2224_{(5)}$　となる。

(3) 右図のように $5726_{(10)}$ を順次 8 で割るこ

とにより，

$5726_{(10)} = 13136_{(8)}$　となる。

以上で，整数については，次の変換，つまり，

(10 以外の n 進数) $\rightleftarrows$ (10 進数)

が自由に行えるようになったんだね。

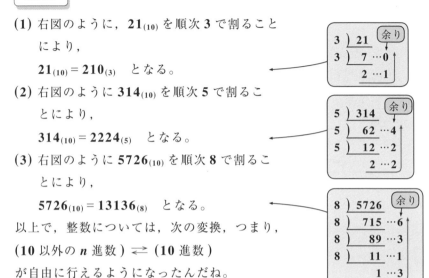

● n 進法の小数表示にも慣れよう！

では次，小数の n 進法表示についても考えてみよう。たとえば，10 進

法の小数 $0.101_{(10)}$ は，

$0.101_{(10)} = 1 \cdot \dfrac{1}{10^1} + 0 \cdot \dfrac{1}{10^2} + 1 \cdot \dfrac{1}{10^3}$　と表せるのはいいね。

したがって，2 進法表示，5 進法表示の $0.101_{(2)}$ や $0.101_{(5)}$ も同様に，

$0.101_{(2)} = 1 \cdot \dfrac{1}{2^1} + 0 \cdot \dfrac{1}{2^2} + 1 \cdot \dfrac{1}{2^3} = \dfrac{1}{2} + \dfrac{1}{8} = \dfrac{4+1}{8} = \dfrac{5}{8} = 0.625_{(10)}$

（これ以降 10 進法表示）

$0.101_{(5)} = 1 \cdot \dfrac{1}{5^1} + 0 \cdot \dfrac{1}{5^2} + 1 \cdot \dfrac{1}{5^3} = \dfrac{1}{5} + \dfrac{1}{125} = \dfrac{25+1}{125} = \dfrac{26}{125} = 0.208_{(10)}$

（これ以降 10 進法表示）

この要領で，小数についても (10 以外の n 進数) $\rightarrow$ (10 進数) の変換がで

きるんだね。もう少し練習しておこう。

・$0.212_{(3)} = 2 \cdot \dfrac{1}{3^1} + 1 \cdot \dfrac{1}{3^2} + 2 \cdot \dfrac{1}{3^3} = \dfrac{2}{3} + \dfrac{1}{9} + \dfrac{2}{27} = \dfrac{18+3+2}{27} = \dfrac{23}{27}$

$$= \underline{0.851851851}\cdots = 0.\overset{\bullet}{8}5\overset{\bullet}{1}_{(10)} \quad \text{となる。}$$

> これは，小数点以下 **851** と同じ**循環節**が繰り返し現われる循環小数なので，循環節の両端の数字の上に "•" を付けて，このように表現する。

$$\cdot\ 0.423_{(5)} = 4 \cdot \frac{1}{5^1} + 2 \cdot \frac{1}{5^2} + 3 \cdot \frac{1}{5^3} = \frac{100 + 10 + 3}{125} = \frac{113}{125} = 0.904_{(10)}$$

$$\cdot\ 0.74_{(8)} = 7 \cdot \frac{1}{8^1} + 4 \cdot \frac{1}{8^2} = \frac{14 + 1}{16} = \frac{15}{16} = 0.9375_{(10)} \quad \text{となるんだね。}$$

では，今度は，小数についても，(**10** 進数) → (**10** 以外の n 進数) の逆変換の仕方もマスターしておこう。例として，上の $0.904_{(10)}$ から $0.423_{(5)}$ を導く手法を考える。

$$0.904_{(10)} = \underset{=}{4} \cdot \frac{1}{5^1} + \underset{=}{2} \cdot \frac{1}{5^2} + \underset{\sim}{3} \cdot \frac{1}{5^3} \quad \cdots\cdots ①$$

について，

> これから，この $\underset{=}{4}, \underset{=}{2}, \underset{\sim}{3}$ を抽出できれば，$0.423_{(5)}$ が得られるんだね。

(ⅰ) まず，$0.904_{(10)}$ の **1** の位の数 **0** を取り出して，これを **5** 進数の **1** 位の数とする。

(ⅱ) 次に，$0.904_{(10)}$ に **5** をかけて，**4.52** として，この **1** の位の数 $\underline{\underline{4}}$ を抽出する。

(ⅲ) 残り $0.52_{(10)}$ に **5** をかけて，**2.6** として，この **1** の位の数 $\underline{\underline{2}}$ を抽出する。

```
(ⅰ) 抽出
        0 . 904
(ⅱ) 抽出   ×    5
        4 . 52
(ⅲ) 抽出   ×    5
        2 . 6
(ⅳ) 抽出   ×    5
        3 .
```

(ⅳ) 残り，$0.6_{(10)}$ に **5** をかけて，$\underset{\sim}{3}$ として，これを抽出する。

以上 (ⅰ) ～ (ⅳ) で求めた数を順に並べれば，$0.904_{(10)}$ の **5** 進法表示の小数 $0.423_{(5)}$ が求まるんだね。納得いった？

これもいくつか練習しておこう。

◆例題39◆

次の **10** 進法で表示された小数を [ ] 内の表し方で示せ。

(1) **0.6875** [**2** 進法]　　(2) **0.568** [**5** 進法]　　(3) **0.3125** [**8** 進法]

$\boxed{\text{解答}}$

(1) 右図のように 10 進法表示の小数 $0.6875_{(10)}$
に順次 2 をかけて，1 の位の数を抽出して
並べることにより，次のような 2 進法表示
による小数が求められる。

$\qquad 0.6875_{(10)} = 0.1011_{(2)}$ ◀————

$$\begin{array}{r} \underline{0}.\,6875 \\ \times \quad 2 \\ \hline \underline{1}.\,375 \\ \times \quad 2 \\ \hline \underline{0}.\,75 \\ \times \quad 2 \\ \hline \underline{1}.\,5 \\ \times 2 \\ \hline \underline{1}. \end{array}$$

(2) 右図のように 10 進法表示の小数 $0.568_{(10)}$
に順次 5 をかけて，1 の位の数を抽出して
並べることにより，次のような 5 進法表示
による小数が求められる。

$\qquad 0.568_{(10)} = 0.241_{(5)}$ ◀————

$$\begin{array}{r} \underline{0}.\,568 \\ \times \quad 5 \\ \hline \underline{2}.\,84 \\ \times \quad 5 \\ \hline \underline{4}.\,2 \\ \times 5 \\ \hline \underline{1}. \end{array}$$

(3) 右図のように 10 進法表示の小数 $0.3125_{(10)}$
に順次 8 をかけて，1 の位の数を抽出して
並べることにより，次のような 8 進法表示
による小数が求められる。

$\qquad 0.3125_{(10)} = 0.24_{(8)}$ ◀————

$$\begin{array}{r} \underline{0}.\,3125 \\ \times \quad 8 \\ \hline \underline{2}.\,5 \\ \times 8 \\ \hline \underline{4}. \end{array}$$

以上で，小数についても，次の変換，つまり
$(10$ 以外の n 進数$) \rightleftarrows (10$ 進数$)$ を自由に行
えるようになったんだね。大丈夫？

● **2 進数の四則計算も練習しよう！**

では次，2 進数同士のたし算，引き算，かけ算についてその基本を示そう。
ただし，しばらくは 2 進数のみを扱うので，添字の " $_{(2)}$ " は略す。

---

2 進数同士のたし算・引き算・かけ算

$\qquad\qquad\qquad\qquad\qquad\qquad\qquad\qquad\qquad\qquad$ これが大事！

(I) たし算：$(\mathrm{i})\ 0+0=0$　$(\mathrm{ii})\ 0+1=1$　$(\mathrm{iii})\ 1+0=1$　$(\mathrm{iv})\ \underline{1+1=10}$

(II) 引き算：$(\mathrm{i})\ 0-0=0$　$(\mathrm{ii})\ 1-0=1$　$(\mathrm{iii})\ 1-1=0$　$(\mathrm{iv})\ \underline{10-1=1}$

(III) かけ算：$(\mathrm{i})\ 0\times0=0$　$(\mathrm{ii})\ 0\times1=0$　$(\mathrm{iii})\ 1\times0=0$　$(\mathrm{iv})\ 1\times1=1$

では，具体例で，たし算・引き算・かけ算，そして割り算まで練習しておこう。

(1) $10001 + 111 = 11000$

$$\begin{array}{r} 10001 \\ +\ \ \ 111 \\ \hline 11000 \end{array}$$ $\left(\begin{array}{l} 10\,進法表示では, \\ 17 + 7 = 24 \end{array}\right)$

(2) $1111 + 101 = 10100$

$$\begin{array}{r} 1111 \\ +\ \ \ 101 \\ \hline 10100 \end{array}$$ $\left(\begin{array}{l} 10\,進法表示では, \\ 15 + 5 = 20 \end{array}\right)$

(3) $10101 - 111 = 1110$

$$\begin{array}{r} 10101 \\ -\ \ \ 111 \\ \hline 1110 \end{array}$$ $\left(\begin{array}{l} 10\,進法表示では, \\ 21 - 7 = 14 \end{array}\right)$

(4) $11011 - 101 = 10110$

$$\begin{array}{r} 11011 \\ -\ \ \ 101 \\ \hline 10110 \end{array}$$ $\left(\begin{array}{l} 10\,進法表示では, \\ 27 - 5 = 22 \end{array}\right)$

(5) $101 \times 11 = 1111$

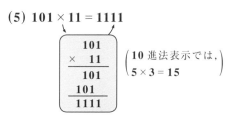

$\left(\begin{array}{l} 10\,進法表示では, \\ 5 \times 3 = 15 \end{array}\right)$

(6) $1101 \times 101 = 1000001$

$$\begin{array}{r} 1101 \\ \times\ \ \ 101 \\ \hline 1101 \\ 1101\ \ \ \\ \hline 1000001 \end{array}$$ $\left(\begin{array}{l} 10\,進法表示では, \\ 13 \times 5 = 65 \end{array}\right)$

(7) $10010 \div 110 = 11$

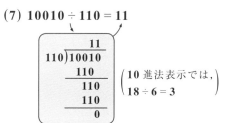

$\left(\begin{array}{l} 10\,進法表示では, \\ 18 \div 6 = 3 \end{array}\right)$

(8) $11110 \div 101 = 110$

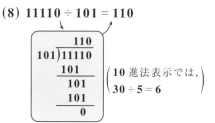

$\left(\begin{array}{l} 10\,進法表示では, \\ 30 \div 5 = 6 \end{array}\right)$

以上の計算が自力でスラスラできるまで，練習しておくといいよ。

さらに，オマケで，3 進数同士のたし算，引き算も練習しておこう。

ポイントは $3_{(10)} = 10_{(3)}$ だね。ここでも，添字の " $_{(3)}$ " は略している。

(1) $212 + 11 = 1000$

$$\begin{array}{r} 212 \\ +\ \ \ 11 \\ \hline 1000 \end{array}$$ $\left(\begin{array}{l} 10\,進法表示では, \\ 23 + 4 = 27 \end{array}\right)$

(2) $1212 - 222 = 220$

$$\begin{array}{r} 1212 \\ -\ \ 222 \\ \hline 220 \end{array}$$ $\left(\begin{array}{l} 10\,進法表示では, \\ 50 - 26 = 24 \end{array}\right)$

● 分数と小数の関係もシッカリ押さえよう！

まず，**10 進数**について解説するので，添字の "$_{(10)}$" は略すよ。一般に，整数 m と 0 でない整数 n により，分数 $\dfrac{m}{n}$（m と n は互いに素とする。）が与えられたとき，これは，**有限小数**（ゆうげんしょうすう）か**循環小数**（じゅんかんしょうすう）のいずれかで表される。この区別のポイントは，次の通りだ。

$$\begin{cases} (\,\text{i}\,)\ \text{分母 } n \text{ の素因数が } 2,\ 5 \text{ のみである場合，有限小数になる。} \\ (\,\text{ii}\,)\ \text{分母 } n \text{ の素因数に，} 2,\ 5 \text{ 以外のものがある場合，循環小数になる。} \end{cases}$$

($\,$i$\,$) の場合，たとえば，$\dfrac{3}{2^3 \times 5}$ は $\dfrac{3 \times 5^2}{2^3 \times 5^3}$（分子・分母に 5^2 をかけた）$= \dfrac{75}{1000} = 0.075$

や，$\dfrac{2}{5^2}$ は $\dfrac{2^3}{2^2 \times 5^2}$（分子・分母に 2^2 をかけた）$= \dfrac{8}{100} = 0.08$ … などのように，分母の素因数が 2 と 5 のみの場合は，分母が 10^n の形になるように分子・分母に適当な同じ数をかければ，必ず有限小数となることが分かるはずだ。

($\,$ii$\,$) の場合，$\dfrac{m}{n}$ により，m を n で割った余り r は $r = 1,\ 2,\ 3,\ \cdots,\ n-1$ のいずれかになる。よって，この n による割り算を最大で n 回行う間には，この $n-1$ 個の余りの中のいずれかと等しい余りが必ず現れることになる。そして，この同じ余りが現れたならば，以下同じ配列パターンで余りが繰り返し現われるので，その結果，商も同じ配列パターンを繰り返すことになる。つまり，循環小数になるってことなんだね。たとえば，

$$\dfrac{41}{\boxed{333}} = 0.123123123\cdots = 0.\overset{\bullet}{1}2\overset{\bullet}{3}$$
がその例になるんだね。

（これは，$3^2 \times 37$ で分母に 2，5 以外の因数をもっている。）

（このように，123 が繰り返し現われるので，これを**循環節**といい，循環小数は，このように循環節の両端の数字の上に "•" を付けて示す。）

では，ここで，**10 進法**表示での循環小数 $0.2\overset{\bullet}{2}\overset{\bullet}{5}$ を既約分数で表す方法も紹介しておこう。

まず，$x = 0.2\overset{\bullet}{2}\overset{\bullet}{5}$ …① とおくと，①は，

$x = 0.225225225\cdots$　…① のことなので，

この両辺に 1000 をかけると，　$1000x = \underline{225}.225225\cdots$

> このようにして，1 つの循環節を整数部とする。

よって，$1000x = 225 + \underline{0.225225\cdots}$．

> これは，x のこと

$1000x = 225 + x$，$999x = 225$　よって，循環小数 $0.\dot{2}2\dot{5}$ は，

$x = \dfrac{225}{999} = \dfrac{25}{111}$ と既約分数で表せる。納得いった？

では，10 以外の n 進法での分数と小数の関係も示しておこう。たとえば，10 進法で $\dfrac{1}{3}$ は $\dfrac{1}{3} = 0.\dot{3}\ (0.333\cdots)$ の循環小数になるけれど，これを 10 以外の n 進法で表してみよう。

・2 進法では，

$$\dfrac{1}{3}_{(10)} = \dfrac{1}{11_{(2)}} = 0.010101\cdots_{(2)}$$
$$= 0.\dot{0}\dot{1}_{(2)}\quad \text{と表される。}$$

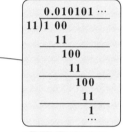

・3 進法では，

$$\dfrac{1}{3}_{(10)} = \dfrac{1}{10_{(3)}} = 0.1_{(3)}\quad \text{と当然}$$

有限小数で表される。

・5 進法では，

$$\dfrac{1}{3}_{(10)} = \dfrac{1}{3}_{(5)} = 0.131313\cdots_{(5)}$$
$$= 0.\dot{1}\dot{3}_{(5)}\quad \text{と循環小数で}$$

表されることになるんだね。

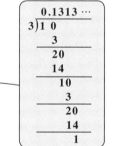

　10 進法以外の数の表し方に，少しとまどったかも知れないけれど，本来数は，10 進法以外の表し方をしても構わないんだね。実際問題として，コンピュータの内部では，2 進法や 16 進法として数は扱われているからね。

n 進法と循環小数

(1) 2 進法表示の次の循環小数を最も簡単な 2 進法表示の有理数

（整数または既約分数）で表せ。

（ⅰ）$0.\dot{1}_{(2)}$　　　（ⅱ）$0.\dot{1}00\dot{1}_{(2)}$

(2) 5 進法表示の次の循環小数を最も簡単な 5 進法表示の有理数

（整数または既約分数）で表せ。

（ⅰ）$0.\dot{4}_{(5)}$　　　（ⅱ）$0.\dot{4}\dot{1}_{(5)}$

ヒント！ 10 進法表示の $0.\dot{9}=0.999\cdots=1$ となるのと同様に (1)(ⅰ) の 2 進法表示の $0.\dot{1}=0.111\cdots$ も (2)(ⅰ) の 5 進法表示の $0.\dot{4}=0.444\cdots$ も共に 1 になる。これは，知識としてもっておいていいよ。(1)(ⅱ) と (2)(ⅱ) については，既約分数にするために，いったん 10 進法表示に戻して考えた方がいいと思う。

解答 & 解説

(1)(ⅰ) 2 進法表示の $0.\dot{1}=0.111\cdots$ を

$x=0.\dot{1}=0.111\cdots$　……① とおく。

①の両辺に $10_{(2)}$ をかけて，

$10x=1.111\cdots=1+\underline{0.111\cdots}$

これは，x のこと

よって，$10x=1+x$ より，

$\underline{(10-1)}x=1$　∴ $x=1_{(2)}$　………………（答）

$\boxed{1_{(2)}}$

（ⅱ） 2 進法表示の $0.\dot{1}00\dot{1}=0.10011001\cdots$

を $x=0.\dot{1}00\dot{1}=0.10011001\cdots$　……② と

おく。②の両辺に $10000_{(2)}$ をかけて，

$10000x=1001.10011001\cdots$

$=1001+\underline{0.10011001\cdots}$

これは，x のこと

よって，$10000x=1001+x$ より，

$(10000-1)x=1001$

$\boxed{1111}$

ココがポイント

⇦ 10 進数表示で，

$x=0.\dot{9}=0.999\cdots$

の場合，両辺に 10 をかけて

$10x=9.999\cdots$

$10x=9+x$

よって，$9x=9$ より

$x=1$ となる。

⇦ 2 進数の引き算

```
   10
 −  1
 ───
    1
```

⇦ 2 進数の引き算

```
  10000
 −    1
 ──────
   1111
```

240

$1111x = 1001$ より，$x = \dfrac{1001}{1111}{}_{(2)}$ ……③

⇦ここで，
$1001_{(2)} = 2^3 + 1 = 9_{(10)}$
$1111_{(2)} = 2^3 + 2^2 + 2 + 1$
$\qquad = 15_{(10)}$

これを，いったん 10 進法表示に戻すと，

$x = \dfrac{9}{15}{}_{(10)} = \dfrac{3}{5}{}_{(10)}$ より，この x は，2 進法の

既約分数で $x = \dfrac{11}{101}{}_{(2)}$ となる。 ………(答)

⇦$3_{(10)} = 1 \cdot 2 + 1 = 11_{(2)}$
$5_{(10)} = 1 \cdot 2^2 + 1 = 101_{(2)}$

> $1001_{(2)} = 11_{(2)} \times 11_{(2)}$，$1111_{(2)} = 11_{(2)} \times 101_{(2)}$ より
> ③の分子・分母を $11_{(2)}$ で割ってもよいが，これは気付かないのが普通だから，いったん 10 進法に戻して調べたんだね。

(2)(i) 5 進法表示の $0.\dot{4} = 0.444\cdots$ を

$x = 0.\dot{4} = 0.444\cdots$ ……④ とおく。

④の両辺に $10_{(5)}$ をかけて，

$10x = 4.444\cdots = 4 + \underline{0.444\cdots}$

> これは，x のこと

よって，$10x = 4 + x$ より，

$(\underline{10 - 1})x = 4$ ∴ $x = \dfrac{4}{4} = 1_{(5)}$ …………(答)

$\boxed{4_{(5)}}$

⇦5 進数の引き算
$\begin{array}{r} 10 \\ -\ 1 \\ \hline 4 \end{array}$

(ii) 5 進法表示の $0.\dot{4}\dot{1} = 0.414141\cdots$ を

$x = 0.\dot{4}\dot{1} = 0.414141\cdots$ ……⑤ とおく。

⑤の両辺に $100_{(5)}$ をかけて，

$100x = 41.414141\cdots = 41 + \underline{0.414141\cdots}$

> これは，x のこと

よって，$100x = 41 + x$ より，

$(\underline{100 - 1})x = 41$ ∴ $x = \dfrac{41}{44}{}_{(5)}$

$\boxed{44_{(5)}}$

⇦5 進数の引き算
$\begin{array}{r} 100 \\ -\ 1 \\ \hline 44 \end{array}$

これを，いったん 10 進数で表すと，

$x = \dfrac{4 \cdot 5 + 1}{4 \cdot 5 + 4}{}_{(10)} = \dfrac{21}{24}{}_{(10)} = \dfrac{7}{8}{}_{(10)} = \dfrac{1 \cdot 5 + 2}{1 \cdot 5 + 3}{}_{(10)}$ より，

この x は，5 進法の既約分数で $x = \dfrac{12}{13}{}_{(5)}$

となる。 ……………………………………(答)

241

1. 2つの自然数 a, b の最大公約数 g と最小公倍数 L

(i) $\begin{cases} a = g \cdot a' \\ b = g \cdot b' \end{cases}$　(a', b'：互いに素な正の整数)

(ii) $L = g \cdot a' \cdot b'$　　　　(iii) $a \cdot b = g \cdot L$

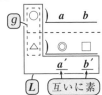

2. 除法の性質

整数 a を正の整数 b で割ったときの商を q, 余りを r とおくと,
$a = b \times q + r$　$(0 \leqq r < b)$　が成り立つ。

3. ユークリッドの互除法

正の整数 a, b $(a > b)$ について,
右の各式が成り立つとき, a と b
の最大公約数 g は,
$g = b''$　となる。

$a = b \times q + r$　　$(0 < r < b)$

$a' = b' \times q' + r'$　$(0 < r' < b')$

$a'' = b'' \times q''$

4. 1次不定方程式 $ax + by = 1$ ……① (a, b：互いに素) の解法

①の1組の整数解 (x_1, y_1) を, ユークリッドの互除法より求め,
$ax_1 + by_1 = 1$ …②を作る。①−②より, $\alpha X = \beta Y$ (α, β：互いに素)
の形に帰着させる。

5. (10進数) → (2進数) への変換

($ex1$) 右の計算式より,

$\underline{15_{(10)}} = \underline{1111_{(2)}}$

10進法表示　2進法表示

($ex2$) 右の計算式より,

$\underline{0.875_{(10)}} = \underline{0.111_{(2)}}$

10進法表示　　2進法表示

⑧ 図形の性質

- ▶ 三角形の五心 (重心, 外心, 内心, 垂心, 傍心)

- ▶ チェバの定理・メネラウスの定理

- ▶ 円と図形 (方べきの定理, トレミーの定理)

- ▶ 空間図形 (三垂線の定理, オイラーの多面体定理)

講義⑧ 図形の性質

さぁ，数学 **I・A** の講義も最終章に入ろう。最後のテーマは "**図形の性質**" だ。図形問題を苦手とする人は多いんだけれど，その基本公式の使い方をマスターすれば，"**三角比**" など，他分野にも応用できるようになって解ける問題の幅がグッと広がるんだ。

それでは，"**図形の性質**" で扱うテーマを下に示そう。

・ 三角形の 5 心（重心，外心，内心，垂心，傍心）

・ チェバの定理 ・ メネラウスの定理

・ 円と図形（方べきの定理，トレミーの定理，2 円の位置関係）

・ 空間図形（三垂線の定理，オイラーの多面体定理）

§1. 三角形の 5 心をマスターしよう！

● まず，中点連結の定理から始めよう！

△**ABC** の辺 **AB** と辺 **AC** の中点をそれぞれ **M, N** とおく。このとき，次のような "中点連結の定理" が成り立つ。

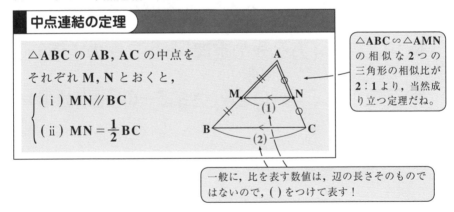

中点連結の定理

△**ABC** の **AB, AC** の中点をそれぞれ **M, N** とおくと，

(i) **MN**∥**BC**

(ii) $MN = \dfrac{1}{2}BC$

△**ABC**∽△**AMN** の相似な **2** つの三角形の相似比が **2：1** より，当然成り立つ定理だね。

一般に，比を表す数値は，辺の長さそのものではないので，( ) をつけて表す！

● △ABC の 5 心をマスターしよう！

それでは，次，△**ABC** の 5 心，すなわち **重心**，**外心**，**内心**，**垂心**，**傍心** について解説しよう。まず **重心 G** から始めよう。

右図に示すように，△ABC の 1 つの頂点とその対辺の中点を結ぶ線分を"**中線**"と呼ぶ。△ABC の 3 つの頂点から出るこの 3 本の中線は 1 点で交わり，その点を△ABC の"**重心**"といい，一般に G で表す。さらに，この重心 G は各中線を必ず **2：1** に内分する。

三角形の中線と重心 G

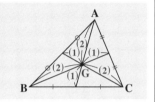

（中点）

以上をまとめて，下に示そう。

△ABC の重心 G

・△ABC の重心 G は，3 つの頂点から出る 3 本の中線の交点になる。

・各中線は，重心 G により，**2：1** の比に内分される。

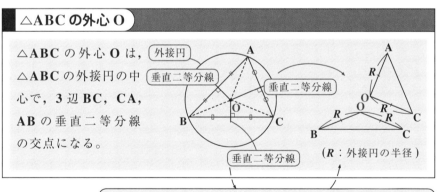

それでは，次，△ABC の**外心**を解説する。△ABC の"**外心**"O は，△ABC の**外接円**の中心のことで，3 辺 BC，CA，AB の垂直二等分線の交点になる。

△ABC の外心 O

△ABC の外心 O は，△ABC の外接円の中心で，3 辺 BC，CA，AB の垂直二等分線の交点になる。

（外接円）（垂直二等分線）（垂直二等分線）（垂直二等分線）

（R：外接円の半径）

2 つの二等辺三角形△OBC と△OCA に分けて考えると，OB＝OC＝OA＝R（外接円の半径）となって意味がわかるはずだ。

次，△ABC の"**内心**"I について，これは△ABC の**内接円**の中心のことで，3 つの頂角∠A，∠B，∠C の二等分線の交点になる。

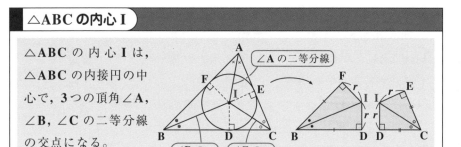

内心 I から BC，CA，AB に下ろした垂線の足を D，E，F とおくと，
△IDB ≡ △IFB（合同）より，ID = IF = r（内接円の半径）
△IDC ≡ △IEC（合同）より，ID = IE = r（内接円の半径）　となって，
意味がよくわかるはずだ。

　次に，△ABC の "**垂心**" H についてもやっておこう。△ABC の 3 つの
頂点から各対辺に下ろした 3 本の垂線は 1 点で交わる。この交点を "**垂心**"
という。

△ABCの垂心 H

△ABC の垂心 H は，△ABC の
各頂点から対辺に引いた 3 本の
垂線の交点である。

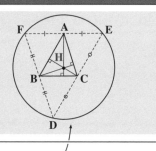

上図のように，点 A を通り BC に平行な直線，点 B を通り CA に平行な直線，点 C を
通り AB に平行な 3 本の直線を引き，それぞれの交点を D，E，F とおく。すると，
△ABC の 3 頂点から対辺におろした垂線は，△DEF の各辺の垂直二等分線になってる
ね。つまり，△DEF の外心が△ABC の垂心 H になるわけだから，これらの 3 本の垂
線は当然 1 点で交わるんだね。

　最後に，△ABC の A に対する "**傍心 E_A**" について解説しよう。実は，
傍心は，これ以外にも，B に対する傍心 E_B，C に対する傍心 E_C がある。

△ABC の A に対する傍心

△ABC の A に対する傍心 E_A は，右図に示すように，∠B と∠C の外角の 2 等分線の交点で，辺 BC と，辺 AB，AC の延長に接する**傍接円 C_A** の中心になる。

傍接円 C_A は，辺 AB と辺 AC の延長と接するので，直線 AE_A は，頂角（内角）∠A を二等分する。

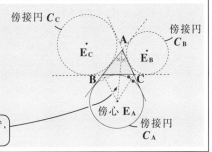

傍接円 C_C

傍接円 C_B

傍心 E_A

傍接円 C_A

頂点 A に対する傍心 E_A と傍接円 C_A 以外にも，点 B に対する傍心 E_B と傍接円 C_B と，点 C に対する傍心 E_C と傍接円 C_C も存在する。これらは上図に点線で示しておく。

● 中線定理と，頂角の二等分線の定理は，似て非なるもの！

重心 G は△ABC の中線の交点で，内心 I は△ABC の頂角の二等分線の交点だったんだね。この中線と頂角の 2 等分線については，"**中線定理**" と "**頂角の二等分線の定理**" の 2 つの重要な基本事項があるんだ。

中線定理

△ABC の辺 BC の中点を M とおくと，次の式が成り立つ。

$$AB^2 + AC^2 = 2(AM^2 + BM^2)$$

これは CM^2 でもいい。

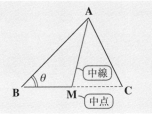

中線

中点

この公式の証明もやっておこう。

∠B $= \theta$ とおいて，

(i) △ABC に余弦定理を用いて，$\cos\theta = \dfrac{AB^2 + BC^2 - AC^2}{2AB \cdot BC}$ ……①

(ii) △ABM に余弦定理を用いて，

$AM^2 = AB^2 + BM^2 - 2AB \cdot BM \cdot \underline{\cos\theta}$ ……②　　①を②に代入して，

$AM^2 = AB^2 + BM^2 - 2AB \cdot BM \cdot \dfrac{AB^2 + BC^2 - AC^2}{2AB \cdot BC}$　両辺を 2 倍して，

2BM

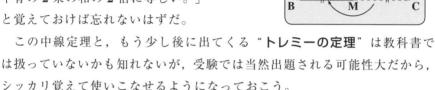

$$2AM^2 = 2AB^2 + 2BM^2 - (AB^2 + \boxed{BC^2} - AC^2)$$

$$(2BM)^2 = 4BM^2$$

$$2AM^2 = AB^2 - 2BM^2 + AC^2$$

$$\therefore \underbrace{AB^2 + AC^2}_{\text{屋根の 2 乗の和}} = 2\underbrace{(AM^2 + BM^2)}_{\text{中骨の 2 乗の和の 2 倍}} \text{ となって,}$$

中線定理が導けるんだね。これは,
右図から「屋根の 2 乗の和は,
中骨の 2 乗の和の 2 倍に等しい。」
と覚えておけば忘れないはずだ。

　この中線定理と, もう少し後に出てくる "トレミーの定理" は教科書では扱っていないかも知れないが, 受験では当然出題される可能性大だから, シッカリ覚えて使いこなせるようになっておこう。

　次, 頂角の二等分線の定理を示そう。

頂角（内角）の二等分線の定理

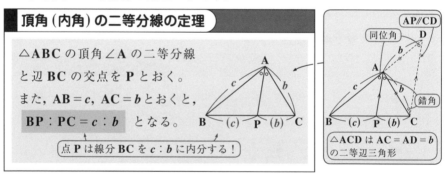

△ABC の頂角∠A の二等分線
と辺 BC の交点を P とおく。
また, AB = c, AC = b とおくと,
BP : PC = c : b となる。

点 P は線分 BC を c : b に内分する！

AP∥CD
同位角
錯角
△ACD は AC = AD = b
の二等辺三角形

さらに, 外角の二等分線の定理も頭に入れておこう。

外角の二等分線の定理

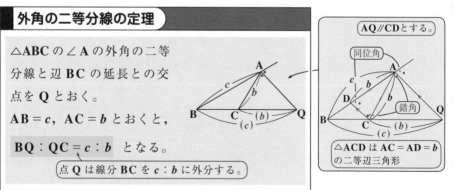

△ABC の∠A の外角の二等
分線と辺 BC の延長との交
点を Q とおく。
AB = c, AC = b とおくと,
BQ : QC = c : b となる。

点 Q は線分 BC を c : b に外分する。

AQ∥CDとする。
同位角
錯角
△ACD は AC = AD = b
の二等辺三角形

● チェバ・メネラウスも，三角形の重要定理だ！

次，"チェバの定理"，"メネラウスの定理"について解説しよう。これは，"三角比"だけでなく，数学 B の"ベクトル"でも役に立つ重要定理だから是非マスターしよう。まず，"チェバの定理"を，下に示す。

▌ チェバの定理

△ABC の 3 つの頂点から 3 本の直線が出て，1 点で交わるものとする。この 3 本の直線と各辺との交点を右図のように，D，E，F とおく。ここで，3 辺 BC，CA，AB が，3 点 D，E，F によって，それぞれ①：②，③：④，⑤：⑥の比に内分されるとき，次式が成り立つ。

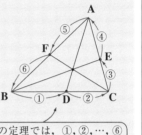

チェバの定理では，①，②，…，⑥は，順に三角形を 1 周するだけだから，簡単だね。

$$\frac{②}{①} \times \frac{④}{③} \times \frac{⑥}{⑤} = 1$$

それでは次に"メネラウスの定理"を示す。公式そのものは"チェバの定理"と同様なんだけれど，①，②，…，⑥の取り方が少し複雑になるんだ。

▌ メネラウスの定理

右図のように，三角形の 2 頂点から 2 本の直線が出て，2 辺との交点がそれぞれ，2 辺の内分点になるものとする。このとき，1 つの内分点を出発点として，

・①で行って，②で戻り，

・③，④で，そのまま行って，

・⑤，⑥と，中に切り込んで，最初の出発点に戻るとき，

次式が成り立つ。

$$\frac{②}{①} \times \frac{④}{③} \times \frac{⑥}{⑤} = 1$$

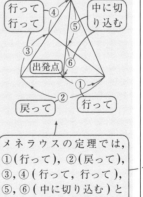

メネラウスの定理では，①（行って），②（戻って），③，④（行って，行って），⑤，⑥（中に切り込む）と覚えるといい。

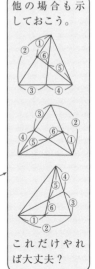

他の場合も示しておこう。

これだけやれば大丈夫？

◆例題 40 ◆

△ABC について，BC を 2：1 に，CA を 3：2 に内分する点をそれぞ
れ D，E とおき，AD と BE の交点を P とおく。また，直線 CP と AB
の交点を F とおく。このとき，AF：FB と，AP：PD の比を求めよ。

解答

条件より，右図のような△ABC を考える。

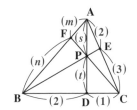

(ⅰ) AF：FB ＝ *m*：*n* とおくと，
チェバの定理より，

$$\frac{1}{2} \times \frac{2}{3} \times \frac{n}{m} = 1 \longleftarrow$$

$$\therefore \frac{n}{m} = \frac{3}{1} \ \text{より，} \ AF：FB ＝ m：n ＝ 1：3 \ \cdots\cdots\cdots\cdots\cdots\cdots（答）$$

(ⅱ) AP：PD ＝ *s*：*t* とおくと，
メネラウスの定理より，

$$\frac{3}{2} \times \frac{2}{3} \times \frac{t}{s} = 1 \longleftarrow$$

$$\therefore \frac{t}{s} = \frac{1}{1} \ \text{より，} \ AP：PD ＝ s：t ＝ 1：1 \ \cdots\cdots\cdots\cdots\cdots\cdots（答）$$

どう？チェバとメネラウスの定理の使い方も分かったと思う。では，メ
ネラウスの定理を使ってチェバの定理が成り立つことを示しておこう。

図 1 に示すような△ABC について
メネラウスの定理を用いると，次の
2 式が成り立つ。

図 1 チェバの定理の証明

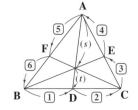

(ⅰ) $\dfrac{①＋②}{①} \times \dfrac{④}{③} \times \dfrac{t}{s} = 1$ ……(a)

250

(ii)　$\dfrac{① + ②}{②} \times \dfrac{⑤}{⑥} \times \dfrac{t}{s} = 1$ ……(b)

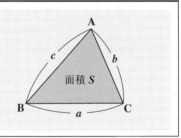

以上 (i)(ii) より，(a)÷(b)を行うと，

$$\dfrac{① + ②}{①} \times \dfrac{④}{③} \times \dfrac{t}{s} \div \left(\dfrac{① + ②}{②} \times \dfrac{⑤}{⑥} \times \dfrac{t}{s} \right) = \dfrac{1}{1}$$

$$\dfrac{① + ②}{①} \times \dfrac{④}{③} \times \dfrac{t}{s} \times \dfrac{②}{① + ②} \times \dfrac{⑥}{⑤} \times \dfrac{s}{t} = 1$$

> 逆数をとって
> かけ算にした！

よってチェバの定理：$\dfrac{②}{①} \times \dfrac{④}{③} \times \dfrac{⑥}{⑤} = 1$　が成り立つことがわかった！

ンッ？では，メネラウスの定理の証明はどうするのかって？それは演習問題 **70(P252)** で示すことにしよう。

● ヘロンの公式もマスターしよう！

ヘロンの公式については，三角比のところ **(P117)** でも既に紹介したけれど，ここでもう一度解説しておこう。

▌ ヘロンの公式

△**ABC** の 3 辺の長さを a, b, c とおく。

このとき，$s = \dfrac{1}{2}(a + b + c)$ とおくと，

△**ABC** の面積 S は，次式で求まる。

$$S = \sqrt{s(s - a)(s - b)(s - c)} \quad \text{……}(\ast)$$

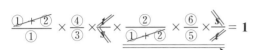

面積 S

△**ABC** の 3 辺の長さ a, b, c が分かれば，このヘロンの公式を用いて，△**ABC** の面積 S を求めることができるんだね。

$(\ast)$ に $s = \dfrac{1}{2}(a + b + c)$ を代入すると，面積 S は

$$S = \dfrac{1}{4}\sqrt{(a + b + c)(-a + b + c)(a - b + c)(a + b - c)} \quad \text{……}(\ast\ast)$$

と表されることも確認してみるといいよ。

このヘロンの公式$(\ast)$の証明は，演習問題 **72(P254)** で示すことにしよう。

直線 m が△ABC の辺 BC, CA, AB, または

その延長と交わる点をそれぞれ D, E, F とする。

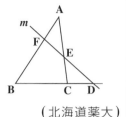

(1) $\dfrac{AF}{FB} \cdot \dfrac{BD}{DC} \cdot \dfrac{CE}{EA} = 1$ となることを示せ。

(2) AF = CE = 2, EA = 3, FB = BC = 4 のと

き, DC の長さを求めよ。

（北海道薬大）

> ヒント！ (1) メネラウスの定理の証明問題。A から m と平行な直線を引く。

解答 & 解説

(1) $\dfrac{AF}{FB} \cdot \dfrac{BD}{DC} \cdot \dfrac{CE}{EA} = 1$ …(*)

を示す。

右図のように, A から

m と平行な直線を引

き, 直線 BD との交点

を G とおく。

ここで, BC $= x$, CD $= y$, DG $= z$ とおくと,

(i) $\dfrac{AF}{FB} = \dfrac{z}{x+y}$　　(ii) $\dfrac{CE}{EA} = \dfrac{y}{z}$

以上より,

(*) の左辺 $= \underbrace{\dfrac{z}{x+y}}_{\frac{\text{(i)}}{}} \cdot \underbrace{\dfrac{x+y}{y}}_{\frac{BD}{DC}} \cdot \underbrace{\dfrac{y}{z}}_{\text{(ii)}} = 1 =$ (*) の右辺

∴ (*) は成り立つ。 ………………………(終)

(2) 与えられた条件を (*) に代入して,

$\dfrac{2}{4} \times \dfrac{y+4}{y} \times \dfrac{2}{3} = 1$ ← $\boxed{\dfrac{AF}{FB} \cdot \dfrac{BD}{DC} \cdot \dfrac{CE}{EA} = 1}$

$3y = y+4$ ∴ $y =$ DC $= 2$ …………………(答)

ココがポイント

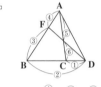

(*) は, $\dfrac{④}{③} \times \dfrac{②}{①} \times \dfrac{⑥}{⑤} = 1$

となって, メネラウスの

定理のことだ！

⇐(i)

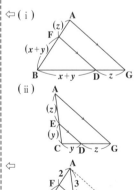

⇐

①, ②, …, ⑥ の流れから見るとわかりづらいけれど, メネラウスの定理の

証明も含めて, こういう形の出題形式にも慣れておくといいと思う。

メネラウスの定理と三角形の面積

1 辺の長さが 2 の正三角形がある。辺 AB を 3 : 1 に内分する点を P，辺 BC の中点を Q とし，線分 CP と AQ の交点を R とする。このとき，三角形 ABR の面積を求めよ。　　　　　　　　　　（上智大）

ヒント！　まず，このような問題は図を描いて作戦を立てることだ。すると，メネラウスの定理を用いて，比 AR : RQ を求めればよいことに気づくはずだ。

解答＆解説

1 辺の長さが 2 の正三角形 ABC について，

AP : PB = 3 : 1，BQ : QC = 1 : 1 となるように 2 点 P，Q をとり，AQ と CP の交点を R とする。

ここでさらに，AR : RQ = m : n とおくと，メネラウスの定理より，

$$\frac{2}{1} \times \frac{3}{1} \times \frac{n}{m} = 1 \qquad \frac{n}{m} = \frac{1}{6} \text{ より，}$$

AR : RQ = 6 : 1　……① となる。

ここで，正三角形 ABC の面積△ABC は，

$$\triangle ABC = \frac{\sqrt{3}}{4} \cdot 2^2 = \sqrt{3} \quad \text{……②である。}$$

以上①，②より，求める三角形 ABR の面積△ABR は，

$$\triangle ABR = \frac{6}{7} \cdot \triangle ABQ = \frac{6}{7} \cdot \frac{1}{2} \cdot \underbrace{\triangle ABC}_{\sqrt{3}\ (②より)}$$

$$= \frac{3\sqrt{3}}{7} \text{ となる。……(答)}$$

> △ABR は，△ABQ と高さは BQ で等しいが，①より，底辺の長さが，
> $$\frac{AR}{AQ} = \frac{6}{6+1} = \frac{6}{7} \text{ になるので，}$$
> $$\triangle ABR = \frac{6}{7}\triangle ABQ \text{ となるんだね。}$$

ココがポイント

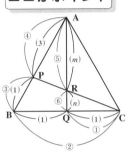

⇦ 1 辺の長さ a の正三角形の面積は，
$$\frac{1}{2} \cdot a \cdot \frac{\sqrt{3}}{2}a = \frac{\sqrt{3}}{4}a^2 \text{ だ。}$$

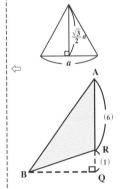

(1) △ABC の面積が，$S = \sqrt{s(s-a)(s-b)(s-c)}$ $\left(s = \dfrac{a+b+c}{2}\right)$ で

求まることを示せ。（ただし，$a = BC$，$b = CA$，$c = AB$）

(2) △ABC の内接円の半径が 8 であり，辺 BC がその接点により長さ 16
と 12 に分けられるとき，△ABC の面積を求めよ。（西南学院大 *）

ヒント！ **(1)** は，ヘロンの公式の証明。**(2)** はその応用問題になる。

解答&解説

ココがポイント

(1) $s = \dfrac{a+b+c}{2}$ …① のとき，△ABC の面積 S が，

$S = \sqrt{s(s-a)(s-b)(s-c)}$ …(*) となること

$\underbrace{\qquad}_{\text{ヘロンの公式}}$

を示す。ここで，①を (*) に代入すると，

$S = \sqrt{\dfrac{a+b+c}{2}\left(\underbrace{\dfrac{a+b+c}{2}-a}_{\frac{a+b+c-2a}{2}}\right)\left(\underbrace{\dfrac{a+b+c}{2}-b}_{\frac{a+b+c-2b}{2}}\right)\left(\underbrace{\dfrac{a+b+c}{2}-c}_{\frac{a+b+c-2c}{2}}\right)}$

$\therefore S = \dfrac{1}{4}\sqrt{(a+b+c)(-a+b+c)(a-b+c)(a+b-c)}$ ……(**)

よって，(**) が成り立つことを示せばよい。

△ABC の面積 S は，

$S = \dfrac{1}{2}bc\sin A$

$\quad \boxed{\begin{array}{l}\sin A > 0 \text{ より，}\\ \sin A = \sqrt{1-\cos^2 A}\end{array}}$

$\quad = \dfrac{1}{2}bc\sqrt{1-\cos^2 A}$

$\quad = \dfrac{1}{2}bc\sqrt{1-\left(\dfrac{b^2+c^2-a^2}{2bc}\right)^2}$ （余弦定理より）

$\quad = \dfrac{1}{2}\sqrt{b^2c^2\left\{1-\dfrac{(b^2+c^2-a^2)^2}{4b^2c^2}\right\}}$

$\quad = \dfrac{1}{2}\cdot\dfrac{1}{2}\sqrt{(2bc)^2-(b^2+c^2-a^2)^2}$

⇦ 余弦定理：
$\cos A = \dfrac{b^2+c^2-a^2}{2bc}$

⇦ $\sqrt{}$ 内 $= b^2c^2 - \dfrac{(b^2+c^2-a^2)^2}{4}$

$= \dfrac{1}{4}\{4b^2c^2-(b^2+c^2-a^2)^2\}$

$= \dfrac{1}{4}\{(2bc)^2-(b^2+c^2-a^2)^2\}$

$$= \frac{1}{4} \sqrt{\underbrace{(2bc + b^2 + c^2 - a^2)}\underbrace{(2bc - b^2 - c^2 + a^2)}} \qquad \Leftarrow A^2 - B^2 = (A+B)(A-B)$$

$$\boxed{\begin{array}{l} (b+c)^2 - a^2 \\ = (b+c+a)(b+c-a) \end{array}} \quad \boxed{\begin{array}{l} a^2 - (b-c)^2 \\ = (a+b-c)(a-b+c) \end{array}}$$

$$= \frac{1}{4} \sqrt{(a+b+c)(-a+b+c)(a-b+c)(a+b-c)} \quad \cdots\cdots(**)$$

以上より, (**) は成り立つので, (*) も成り

立つ。$\cdots\cdots\cdots\cdots\cdots\cdots\cdots\cdots\cdots\cdots\cdots\cdots\cdots\cdots$(終)

(2) $\triangle \mathrm{ABC}$ の半径 $r = 8$ の内接円と 3 辺 BC, CA, AB

との接点をそれぞれ D, E, F とおくと,

$\triangle \mathrm{IBD} \equiv \triangle \mathrm{IBF}, \quad \triangle \mathrm{ICD} \equiv \triangle \mathrm{ICE}$

$\triangle \mathrm{IAE} \equiv \triangle \mathrm{IAF} \longleftarrow \boxed{\text{合同!}}$ より,

$\mathrm{BD} = \mathrm{BF} = 16, \quad \mathrm{CD} = \mathrm{CE} = 12$

また, $\mathrm{AE} = \mathrm{AF} = x \quad (x > 0)$ とおく。

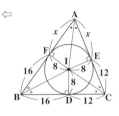

(i) $\triangle \mathrm{ABC}$ の面積 S は, 内接円の半径 $r = 8$ を

用いて, 次式で表される。

$$S = \frac{1}{2}\{28 + (12 + x) + (x + 16)\} \cdot 8 \qquad \Leftarrow S = \frac{1}{2}(a+b+c) \cdot r$$

$$= 8(x + 28) \quad \cdots\cdots ②$$

(ii) $s = \dfrac{28 + (12 + x) + (x + 16)}{2} = x + 28$ $\qquad \Leftarrow s = \dfrac{a+b+c}{2}$ のとき,

$\qquad$ とおくと, ヘロンの公式より, 面積 S は,

$$S = \sqrt{\underbrace{(x + 28)}_{s} \cdot \underbrace{x}_{(s-a)} \cdot \underbrace{16}_{(s-b)} \cdot \underbrace{12}_{(s-c)}}$$

$$= 8\sqrt{3x(x + 28)} \quad \cdots\cdots ③$$

②, ③ より S を消去して,

$\cancel{8}(x + 28) = \cancel{8}\sqrt{3x(x + 28)}$ $\qquad$ 両辺を 2 乗して

$(x + 28)^{\cancel{2}} = 3x\cancel{(x + 28)}$ $\qquad$ 両辺を $x + 28$ で割って $\qquad \Leftarrow x + 28 > 0$

$\qquad x + 28 = 3x \qquad \therefore x = 14$

これを ② に代入して, 求める $\triangle \mathrm{ABC}$ の面積 S は,

$S = 8 \cdot (14 + 28) = 8 \times 42 = 336$ $\cdots\cdots\cdots\cdots$(答)

ヘロンの公式より

$S = \sqrt{s(s-a)(s-b)(s-c)}$

$\begin{cases} s = x + 28 \\ a = 28, \ b = x + 12, \\ c = x + 16 \end{cases}$

§2. 円に関係した図形問題で，応用範囲がさらに広がる！

● 円周角と中心角が，まず基本だ！

まず，円周角と中心角の定理を下に示す。

円周角と中心角

(1) 同じ弧 $\overset{\frown}{PQ}$ に対する円周角はすべて
等しい。

> 逆に，円周角が等しいならば，その円周角
> の頂点は同一円周上に存在する。

(2) 同じ弧 $\overset{\frown}{PQ}$ に対する円周角を α，
中心角を β とおくと，$\beta = 2\alpha$ となる。

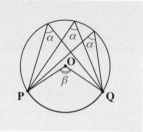

よって，図2(i)のように，中心角 $\beta = 180°$
となる直径に対する円周角 α は $90°$ になる
んだね。

また，図2(ii)のように，円に内接する
四角形の内対角をそれぞれ α，α' とおくと，
各々に対応する中心角は 2α，$2\alpha'$ となり，
$2\alpha + 2\alpha' = 360°$ より，$\alpha + \alpha' = 180°$ となる。
よって，円に内接する四角形の内対角の和
は，必ず $180°$ になる。

それではさらに，"接弦定理" も下に示そう。

図2(i) 直径の上に立つ円周角

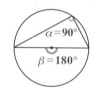

(ii) 円に内接する四角形の
内対角の和

接弦定理

右図のように，点 P で円に接する
接線 PX と，弦 PQ のなす角 θ は，
弧 $\overset{\frown}{PQ}$ の上に立つ円周角 $\angle PRQ$
に等しい。

$\angle PRQ = \angle QPX$

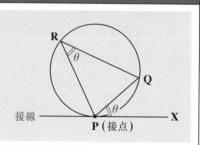

● 方べきの定理とトレミーの定理もマスターしよう！

平面図形では，さまざまな定理があるので，覚えるまでが大変だと思う。でも，一旦覚えて使い方をマスターすれば，さまざまな図形問題を解く上で強力なツールになるから，もう少し我慢してくれ。

それでは次に，"**方べきの定理**"を紹介しよう。これには，次に示す**3**つのタイプのものがある。最初の**2**つは，円に内接する四角形**ABCD**に関するものであり，最後の**1**つは円に内接する三角形**ABC**に関係した定理なんだ。これらは，いずれも，**2**つの相似な三角形の相似比から導かれることに注意しよう。

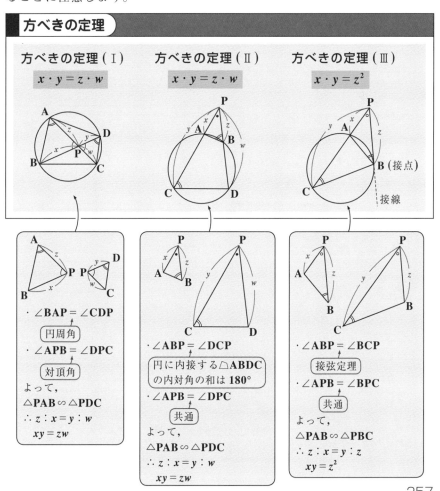

円に内接する四角形について，次の"**トレミーの定理**"も重要だから，頭に入れてくれ。

■ トレミーの定理

円に内接する四角形 **ABCD** の **4** 辺を
それぞれ，**AB** $= x$，**BC** $= y$，**CD** $= z$，
DA $= w$ とおき，また，**2** つの対角線
を，**BD** $= l$，**AC** $= m$ とおくとき，次
式が成り立つ。

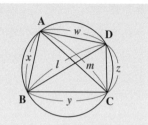

$$x \cdot z + y \cdot w = l \cdot m$$

「対辺の積の和は，対角線の積に等しい」と覚えよう！

それでは，ここで **1** つ例題を解いておこう。

◆ 例題 **41** ◆

図のように，△**ABC** の辺 **BC** の延長線上
の点 **D** を通る直線と辺 **AB**，**AC** との交点
をそれぞれ **F, E** とする。**AB** $= 6$，**BC** $= 3$，
CD $= 4$，**AC** $= 5$ で，**AE** $= a$，**AF** $= b$ と
おく。（ただし，$0 < a < 5$，$0 < b < 6$）
ここで，**4** 点 **B, C, E, F** が同一円周上にあ
るとき，a の値を求めよ。

（宮崎大＊）

解答

与えられた条件より，右図のようになる。
これにメネラウスの定理を用いて，

$$\frac{7}{4} \times \frac{b}{6-b} \times \frac{5-a}{a} = 1$$

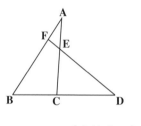

よって，

$$7b(5-a) = 4a(6-b)$$
$$35b - 7ab = 24a - 4ab$$
$$3ab + 24a - 35b = 0 \quad \cdots\cdots ①$$

$$\left(\begin{array}{l} \text{AB} = 6,\ \text{AF} = b \ \text{より}\ \text{BF} = 6-b \\ \text{AC} = 5,\ \text{AE} = a \ \text{より}\ \text{CE} = 5-a \end{array} \right)$$

ここで，四角形 **BCEF** は円に内接する四
角形より，方べきの定理を用いて，

$b \cdot 6 = a \cdot 5$

$b = \dfrac{5}{6}a$ ……②

②を①に代入して，

$3a \cdot \dfrac{5}{6}a + 24a - 35 \cdot \dfrac{5}{6}a = 0$

$\dfrac{5}{2}a^2 - \dfrac{31}{6}a = 0 \qquad a(15a - 31) = 0$

ここで，$a > 0$ より，$a = \dfrac{31}{15}$ ……………………………………(答)

● 2つの円の位置関係も重要テーマだ！

2つの円が，（ⅰ）外離，（ⅱ）外接，（ⅲ）交わる，（ⅳ）内接，（ⅴ）内離の
位置関係にあるとき，2つの円の共通接線の本数を以下に示す。

（ⅰ）外離のとき **4本** （ⅱ）外接のとき **3本** （ⅲ）交わるとき **2本** （ⅳ）内接のとき **1本** （ⅴ）内離のとき **0本**

次に，これら2つの円を，それぞれ，円 C_1（中心 O_1，半径 r_1）と，円
C_2（中心 O_2，半径 r_2）とおき，上記の5つの位置関係を調べてみる。ここ
では，$r_1 \geqq r_2$ とし，また中心間の距離 O_1O_2 を d とおく。

このとき，2つの円の位置関係は，次のように表すことができる。

2つの円の位置関係

2つの円 C_1, C_2 の半径をそれぞれ r_1, r_2 $(r_1 \geqq r_2)$ とおき，また，中心間の距離 O_1O_2 を d とおくと，

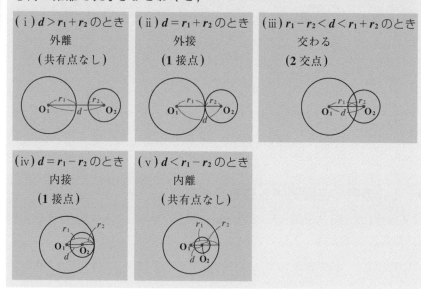

（ⅰ）$d > r_1 + r_2$ のとき
外離
（共有点なし）

（ⅱ）$d = r_1 + r_2$ のとき
外接
（1接点）

（ⅲ）$r_1 - r_2 < d < r_1 + r_2$ のとき
交わる
（2交点）

（ⅳ）$d = r_1 - r_2$ のとき
内接
（1接点）

（ⅴ）$d < r_1 - r_2$ のとき
内離
（共有点なし）

それでは，円と共通接線に関する頻出問題をやっておこう。

◆例題 42 ◆

半径 r_1, r_2 $(r_1 > r_2)$ の2つの円 C_1, C_2 が点 C で外接している。2円と異なる点で接する共通外接線が2円と接する点をそれぞれ A, B とおく。

(1) 線分 AB の長さを求めよ。

(2) 2つの劣弧 $\overset{\frown}{AC}$, $\overset{\frown}{BC}$ と線分 AB に接する円 C_3 の半径 r_3 を求めよ。

"**劣弧**" とは，弦に対して小さい方の円弧のこと。大きいほうの円弧は "**優弧**" という。

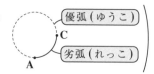

優弧（ゆうこ）
C
劣弧（れっこ）
A

260

解答

(1) 右図のように，中心 O_2 から O_1A に

下ろした垂線の足を H とおく。

直角三角形 O_1O_2H

に三平方の定理を

用いると，

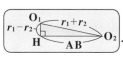

円 C_1

円 C_2

$r_1 - r_2$　O_1　r_1 C

r_2　O_2

H　　　　r_2

共通
外接線

A　　　　B

円の中心と接点を結ぶ直線は，
接線と直交する！

$AB^2 = (r_1 + r_2)^2 - (r_1 - r_2)^2$

$= r_1^2 + 2r_1r_2 + r_2^2 - (r_1^2 - 2r_1r_2 + r_2^2) = 4r_1r_2$

$\therefore \ AB = \sqrt{4r_1r_2} = 2\sqrt{r_1r_2}$ ……①……………………………(答)

2 接点間の距離は，2 円の半径だけで決まる！ これはとても重要！

(2) 右図のように，2 つの劣弧 $\overparen{AC}$，$\overparen{BC}$

と線分 AB に接する半径 r_3 の円 C_3

が，線分 AB と接する点を D とおく。

このとき，

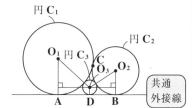

円 C_1

円 C_3

O_1

円 C_2

C

C_3　O_2

共通
外接線

A　　D　B

（ⅰ）円 C_1（半径 r_1）と円 C_3（半径 r_3）

で考える。2 接点間の距離 AD

は，**(1)** と同様に，

$AD = 2\sqrt{r_1r_3}$ ……②

（ⅱ）円 C_2（半径 r_2）と円 C_3（半径 r_3）で考える。2 接点間の距離 DB は，

(1) と同様に，

$DB = 2\sqrt{r_2r_3}$ ……③

ここで，$AB = AD + DB$ ……④より，

④に①，②，③を代入して，

$2\sqrt{r_1r_2} = 2\sqrt{r_1r_3} + 2\sqrt{r_2r_3}$　　　$\sqrt{r_3}(\sqrt{r_1} + \sqrt{r_2}) = \sqrt{r_1r_2}$

$\sqrt{r_3} = \dfrac{\sqrt{r_1r_2}}{\sqrt{r_1} + \sqrt{r_2}}$

この両辺を 2 乗して，求める円 C_3 の半径 r_3 は，

$r_3 = \dfrac{r_1r_2}{(\sqrt{r_1} + \sqrt{r_2})^2}$ ………………………………………………(答)

(1) の結果をうまく **(2)** で使うことが，ポイントだったんだね。

261

円に内接する四角形と方べき・トレミーの定理

$AB = 10$，$BC = 9$，$AC = 8$ である三角形 ABC がある。$\angle A$ の二等分線が辺 BC と交わる点を D，直線 AD と三角形 ABC の外接円との A 以外の交点を E とする。

(1) $AD \cdot DE$ の値を求めよ。

(2) $BE \cdot CE$ の値を求めよ。

(3) AE の長さを求めよ。

（和歌山大＊）

> **ヒント！** (1) AD が $\angle A$ の 2 等分線より，BD と DC がわかる。後は，方べきの定理で解ける。(2) $\angle BAE = \angle CAE$ より，$BE = CE = x$ とおいて，余弦定理を用いる。(3) トレミーの定理で求まる。

解答＆解説

ココがポイント

与えられた条件から，右のような図が描ける。

(1) AD は頂角 $\angle A$ の 2 等分線より，

$\quad BD : DC = AB : AC$

$\qquad = 10 : 8 = 5 : 4$

> 比ではなく，本当の長さ

ここで，$BC = 9$ より　$BD = 5$，$DC = 4$

四角形 $ABEC$ は，円に内接する四角形より，方べきの定理を用いて，

$\quad AD \cdot DE = BD \cdot DC = 5 \cdot 4 = 20$ …………(答)

(2) $\angle BAE = \angle CAE$ より，同じ弧の上に立つ円周角は等しいので，

$\quad \overset{\frown}{BE} = \overset{\frown}{CE}$　　よって，$BE = CE$

> 弧が等しければ，弦も等しい！

ここで，$BE = CE = x$ とおく。

> これから，$BE \cdot CE = x^2$ を求めればいい！

⇦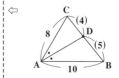

⇦ 方べきの定理

$x \cdot y = z \cdot w$

⇦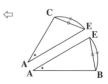

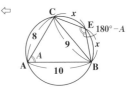

四角形 **ABEC** は円に内接する四角形より，

$\angle A + \angle E = 180°$ $\quad \therefore \angle E = 180° - \angle A$

（ⅰ）$\triangle ABC$ に余弦定理を用いて，

$$\cos A = \frac{8^2 + 10^2 - 9^2}{2 \cdot 8 \cdot 10} = \frac{83}{160} \quad \cdots\cdots ①$$

（ⅱ）$\triangle EBC$ に余弦定理を用いて，

$$\cos E = \frac{x^2 + x^2 - 9^2}{2 \cdot x \cdot x}$$

ここで，$\cos E = \cos(180° - A) = -\cos A$ より，

$$-\cos A = \frac{2x^2 - 81}{2x^2} \quad \cdots\cdots ②$$

①＋②より，

$$0 = \frac{83}{160} + \frac{2x^2 - 81}{2x^2}$$

これをまとめて，$x^2 = \dfrac{80}{3}$

以上より，$BE \cdot CE = x^2 = \dfrac{80}{3} \quad \cdots\cdots ③ \cdots\cdots$（答）

⇦ $0 = \dfrac{83}{160} + 1 - \dfrac{81}{2x^2}$

$\dfrac{81}{2x^2} = \dfrac{243}{160}$

$x^2 = \dfrac{\overset{27}{\cancel{81}}}{2} \cdot \dfrac{\overset{80}{\cancel{160}}}{\underset{3}{\cancel{243}}} = \dfrac{80}{3}$

(3) ③より，$BE = CE = x = \sqrt{\dfrac{80}{3}} = \dfrac{4\sqrt{5}}{\sqrt{3}}$

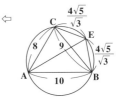

四角形 **ABEC** は円に内接する四角形より，トレミーの定理を用いて，

$$8 \times \frac{4\sqrt{5}}{\sqrt{3}} + 10 \times \frac{4\sqrt{5}}{\sqrt{3}} = AE \cdot 9$$

$$AE = \frac{1}{9} \cdot \frac{4\sqrt{5}}{\sqrt{3}} \cdot (8 + 10)$$

$$= \frac{8\sqrt{5}}{\sqrt{3}} = \frac{8\sqrt{15}}{3} \quad \cdots\cdots\cdots\cdots\cdots$（答）

トレミーの定理

$xz + yw = lm$

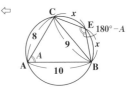

r を 1 より小さい正の定数とする。平面上の点 **A** を端点とする半直線 l 上の点で **A** から距離が $1-r, 1, 1+r$ となるものをそれぞれ **B, C, D** とする。**BD** を直径とする円を描き，**A** を端点としその円に接する半直線のひとつを m とする。m 上の点で **A** からの距離が $1-r, 1, 1+r$ となるものをそれぞれ **E, F, G** とする。**E, F** を通り l に接する円を描きその接点を **P** とする。また **F, G** を通り l に接する円を描きその接点を **Q** とする。

(1) **A** と **P** との間の距離 **AP** を r で表せ。

(2) **CF** を r で表せ。

(3) **PQ = CF** を示せ。　　　　　　　　　　　　　　（九州大）

ヒント！ (1) 方べきの定理に気付けば，**AP** はすぐ求まる。(2) 直角三角形 **CFT** に着目して，三平方の定理から，**CF** を求める。ここでは，2 重根号の計算も必要になる。(3) **AQ** についても，方べきの定理を使って求める。

解答＆解説

ココがポイント

A を端点とする半直線 l 上に，**A** から，$1-r, 1,$ $1+r$ となる点 **B, C, D** をとる。**BD** を直径（半径 r）とする円 C_0 と，**A** を端点とするその接線 m を図（ i ）に示す。$(0 < r < 1)$

(1) m 上に，**A** から同様に $1-r, 1, 1+r$ となる点 **E, F, G** をとり，**E, F** を通り，l と点 **P** で接する円 C_1 を図（ ii ）に示す。

図（ i ）
接点

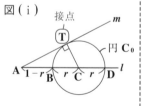

⇦ △**ACT** は
∠**ATC** = 90° の直角三角形になる。

図（ ii ）

⇦ 線分 **EP**, **FP** を引けば，方べきの定理の形が見えてくる。

264

方べきの定理より，

$$(1-r) \cdot 1 = \mathrm{AP}^2$$

$$\therefore \ \mathrm{AP} = \sqrt{1-r} \quad \cdots\text{①} \ (0 < r < 1) \ \cdots\cdots\text{（答）}$$

⇦ 方べきの定理

$$x \cdot y = z^2$$

(2) 直角三角形 ACT に三平方の定理を用いて，

図(ⅲ)

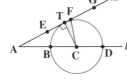

$$\mathrm{AT}^2 = 1^2 - r^2 \text{ より，}$$

$$\mathrm{AT} = \sqrt{1-r^2}$$

⇦

$$\therefore \ \mathrm{TF} = \mathrm{AF} - \mathrm{AT}$$

$$= 1 - \sqrt{1-r^2}$$

⇦ $1 - \sqrt{1-r^2}$ 　F

T 　C

次に，直角三角形 CFT に三平方の定理を用いて，

$$\mathrm{CF}^2 = \mathrm{CT}^2 + \mathrm{TF}^2 = r^2 + (1 - \sqrt{1-r^2})^2$$

$\boxed{\text{1 より小さな正の数}}$

$$= \cancel{r^2} + 1 - 2\sqrt{1-r^2} + 1 - \cancel{r^2} = 2 - 2\boxed{\sqrt{1-r^2}}$$

$$\therefore \ \mathrm{CF} = \sqrt{\boxed{2} - 2\sqrt{\boxed{1-r^2}}}$$

⇦ 2 重根号のはずし方

$$\sqrt{(a+b) - 2\sqrt{ab}}$$

$\boxed{\text{たして}}$ $\boxed{\text{かけて}}$

$$= \sqrt{a} - \sqrt{b}$$

$$(a > b > 0)$$

$\boxed{(1+r)+(1-r)：たして}$ 　 $\boxed{(1+r)(1-r)：かけて}$

$$\mathrm{CF} = \sqrt{1+r} - \sqrt{1-r} \quad \cdots\cdots\text{②}\cdots\cdots\cdots\cdots\cdots\text{（答）}$$

(3) F, G を通り，l と点 Q で接する円 $\mathrm{C_2}$ を図(ⅳ)に示す。

図(ⅳ)

⇦ CF は②で計算できたので，$\mathrm{PQ} = \mathrm{AQ} - \mathrm{AP}$ として，AQ を求めればいい。AP は①で既に計算してるからね。

(1) と同様に方べきの定理を用いて，

$$1 \cdot (1+r) = \mathrm{AQ}^2 \quad \therefore \ \mathrm{AQ} = \sqrt{1+r} \ \cdots\cdots\text{③}$$

以上より，

（ⅰ）$\mathrm{PQ} = \mathrm{AQ} - \mathrm{AP}$

$$= \sqrt{1+r} - \sqrt{1-r} \quad （①, ③ より）$$

（ⅱ）$\mathrm{CF} = \sqrt{1+r} - \sqrt{1-r} \quad （②より）$

（ⅰ）（ⅱ）から，$\mathrm{PQ} = \mathrm{CF}$ となる。$\cdots\cdots\cdots$（終）

§3. 三垂線の定理とオイラーの多面体定理も押さえよう!

● 空間における2直線の位置関係は, 3通りある!

空間における2直線 l と m の3通りの位置関係を下に示す。

（ⅰ）1点で交わる　　（ⅱ）平行である　　（ⅲ）ねじれの位置にある

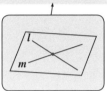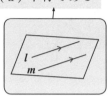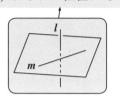

図3に示すように, （ⅲ）l と m が
ねじれの位置にあるとき, l と m
を空間内の任意の点 O で交わる
ように平行移動させたものを, そ
れぞれ l', m' とおく。このとき,
l' と m' のなす角のうち大きくな
い方の角を, l と m のなす角と定
める。l と m のなす角が **90°** のと
き, l と m は**垂直である**, または
直交するといい, $l \perp m$ と書く。

図3　2直線 l, m のなす角

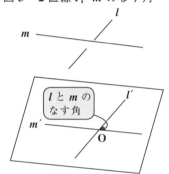

● 平面の決定条件と2平面の位置関係は図で分かる!

空間において, 平面が決定される4つの条件を, 次に示す。

（ⅰ）一直線上にない異なる3点を通る　　（ⅱ）1直線とその上にない1点を含む

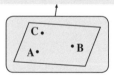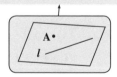

（ⅲ）交わる2直線を含む　　（ⅳ）平行な2直線を含む

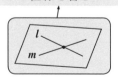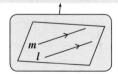

さらに，空間において，異なる2平面 α，β の2通りの位置関係を下に示そう。

(i) 交わる (交線をもつ)

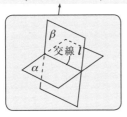

(ii) 平行である ($\alpha /\!/ \beta$)

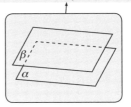

● 2平面のなす角を定めよう！

図4に示すように，空間内の2平面 α，β が交線をもつとき，交線上の任意の点 O から α，β 上に引いた，l と直交する2直線のなす角を，2平面 α，β のなす角と定める。α と β のなす角が **90°** のとき，α と β は**垂直である**，または**直交する**といい，$\alpha \perp \beta$ と書く。

図4 2平面 α，β のなす角

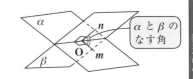

● 三垂線の定理は，直線と平面の直交条件が鍵だ！

空間において，直線 l と平面 α には，次の3通りの位置関係があるんだね。

(i) 1点で交わる

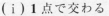
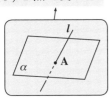

(ii) 平行である

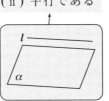

(iii) l が α 上にある

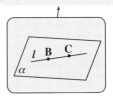

(iii) l が α 上にあるとき，l は α 上の異なる2点を通ると言える。このとき，"l は α に**含まれる**"ということも覚えておこう。

(i) l が α と1点で交わる場合について，図5(i)に示すように，直線 l が平面 α 上のすべての直線と垂直であるとき，l は α に**垂直である**，または l は α に**直交する**といい，$l \perp \alpha$ と表す。

図5 (i) $l \perp \alpha$

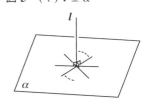

267

実は，図5(ⅱ)に示すように，l が α 上の交わる(平行でない)2直線 m，n の両方に垂直であるならば，$l \perp \alpha$ と言える。以上をまとめて下に示そう。

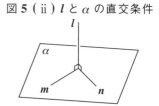
図5(ⅱ) l と α の直交条件

直線と平面の直交条件

直線 l と平面 α が1点で交わるとき，

(Ⅰ)「$l \perp \alpha \Rightarrow l$ は α 上のすべての直線と直交する」 ………($*1$)

(Ⅱ)「l が α 上の交わる2直線と直交する $\Rightarrow l \perp \alpha$」 ………($*2$)

l と α の直交条件と呼ぼう

ここで，図6に示すように，平面 α を，直線 l とその上にない点 O を含む平面とし，点 Q を l 上の点，点 P を α 上にない点とする。このとき，($*1$)と($*2$)により，次の3つの三垂線の定理を示すことができる。

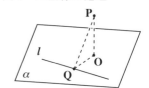
図6　三垂線の定理

三垂線の定理

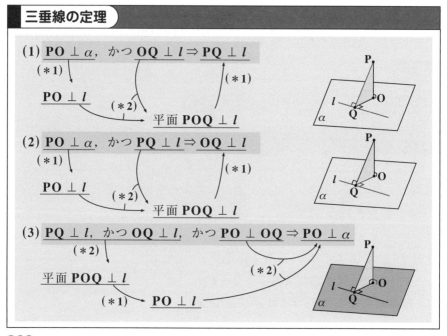

(1) $PO \perp \alpha$，かつ $OQ \perp l \Rightarrow PQ \perp l$
　($*1$)
　$PO \perp l$　　($*2$)　　　　　　　($*1$)
　　　　　　　　平面 $POQ \perp l$

(2) $PO \perp \alpha$，かつ $PQ \perp l \Rightarrow OQ \perp l$
　($*1$)
　$PO \perp l$　　($*2$)　　　　　　　($*1$)
　　　　　　　　平面 $POQ \perp l$

(3) $PQ \perp l$，かつ $OQ \perp l$，かつ $PO \perp OQ \Rightarrow PO \perp \alpha$
　　　　($*2$)　　　　　　　　　　　　　($*2$)
　平面 $POQ \perp l$
　　　　($*1$)　　$PO \perp l$

268

それでは，具体例を使って三垂線の定理 (3) の用い方を，次に示そう。

立方体 (正六面体) に対して，図 **6** で示した平面 α，直線 l，3 点 O，Q，P を，図 **7**(i)(ii) のように，それぞれとると，図 **7**(i)(ii) のいずれの場合も，

PQ $\perp l$ かつ **OQ** $\perp l$ かつ **PO** $\perp$ **OQ** だから，

図 **7** 正六面体と三垂線の定理 (3)

(i)

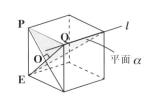

(ii)

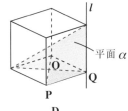

> 立方体の六面は正方形より

> $l \perp$ 平面 **POQ** より

> **OQ** を含む

> 正方形の対角線は直交するからね

三垂線の定理 (3) より，

PO $\perp$ 平面 α だね。

すると，図 (iii) の立方体について，

図 **7**(i) より，**AF** $\perp$ 平面 **BCE** だから，

(iii)

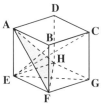

> (i) の **PO** のこと

> (i) の平面 α のこと

AF $\perp$ **CE** ……① ← ($*$**1**) より

> 平面 **BCE** に含まれる

図 **7**(ii) より，**FH** $\perp$ 平面 **CEG** であるから，

> (ii) の **PO** のこと

> (ii) の平面 α のこと

FH $\perp$ **CE** ……② ← ($*$**2**) より

> 平面 **CEG** に含まれる

よって，①，②より，正六面体の性質として，

CE $\perp$ 平面 **AFH** が導かれるんだね。← ($*$**2**) より   大丈夫だった？

> 交わる 2 直線 **AF** と **FH** を含む

● オイラーの多面体定理も攻略しよう！

平行六面体や三角すいなど，平面によって囲まれた立体を**多面体**という。

> 六面すべてが平行四辺形の立体

多面体のうち，次の **2** つの条件をみたすものを**正多面体**と呼ぶ。

(i) どの面もすべて合同な正多角形である。

(ii) どの頂点にも同じ数の面が集まっている。

269

正多面体には，次の **5** 種類がある。

（ⅰ）**正四面体**　　　　（ⅱ）**正六面体**　　　　（ⅲ）**正八面体**

（ⅳ）**正十二面体**　　　（ⅴ）**正二十面体**

　多面体のうち，任意の **2** つの頂点を結ぶ線分がすべてその多面体に含まれて，外部に出ることがないものを**凸多面体**という。これはへこみのない多面体と言えるんだね。（ⅰ）～（ⅴ）の正多面体はどれも凸多面体なんだね。ここで，この **5** 種類の正多面体の頂点の数を v，辺の数を e，面の数を f とおくと，正多面体の v，e，f の値は，上の図より，表 **1** のようになる。

表1　正多面体の v，e，f の値

	正四面体	正六面体	正八面体	正十二面体	正二十面体
頂点の数 v	**4**	**8**	**6**	**20**	**12**
辺の数 e	**6**	**12**	**12**	**30**	**30**
面の数 f	**4**	**6**	**8**	**12**	**20**

　ここで，**5** つの正多面体について，$v-e+f$ の値を計算すると，
（ⅰ）正四面体：$v-e+f=4-6+4=2$
（ⅱ）正六面体：$v-e+f=8-12+6=2$
（ⅲ）正八面体：$v-e+f=6-12+8=2$
（ⅳ）正十二面体：$v-e+f=20-30+12=2$
（ⅴ）正二十面体：$v-e+f=12-30+20=2$
とすべて，$v-e+f=2$　………（＊）が成り立つ。実は，正多面体も含めて，

すべての凸多面体について，(＊)が成り立つ。これを**オイラーの多面体定理**と呼び，次にまとめて示しておこう。

オイラーの多面体定理

凸多面体，すなわちへこみのない多面体の頂点の数を v，辺の数を e，面の数を f とおくと，v と e と f の間には次の関係式が成り立つ。

$v - e + f = 2$ …(＊)

$[f + v - e = 2$ …(＊)′]

→ (＊)の左辺の項の順序を変えて，(＊)′のように表すこともできるね。

この(＊)′の覚え方を次に示す。
「メンテ代から **1000** 円引いて，ニッコリ」 どう？もう覚えたでしょう？

f(面) e(辺，線) $-$ 2
v(頂点)

ちなみに，v，e，f はそれぞれ *vertex*(頂点)，*edge*(辺)，*face*(面) の頭文字をとったものだ。

では，凸多面体について，オイラーの多面体定理が成り立つ例を示す。

[例1] 図 8 に示すように，正六面体の 1 つの頂点を含む一角を平面で切って取り除いた多面体の面の数 f，頂点の数 v，辺の数 e は，

$f = 7$，$v = 9$，$e = 14$

「メンテ代から **1000** 円引いて，ニッコリ」

$\therefore f + v - e = 7 + 9 - 14 = 2$ より，(＊)′ は成り立つ。

図 8 オイラーの多面体定理

それでは，この [例1] の多面体を利用して，オイラーの多面体定理 (＊) が成り立つ理由を考えてみよう。

図 9 に示すように，各面に P_1，P_2，…，P_7 と番号を付けるよ。これより，この多面体は 7 つの面をもつんだね。

$\therefore f = 7$ だね。

ここで，面 P_1 の頂点の数を v_1，辺の数を e_1 とおくと，

$v_1 = 4$，$e_1 = 4$ だね。

図 9 凸 7 面体

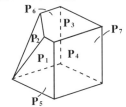

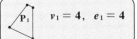

$v_1 = 4$，$e_1 = 4$

271

次に，面 P_2 の頂点と辺のうち，P_1 と共有して
いないものの個数をそれぞれ

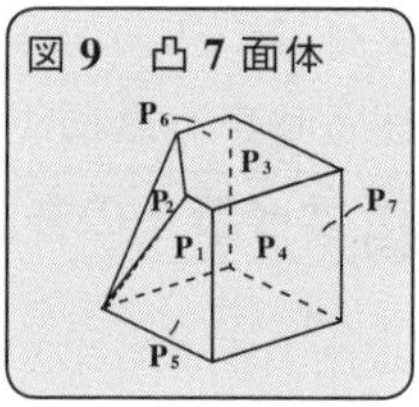

v_2，e_2 とおくと，

$v_2 = 1$，$e_2 = 2$ となる。

図 9　凸 7 面体

$\begin{cases} v_2 = 1 \\ e_2 = 2 \end{cases}$

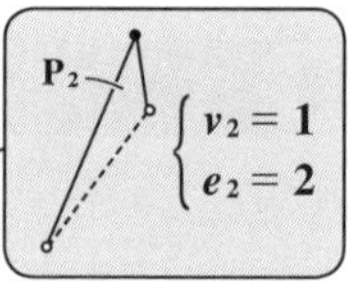

　面 P_3 の頂点と辺のうち，P_1，
P_2 と共有していないものの

個数をそれぞれ v_3，e_3 とおくと，

$v_3 = 2$，$e_3 = 3$ だね。

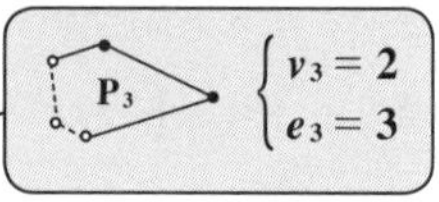

$\begin{cases} v_3 = 2 \\ e_3 = 3 \end{cases}$

以下同様にして，

面 P_4 について，

$v_4 = 1$，$e_4 = 2$

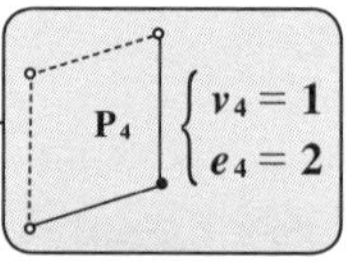

$\begin{cases} v_4 = 1 \\ e_4 = 2 \end{cases}$

$\begin{cases} v_5 = 1 \\ e_5 = 2 \end{cases}$

面 P_5 について，

$v_5 = 1$，$e_5 = 2$

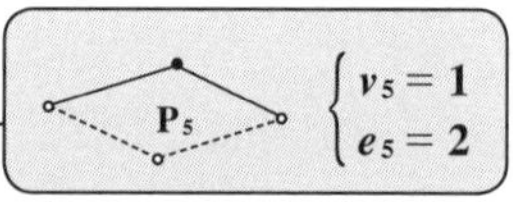

面 P_6 について，

$v_6 = 0$，$e_6 = 1$

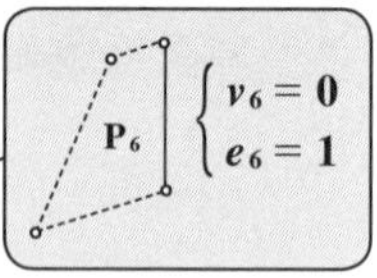

$\begin{cases} v_6 = 0 \\ e_6 = 1 \end{cases}$

$\begin{cases} v_7 = 0 \\ e_7 = 0 \end{cases}$

面 P_7 について，

$v_7 = 0$，$e_7 = 0$

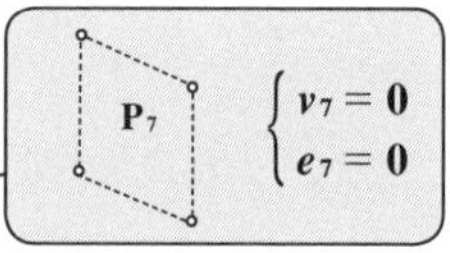

以上より，

$$\begin{cases} v_1 = 4, \ v_2 = 1, \ v_3 = 2, \ v_4 = 1, \ v_5 = 1, \ v_6 = 0, \ v_7 = 0 \cdots\cdots① \\ e_1 = 4, \ e_2 = 2, \ e_3 = 3, \ e_4 = 2, \ e_5 = 2, \ e_6 = 1, \ e_7 = 0 \cdots\cdots② \end{cases}$$

①，②より，v_1，v_2，$\cdots$，v_7 の和と，

e_1，e_2，$\cdots$，e_7 の和を求めると，

$$\begin{cases} v_1 + v_2 + \cdots + v_7 = 4 + 1 + 2 + 1 + 1 + 0 + 0 = 9 (= v) \\ e_1 + e_2 + \cdots + e_7 = 4 + 2 + 3 + 2 + 2 + 1 + 0 = 14 (= e) \end{cases}$$

P271 より，
$v = 9$，$e = 14$ だね。

となる。よって，

$$\begin{cases} v = v_1 + v_2 + \cdots + v_7 \cdots\cdots③ \\ e = e_1 + e_2 + \cdots + e_7 \cdots\cdots④ \end{cases}$$

が成り立っていることが分かるはずだ。

ここで，$k = 1, 2, \cdots, 7$ として，v_k と e_k の間の関係を求めてみよう。

まず，$v_1 = e_1$ ……⑤ は大丈夫だね。

（P_1 からスタートするからね。）

また，$v_7 = e_7 = 0$ ……⑥ もいいね。

（最後の面 P_7 が隣接する面と共有する頂点と辺は，すべて数え上げられているからね。）

$k = 2, 3, \cdots, 6$ のとき，①，②を比較すると，

$$\begin{cases} v_2 = e_2 - 1, \ v_3 = e_3 - 1, \ v_4 = e_4 - 1, \\ v_5 = e_5 - 1, \ v_6 = e_6 - 1 \end{cases} \quad \cdots\cdots ⑦$$

の関係が成り立っていることが分かる。

これは，次のように考えれば理解できるんだよ。

例えば，図10 に示すように，面 P_3 について，P_1, P_2 と共有していない辺は 1 つながりなので，共有していない辺の数と頂点の数を考えると，両端点を含まないので，v_3 は e_3 より 1 だけ小さいことが分かる。

$\therefore v_3 = e_3 - 1$ となる。

このように，新たに番号を付ける面について，先に番号を付けた面と共有していない 1 つながりの辺と頂点の数を考えると，両端点を含まないので，頂点の数は必ず辺の数より 1 だけ小さくなる。

もう 1 度図9 を見てくれれば，⑦ が成り立つことがよく分かるはずだ。

図10　$v_k = e_k - 1$
$(k = 2, 3, \cdots, 6)$

$k = 3$ の場合：
$\underbrace{v_3}_{2} = \underbrace{e_3}_{3} - 1$

以上⑤，⑥，⑦を③に代入すると，

$$v = \underbrace{v_1}_{e_1} + \underbrace{v_2}_{e_2-1} + \underbrace{v_3}_{e_3-1} + \underbrace{v_4}_{e_4-1} + \underbrace{v_5}_{e_5-1} + \underbrace{v_6}_{e_6-1} + \underbrace{v_7}_{e_7=0}$$

$\underbrace{\qquad\qquad}_{f(=7)\text{項の和}}$

$$= \overbrace{e_1 + (e_2-1) + (e_3-1) + (e_4-1) + (e_5-1) + (e_6-1) + e_7}^{f}$$
$$= \underbrace{e_1 + e_2 + \cdots + e_7}_{e(④)\text{より}} \underbrace{- 5}_{-(f-2)} = e - (f-2)$$

この 7 項の和の 7 は，当然面の数 f に対応する。よって，この -1 の総和は，両端を除くので，当然 $-(f-2)$ となる。

$\therefore v - e + f = 2 \cdots (*)$ となって，オイラーの多面体定理が導かれるんだね。

四面体と三垂線の定理

四面体 **OABC** について,

OA $=a$, **OB** $=b$, **OC** $=c$ であり, かつ

OA $\perp$ **OB**, **OB** $\perp$ **OC**, **OC** $\perp$ **OA** である。

(1) $\triangle$ **ABC** の面積 **S** を a, b, c で表せ。

(2) 頂点 **O** から $\triangle$ **ABC** に下した垂線の足
を **H** とするとき, **OH** の長さを求めよ。

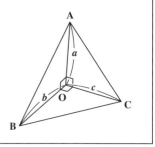

ヒント! (1) **O** から辺 **BC** に下した垂線の足を **D** とおいて, **OD** を求め, 次に
三垂線の定理より **AD** $\perp$ **BC** となるので, これから $\triangle$ **ABC** の面積 **S** は,
$S = \dfrac{1}{2} \cdot$ **BC** $\cdot$ **AD** で求まる。(2) 四面体 (三角すい) の体積 $V = \dfrac{1}{3} \cdot S \cdot h$ (S:底面積,
h:高さ) の公式をうまく利用するといいよ。頑張ろう!

解答&解説

ココがポイント

(1) 直角三角形 **OBC** に三平方の定理を用いると,

$$BC = \sqrt{OB^2 + OC^2} = \sqrt{b^2 + c^2} \cdots\cdots ①$$ となる。

次に, **O** から辺 **BC** に下した垂線の足を **D** と

おくと, $\triangle$ **OBC** の面積は,

$$\triangle OBC = \frac{1}{2} OB \cdot OC = \frac{1}{2} BC \cdot OD より$$

$$\underbrace{OB}_{b} \cdot \underbrace{OC}_{c} = \underbrace{BC}_{\sqrt{b^2+c^2}\,(①より)} \cdot OD$$

$$\therefore OD = \frac{bc}{\sqrt{b^2 + c^2}} \cdots\cdots ②$$

また, 直角三角形 **AOD** に三平方の定理を用
いると

$$AD = \sqrt{\underbrace{OA^2}_{a^2} + \underbrace{OD^2}_{\left(\frac{bc}{\sqrt{b^2+c^2}}\right)^2\,(②より)}} = \sqrt{a^2 + \frac{b^2 c^2}{b^2+c^2}} = \frac{\sqrt{a^2 b^2 + b^2 c^2 + c^2 a^2}}{\sqrt{b^2 + c^2}}$$

$$\cdots\cdots ③$$

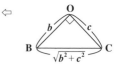

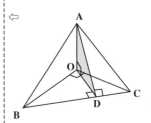

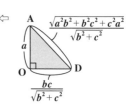

講義 6

講義 7

講義 8

場合の数と確率

整数の性質

図形の性質

ここで，三垂線の定理より，$\mathbf{AD} \perp \mathbf{BC}$

よって，$\triangle \mathbf{ABC}$ の面積 S は①，③より

$$S = \frac{1}{2} \cdot \mathbf{BC} \cdot \mathbf{AD} = \frac{1}{2}\sqrt{a^2 b^2 + b^2 c^2 + c^2 a^2} \cdots④ \text{となる。}$$
$$\underbrace{\sqrt{b^2 + c^2}}_{\text{底辺}} (①より) \qquad \underbrace{\frac{\sqrt{a^2 b^2 + b^2 c^2 + c^2 a^2}}{\sqrt{b^2 + c^2}}}_{\text{高さ}} (③より)$$

……(答)

⇦三垂線の定理

$\mathbf{AO} \perp \triangle \mathbf{OBC}$ かつ $\mathbf{OD} \perp \mathbf{BC}$

$\mathbf{AO} \perp \mathbf{BC}$

$\triangle \mathbf{OAD} \perp \mathbf{BC}$

$\mathbf{AD} \perp \mathbf{BC}$

(2) 頂点 O から $\triangle \mathbf{ABC}$ に下した垂線の足を H と
　　して，$\mathbf{OH}$ の長さを求める。

　　（ⅰ）四面体 (三角すい) $\mathbf{OABC}$ について，
　　　　$\triangle \mathbf{ABC}$ を底面とすると，高さは $\mathbf{OH}$ となる。
　　　　よって，この四面体 $\mathbf{OABC}$ の体積 V は，

$$V = \frac{1}{3} \cdot S \cdot \mathbf{OH} = \frac{1}{6}\sqrt{a^2 b^2 + b^2 c^2 + c^2 a^2} \cdot \mathbf{OH} \cdots⑤$$
$$\underbrace{\frac{1}{2}\sqrt{a^2 b^2 + b^2 c^2 + c^2 a^2}}_{(④より)}$$

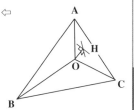

⇦三角すいの体積 V は，

$$V = \frac{1}{3} \times \underbrace{(\text{底面積})}_{S} \times \underbrace{(\text{高さ})}_{\mathbf{OH}}$$
だね。

　　（ⅱ）次に，四面体 $\mathbf{OABC}$ について，$\triangle \mathbf{OBC}$ を
　　　　底面とすると，高さは $\mathbf{OA}$ となる。よっ
　　　　て，この四面体 $\mathbf{OABC}$ の体積 V は，

$$V = \frac{1}{3} \cdot \underbrace{\triangle \mathbf{OBC}}_{\frac{1}{2}bc} \cdot \underbrace{\mathbf{OA}}_{a} = \frac{1}{6}abc \quad \cdots\cdots⑥$$

⇦$\triangle \mathbf{OBC}$ を底面，$\mathbf{OA}$ を高
さとみて四面体の体積 V
を求める。

以上，⑤，⑥より，V を消去して，

$$\frac{1}{6}\sqrt{a^2 b^2 + b^2 c^2 + c^2 a^2} \cdot \mathbf{OH} = \frac{1}{6}abc$$

よって，求める $\mathbf{OH}$ の長さは，

$$\mathbf{OH} = \frac{abc}{\sqrt{a^2 b^2 + b^2 c^2 + c^2 a^2}} \text{である。} \cdots\cdots\cdots(答)$$

⇦三角すい $\mathbf{OABC}$ の体積 V
を 2 通りに求めて，これ
らを比較することにより
$\mathbf{OH}$ を求めるんだね。

正四面体の外接球と内接球

右図に，1辺の長さが a の正四面体
ABCD と，その外接球 S を示す。

(1) 外接球 S の半径 R を求めよ。

(2) この正四面体の内接球を S' とおく。

この内接球 S' の半径 r を求めよ。

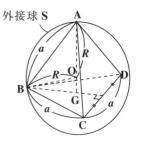

外接球 S

$\left(\begin{array}{l}\text{ただし，外接球 S は，この正四面体の 4 つの頂点で外接する球面であり，}\\\text{内接球 S' は，この正面体の 4 つの面で内接する球面である。この 2 つの}\\\text{球面 S と S' の中心は同じ O で一致する。}\end{array}\right)$

ヒント！ △BCD の重心を G とおくと，外接球 S（または，内接球 S'）の
中心 O は，線分 AG 上に存在する。そして，OA ＝ R であり，OG ＝ r となる。

解答＆解説

(1) △ BCD の重心を G とおくと，正四面体の対称性
により，半径 R の外接球 S の中心 O は，線分 AG
上に存在する。

また，明らかに，AG ⊥ △ BCD である。

ここで，辺 CD の中点を M とおくと，$BM = \dfrac{\sqrt{3}}{2}a$

重心 G は中線 BM を 2：1 に内分するので，

$$BG = \frac{2}{3} \cdot BM = \frac{2}{3} \cdot \frac{\sqrt{3}}{2}a = \frac{\sqrt{3}}{3}a \quad \cdots\cdots ①$$

直角三角形 ABG に三平方の定理を用いると，

$$AG = \sqrt{AB^2 - BG^2} = \sqrt{a^2 - \left(\frac{\sqrt{3}}{3}a\right)^2} = \frac{\sqrt{6}}{3}a$$

$$\therefore OG = \underset{\underset{\frac{\sqrt{6}}{3}a}{\underline{\quad}}}{AG} - \underset{\underset{R}{\underline{\quad}}}{AO} = \frac{\sqrt{6}}{3}a - R \quad \cdots\cdots ②$$

直角三角形 BOG に三平方の定理を用いて，

$$\underset{\underset{R^2}{\underline{\quad}}}{BO^2} = OG^2 + BG^2 \quad \text{これに①，②を代入して，}$$

ココがポイント

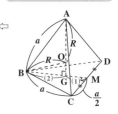

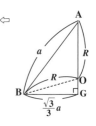

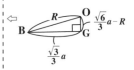

$$R^2 = \left(\frac{\sqrt{6}}{3}a - R\right)^2 + \left(\frac{\sqrt{3}}{3}a\right)^2$$

$$R^2 = \frac{2}{3}a^2 - \frac{2\sqrt{6}}{3}aR + R^2 + \frac{1}{3}a^2$$

$$\frac{2\sqrt{6}}{3}aR = a^2 \qquad \therefore R = \frac{3}{2\sqrt{6}}a = \frac{\sqrt{6}}{4}a \quad \cdots ③ \cdots (答)$$

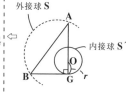

(2) 次に，内接球 S' の半径 r は，右図に示すように OG と等しい。よって，③を②に代入して，求める r は，

$$r = \frac{\sqrt{6}}{3}a - \frac{\sqrt{6}}{4}a = \frac{\sqrt{6}}{12}a \quad である。 \cdots\cdots(答)$$

注意

正四面体の外接球 S の半径 $R = \frac{\sqrt{6}}{4}a$，内接球 S' の半径 $r = \frac{\sqrt{6}}{12}a$ より，

$r : R = \frac{\sqrt{6}}{12}a : \frac{\sqrt{6}}{4}a = 1 : 3$，つまり，$R = 3r$ であることが分かった。よっ

て，2 つの球 S' と S の体積をそれぞれ V'，V とおくと，球の体積公式

より $V' : V = \frac{4}{3}\pi r^3 : \frac{4}{3}\pi \underbrace{R^3}_{(3r)^3} = 1^3 : 3^3 = 1 : 27$ となる。

一般に，相似比 $a : b$ の相似な 2 つの図形の面積比は $a^2 : b^2$ に，また

体積比は $a^3 : b^3$ になる。これも頭に入れておこう。

注意

右図に示すように，正四面体 ABCD の断面

の △ABM で考えよう。

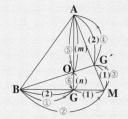

ここで，△ACD の重心を G' とおくと，正

四面体の対称性から，2 つの球面 S と S' の

中心 O は，線分 BG' 上に存在する。つまり O は，

AG と BG' の交点より，

AO : OG = $m : n$ とおくと，メネラウスの

定理より，

$$\frac{3}{2} \times \frac{2}{1} \times \frac{n}{m} = 1 \quad \therefore \frac{n}{m} = \frac{1}{3} より， \quad m : n = 3 : 1 となる。$$

これから，外接球の半径 $R = \frac{3}{4}AG$，内接球の半径 $r = \frac{1}{4}AG$ と求

めても，同じ結果が得られるんだね。面白かった？

(1) 高さ h，上面の円の半径が r，底面の円の半径が R の直円すい台の体積 V を h と r と R で表せ。

(2) 底面が半径 $R = 2$ の円で，高さ $H = 4$ の直円すい C に内接する球 S の半径 r' を求めよ。また，この底面と平行で球 S と外接する平面で直円すい C を切ってできる直円すい台の体積 V' を求めよ。

ヒント！　直円すい台とは，直円すいをその底面に平行な平面で切ったとき，その切り口と底面との間にある部分の立体のことなんだね。**(1)** 底面積 πR^2，高さ $h + h'$ の直円すいの体積から，底面積 πr^2，高さ h' の直円すいの体積を引いて求めればいい。**(2)** は **(1)** の結果を利用するといいよ。頑張ろう！

解答＆解説

(1) 与えられた直円すい台の上に，底面積 πr^2，高さ h' の円すいをおいて，全体として，底面積 πR^2，高さ $h + h'$ の直円すいを考える。この直円すいの断面の相似な三角形より

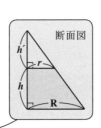

断面図

$$h' : r = (h + h') : R$$

$$\therefore h' = \frac{rh}{R - r} \quad \cdots\cdots ①　となる。$$

よって，求める円すい台の体積 V は，

$$V = \frac{1}{3} \cdot \pi R^2 \cdot (h + h') - \frac{1}{3}\pi r^2 h'$$

 = − ⃤

$$= \frac{\pi}{3}\left\{ R^2 h + \underbrace{(R^2 - r^2)}_{(R+r)(R-r)}\underbrace{h'}_{\frac{rh}{R-r}\,(①より)} \right\}$$

ココがポイント

⇦

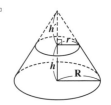

$$\Leftarrow R h' = r(h + h')$$
$$(R - r)h' = rh$$
$$\therefore h' = \frac{rh}{R - r}$$

$$\therefore \mathbf{V} = \frac{\pi}{3}\left\{\mathbf{R}^2 h + (\mathbf{R}+r)rh\right\}$$
$$= \frac{\pi}{3}h(\mathbf{R}^2+\mathbf{R}r+r^2) \quad \cdots\cdots② となる。\quad \cdots\cdots(答)$$

(2) 半径 $\mathbf{R}=2$ の円を底面にも

ち，高さ $\mathbf{H}=4$ の直円すい

$\mathbf{C}$ に内接する半径 r' の球

面 $\mathbf{S}$ について，直円すい $\mathbf{C}$

の中心線と通る断面で考え

ると，相似な三角形より

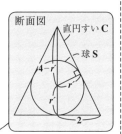

$(4-r') : r' = \sqrt{5} : 1$ よって，$\sqrt{5}r' = 4 - r'$

$\boxed{2\sqrt{5}:2 \text{ のこと}}$

$\therefore (\sqrt{5}+1)r' = 4$ より，求める球 $\mathbf{S}$ の半径 r' は

$$r' = \frac{4}{\sqrt{5}+1} = \frac{4(\sqrt{5}-1)}{\underbrace{(\sqrt{5}+1)(\sqrt{5}-1)}_{\boxed{5-1=4}}}$$

$$= \sqrt{5} - 1 \quad \cdots\cdots\cdots\cdots(答)$$

よって，$2r' = 2\sqrt{5} - 2$ より

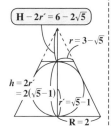

$\mathbf{H} - 2r' = 4 - (2\sqrt{5}-2) = 6 - 2\sqrt{5}$

よって，直円すい $\mathbf{C}$ を球 $\mathbf{S}$ に

外接し，底面と平行な平面で切ってできる直円

すい台の上面の円の半径 r は，$r = 3 - \sqrt{5}$ となる。

よって，この直円すい台の高さ $h = 2r' =$

$2(\sqrt{5}-1)$，上面の円の半径 $r = 3 - \sqrt{5}$，底面の

円の半径 $\mathbf{R}=2$ なので，これらを②に代入して，

求めるこの直円すい台の体積 $\mathbf{V}'$ は，

$$\mathbf{V}' = \frac{\pi}{3}\cdot 2(\sqrt{5}-1)\left\{2^2 + 2\cdot(3-\sqrt{5}) + (3-\sqrt{5})^2\right\}$$

$$= \frac{64}{3}(\sqrt{5}-2)\pi \quad \cdots\cdots\cdots\cdots\cdots\cdots(答)$$

⇦

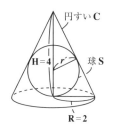

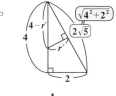

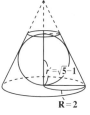

⇦ $(6-2\sqrt{5}) : r = 4 : 2$

$\boxed{\mathbf{H}-2r'}$ $\boxed{\mathbf{H}}\boxed{\mathbf{R}}$

$4r = 12 - 4\sqrt{5}$

$\therefore r = 3 - \sqrt{5}$

⇦ $\frac{2}{3}(\sqrt{5}-1)(4+6-2\sqrt{5}+14-6\sqrt{5})\pi$

$= \frac{2}{3}(\sqrt{5}-1)(24-8\sqrt{5})\pi$

$= \frac{16}{3}(\sqrt{5}-1)(3-\sqrt{5})\pi$

$= \frac{16}{3}(4\sqrt{5}-8)\pi$

$= \frac{64}{3}(\sqrt{5}-2)\pi$

講義 8 ● 図形の性質　公式エッセンス

1. 中点連結の定理

$\triangle ABC$ の 2 辺 AB，AC の中点 M，N について，

$MN /\!/ BC$　かつ　$MN = \dfrac{1}{2} BC$

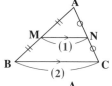

2. 中線定理

$\triangle ABC$ の辺 BC の中点 M について，

$AB^2 + AC^2 = 2(AM^2 + BM^2)$

CM^2 でもいい

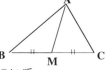

3. 頂角（内角）の二等分線の定理

$\triangle ABC$ の頂角 $\angle A$ の二等分線と辺 BC の交点 P について，

$BP : PC = AB : AC$

4. （Ⅰ）チェバの定理

$\dfrac{②}{①} \times \dfrac{④}{③} \times \dfrac{⑥}{⑤} = 1$

（Ⅱ）メネラウスの定理

$\dfrac{②}{①} \times \dfrac{④}{③} \times \dfrac{⑥}{⑤} = 1$

5. ヘロンの公式

$\triangle ABC$ の 3 辺の長さ a, b, c に対して，$s = \dfrac{1}{2}(a + b + c)$ とおくと，

$\triangle ABC$ の面積 S は，$S = \sqrt{s(s-a)(s-b)(s-c)}$

6. 接弦定理

右図において，$\angle PRQ = \angle QPX$

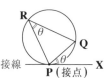

7. 方べきの定理

（Ⅰ）$x \cdot y = z \cdot w$　　（Ⅱ）$x \cdot y = z \cdot w$　　（Ⅲ）$x \cdot y = z^2$

8. トレミーの定理

右図で，　$x \times z + y \times w = l \times m$

「対辺の積の和は，対角線の積に等しい」

280

9. 空間における 2 直線の位置関係

（ⅰ）**1** 点で交わる　　（ⅱ）平行である　　（ⅲ）ねじれの位置にある

10. 空間における 2 平面の位置関係

（ⅰ）交わる (交線をもつ)　　（ⅱ）平行である

11. 三垂線の定理

（1）$PO \perp \alpha$ かつ $OQ \perp l \Rightarrow PQ \perp l$

（2）$PO \perp \alpha$ かつ $PQ \perp l \Rightarrow OQ \perp l$

（3）$PQ \perp l$ かつ $OQ \perp l$ かつ $PO \perp OQ$

　　$\Rightarrow PO \perp \alpha$

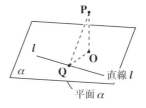

12. オイラーの多面体定理 (凸多面体に対して)

$v - e + f = 2$　　（ v：頂点の数，e：辺の数，f：面の数 ）

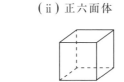

これは，$f + v - e = 2$ として，

面　点　辺 (線)

「メンテ代から千円引いて，ニッコリ」と覚えよう！

13. 5 種類の正多面体

（ⅰ）正四面体　　　（ⅱ）正六面体　　　（ⅲ）正八面体

（ⅳ）正十二面体　　（ⅴ）正二十面体

◆ *Term · Index* ◆

スバラシクよくわかると評判の
合格！数学Ⅰ・Ａ改訂5

マセマ

著　者　馬場 敬之
発行者　馬場 敬之
発行所　マセマ出版社
〒332-0023 埼玉県川口市飯塚 3-7-21-502
TEL 048-253-1734　　FAX 048-253-1729
Email：info@mathema.jp
https://www.mathema.jp

―――――――――――――――――――――

編　集　清代 芳生
制作協力　高杉 豊　久池井 茂　印藤 治　滝本 隆
　　　　　久池井 努　栄 瑠璃子　真下 久志　五十里 哲
　　　　　秋野 麻里子　馬場 貴史　間宮 栄二　町田 朱美
カバーデザイン　児玉 篤　児玉 則子
ロゴデザイン　馬場 利貞
印刷所　中央精版印刷株式会社

―――――――――――――――――――――